高职高专机械类专业系列教材

CAD/CAM
应用技术

刘春玲　朱显明　主编

丛佩兰　徐斌　马洪波　副主编

闫瑞涛　主审

U0385358

化学工业出版社

·北京·

内容简介

本书以 UG NX 12.0 为平台，通过具有代表性的案例，全面系统地介绍该软件在机械设计、机械加工领域的具体使用方法和操作技巧。

本书共 7 个项目，分别是：UG NX 基础操作、二维草图绘制、实体建模、曲面建模、装配设计、工程图设计、CAM 数控加工。全书共 18 个任务，基本涵盖了 UG 中涉及的知识点，内容上有基础，有提高，具有较强的针对性和实用性。本书在讲解的过程中使用了大量图、表，以方便读者轻松掌握相关操作。每个项目后附有巩固练习题，使读者可以及时检测知识和技能的综合运用情况。另外，本书配备了丰富的学习资源，包括知识点的视频讲解、练习实例的源文件素材等，扫描二维码即可查看。

本书适合作为高职高专院校机械类相关专业的教材，同时适合 UG 学习者入门级学习使用，也适合相关技术人员参考。

图书在版编目（CIP）数据

CAD/CAM 应用技术/刘春玲，朱显明主编.—北京：
化学工业出版社，2023.1
ISBN 978-7-122-42764-9

Ⅰ.①C… Ⅱ.①刘… ②朱… Ⅲ.①计算机辅助设计-应用软件 Ⅳ.①TP391.72

中国国家版本馆 CIP 数据核字（2023）第 016191 号

责任编辑：葛瑞祎　　　　　　　　　　　文字编辑：宋　旋　陈小滔
责任校对：宋　夏　　　　　　　　　　　装帧设计：韩　飞

出版发行：化学工业出版社（北京市东城区青年湖南街 13 号　邮政编码 100011）
印　　装：三河市延风印装有限公司
787mm×1092mm　1/16　印张 18¼　字数 460 千字　2023 年 3 月北京第 1 版第 1 次印刷

购书咨询：010-64518888　　　　　　　　售后服务：010-64518899
网　　址：http://www.cip.com.cn
凡购买本书，如有缺损质量问题，本社销售中心负责调换。

定　　价：54.00 元

前　言

本书是以高职高专院校机械类各专业学生为主要读者对象而编写的，其内容安排是根据我国高等职业教育学生就业岗位群职业能力的要求确定的。

本书以 UG NX 12.0 为平台，通过具有代表性的案例，全面系统地介绍该软件在机械设计、机械加工领域的具体使用方法和操作技巧。全书共 7 个项目、 18 个任务，内容包括：UG NX 基础操作、二维草图绘制、实体建模、曲面建模、装配设计、工程图设计、 CAM 数控加工。

本书特色如下：

1. 内容全面、范例丰富、技艺点拨到位。

书中以任务为驱动，结合任务设置对应的知识点与技能点，有讲有练，讲练结合。任务难度有基础，有提高，帮助读者循序渐进地理解要点，灵活运用软件，掌握操作技巧。

2. 图、表结合，案例操作过程讲解简洁。

大部分任务实施和进阶训练都与图、表相结合，直观、易懂。部分页面全彩印刷，便于读者学习，以更好地进行操作。

3. 配套资源丰富。

① 为了方便读者学习，针对书中大多数知识点、全部案例操作专门制作了教学视频，读者可以随时随地扫码看视频进行学习。

② 全书配有进行练习所需的源文件素材，读者可扫描二维码下载后直接打开使用。

③ 为了帮助读者拓宽视野，除本书讲解的案例外，由团队教师共同开发的课程资源库及慕课中，包含大量职业技能大赛相关案例的讲解及练习素材，读者可进行自主学习，可在手机端下载"云课程智慧职教"，在"资源库"或"MOOC"中搜索"CAD/CAM 应用技术"课程。

本书由黑龙江农业经济职业学院刘春玲、朱显明主编，黑龙江农业经济职业学院丛佩兰、牡丹江技师学院徐斌、黑龙江林业职业技术学院马洪波副主编，牡丹江技师学院李峰、黑龙江农业经济职业学院孔庆玲、吉林科技职业技术学院张福琴、黑龙江交通职业技术学院田甜参编。本书由黑龙江农业经济职业学院闫瑞涛主审。具体编写分工如下：项目 1 由张福琴编写；项目 2 由朱显明编写；项目 3 由刘春玲编写；项目 4 由丛佩兰编写；项目 5 由李峰编写；项目 6 中任务 6.1 由马洪波编写，任务 6.2 由田甜编写；项目 7 中任务 7.1 由徐斌编写，任务 7.2 由孔庆玲编写，任务 7.3 由刘春玲编写。全书由刘春玲统稿和定稿。另外，亚龙智能装备集团股份有限公司工程师曹地、吕洋，哈尔滨东安实业发展有限公司工程师张智秋、张学峰参与了部分内容的整理及相关案例测试。

本书编写团队教师教学经验、实战经验丰富，其中不乏参加全国职业技能大赛并多次获奖的指导教师，也有学术水平高、资历较深的大赛裁判。教材及配套资源具有很强的实用性和广泛的应用性。

由于编者水平有限，加之 CAD/CAM 技术发展迅速，书中难免有遗漏和失误，恳请广大读者批评指正。

编者

2022. 10

目录

项目 1

UG NX基础操作

随着计算机辅助设计技术的飞速发展，越来越多的工程设计人员开始利用计算机进行产品设计和开发。UG NX 12.0 作为一种先进的计算机辅助设计软件，集 CAD/CAM/CAE 于一体，覆盖了从概念设计到产品生产的全过程，被广泛应用于汽车、航空、造船、医疗器械、机械加工和电子等工业领域。UG NX 12.0 提供了多种功能模块，它们既相互独立又相互联系。本项目主要介绍基本的功能性操作。

 学习目标

知识目标

① 掌握 UG NX12.0 软件的启动和熟悉工作界面；
② 熟悉文件操作；
③ 熟悉鼠标、组合键的使用；
④ 掌握个性化调整工作界面的方法；
⑤ 掌握系统的参数设置和应用。

技能目标

① 会进行软件基础操作；
② 能熟练使用鼠标和组合键；
③ 能进行软件个性化工作界面和参数设置。

职业素养目标

培养勇于钻研新技术、探索新知识的学习精神。

1

任务 1.1　软件入门

任务描述

掌握 UG NX 12.0 软件基本的功能性操作。

知识点学习

1.1.1　启动 UG NX 12.0

常用启动软件的方式有两种：

第一种方法是双击电脑桌面上的 UG NX 12.0 快捷图标，快捷图标如图 1-1-1 所示，也可以把鼠标放在图标上面，单击鼠标右键，选择"打开"启动软件。

第二种方法是通过电脑"开始"菜单，找到 NX 12.0，鼠标左键单击 ⓦ NX 12.0 就可以启动软件。

图 1-1-1　UG NX 12.0
快捷图标

启动软件后，打开软件欢迎界面，如图 1-1-2 所示。在这个界面下，可以点击 🗋 来新建一个文件，也可以选择 📂 来打开现有的文件，也可以通过"历史记录" 🕐 打开我们之前使用过的文件。

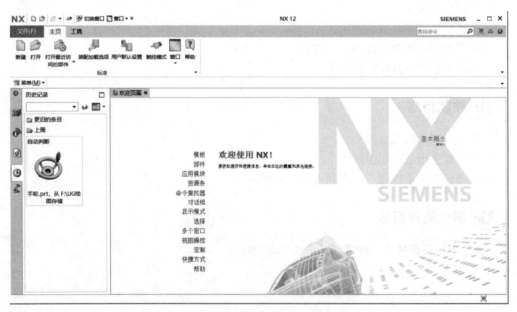

图 1-1-2　UG NX 12.0 欢迎界面

1.1.2 认识 UG NX 12.0 界面

启动软件，打开部件文件，进入 UG NX 12.0 的实体建模工作界面，如图
1-1-3 所示。（打开文件方法见 1.1.3 节。）

【软件启动和
界面认识】

① 快速访问栏：包含文件系统的基本操作。其自定义方法是：鼠标左键单

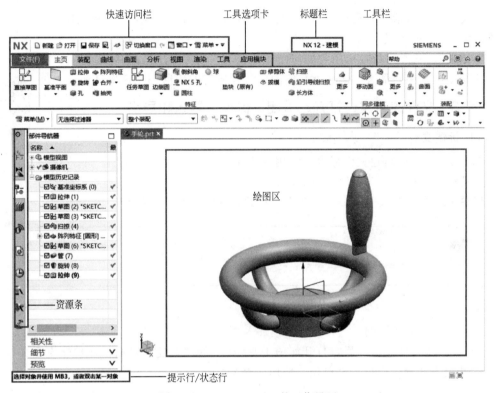

图 1-1-3　UG NX 12.0 的工作界面

击"**窗口 ▼ ▽**"黑色三角，展开"快速访问工具条"下拉菜单，将常用命令进行勾选就可以
在快速访问栏显示，不需要的取消勾选即可，如图 1-1-4 所示。

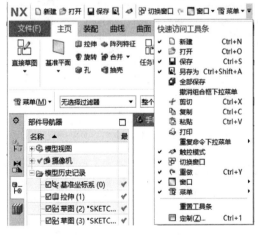

图 1-1-4　"快速访问工具条"选项

图 1-1-5　自定义工具选项卡

② 标题栏：前面显示版本号，后面显示当前所处的环境。

③ 工具选项卡：UG NX 12.0采用选项卡模式将命令集合在一起。工具选项卡的自定义方法是：把鼠标移至工具栏空白区域，单击鼠标右键，弹出立即菜单，可以根据需要勾选对应的工具选项卡使其在窗口上显示，如图1-1-5所示。

④ 工具栏：也叫命令栏，显示对应选项卡下的常用工具按钮。

⑤ 资源条：包括"装配导航器""约束导航器""部件导航器""重用库""历史记录"和"角色"等导航工具。

⑥ 提示行/状态行：提示用户如何操作，显示当前工作所处的状态。

⑦ 绘图区：中间最大的区域就是绘图区域，所有的图形都在这里显示。

1.1.3 文件的新建、打开、关闭、保存、导入和导出

（1）新建文件

启动软件，执行新建文件命令，常用方法如下：

① 选择"文件"—"新建"命令；

② 单击"主页"选项卡中的"新建"按钮，如图1-1-6所示；

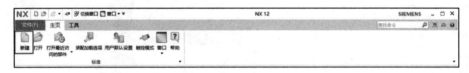

图 1-1-6　"主页"选项卡

③ 按Ctrl+N快捷键。

执行"新建文件"命令后，打开如图1-1-7所示的"新建"对话框，新建模型文件，在"模板"选项中选择"模型"，"单位"使用"毫米"。

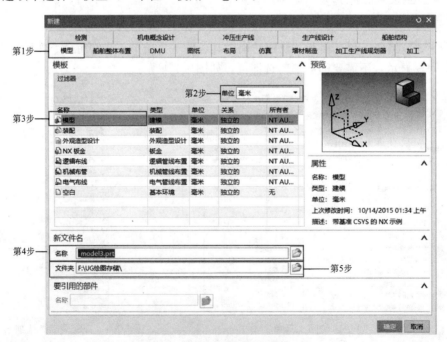

图 1-1-7　"新建"对话框

名称：通过用户输入名称，设定新文件名称。

文件夹：显示新建文件的保存路径，用户可以根据需要进行路径更改。单击"确定"按钮进入建模环境。

（2）打开文件

① 选择"文件"—"打开"命令；

② 单击"主页"选项卡中的"打开"按钮；

③ 按 Ctrl+O 快捷键。

执行"打开文件"命令后，弹出如图 1-1-8 所示的"打开"对话框。在该对话框中列出了当前目录下的所有有效文件，从中选择所需文件，然后单击"OK"按钮，即可将其打开。

图 1-1-8　"打开"对话框

（3）关闭文件

关闭文件常用方式有两种。

第一种，通过鼠标单击软件右上角的"❌"按钮来关闭。

第二种，选择"文件"—"关闭"命令，在弹出的子菜单中选择相应的命令，即可将文件关闭，如图 1-1-9 所示。

例如，选择"文件"—"关闭"—"选定的部件"命令，弹出如图 1-1-10 所示的"关闭部件"对话框，从中选取要关闭的文件，然后单击"确定"按钮即可。

（4）保存文件

① 选择"文件"—"保存"命令；

② 单击"快速访问栏"中的"保存"按钮；

③ 按 Ctrl+S 快捷键。

执行"文件"—"保存"命令后，在弹出的子菜单中选择相应的命令，即可将文件保存，如图 1-1-11 所示。

CAD/CAM应用技术

图 1-1-9 "关闭"对话框 　　　　　　　　图 1-1-10 "关闭部件"对话框

图 1-1-11 "保存"对话框

(5) 导入文件

选择"文件"—"导入"命令，在弹出的子菜单中提供了 UG 与其他应用程序文件格式的接口，如图 1-1-12 所示。其中常用的有"部件"、CGM、IGES、AutoCAD DXF/DWG 等。

6

① 部件：选择该命令，弹出如图 1-1-13 所示的"导入部件"对话框。通过该对话框，可以将已存在的零件文件导入目前打开的零件文件或新文件中，也可以导入 CAM 对象等。

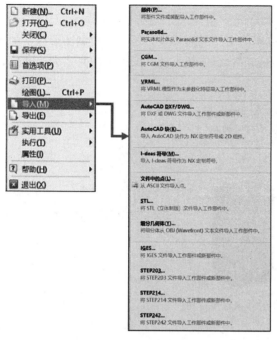

图 1-1-12 "导入"对话框   图 1-1-13 "导入部件"对话框

② CGM：选择该命令，可以导入 CGM（Computer Graphic Metafile）文件，即标准的 ANSI 格式的计算机图形元文件。

③ IGES：选择该命令，可以导入 IGES 格式文件。IGES（Initial Graphics Exchange Specification）是可在一般 CAD/CAM 应用软件间转换的常用格式，可供各 CAD/CAM 相关应用程序转换点、线、曲面等对象。

④ AutoCAD DXF/DWG：选择该命令，可以导入 DXF/DWG 格式文件。可以将其他 CAD/CAM 相关应用程序导出的 DXF/DWG 文件导入 UG 中，操作与 IGES 相同。

(6) 导出文件

选择"文件"—"导出"命令，可以将 UG 文件导出为除自身外的多种文件格式，包括图片、

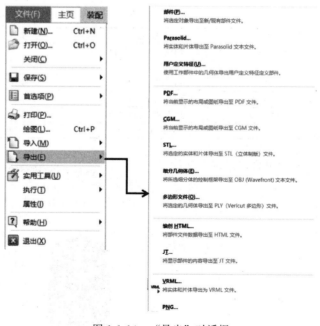

图 1-1-14 "导出"对话框

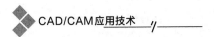

数据文件和其他各种应用程序文件格式，如图 1-1-14 所示。

1.1.4 鼠标、组合键的使用

(1) 鼠标的使用

用鼠标不但可以选择某个命令、选取模型中的几何要素，还可以控制图形区中的模型进行缩放和移动，这些操作只是改变模型的显示状态，却不能改变模型的真实大小和位置。

鼠标按键功能如图 1-1-15 所示。

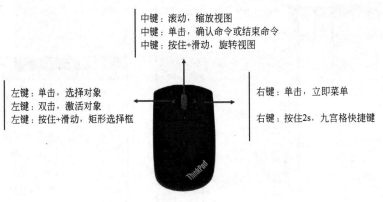

中键：滚动，缩放视图
中键：单击，确认命令或结束命令
中键：按住+滑动，旋转视图

左键：单击，选择对象
左键：双击，激活对象
左键：按住+滑动，矩形选择框

右键：单击，立即菜单

右键：按住2s，九宫格快捷键

图 1-1-15 鼠标按键功能

(2) 组合键的使用

在 UG NX 12.0 中，除了鼠标操作外，还可以使用键盘共同组合成快捷键来执行一些操作。在设计过程中使用组合快捷键，能够大大提高工作效率。部分常用的快捷键及功能见表 1-1-1。

表 1-1-1 常用的快捷键及功能

快捷键	功能说明	快捷键	功能说明
Ctrl+N	创建一个新文件	Ctrl+O	打开现有的文件
Ctrl+S	保存文件	Ctrl+1	启动定制功能
Ctrl+M	切换到建模环境	Ctrl+Z	撤销上步操作
Ctrl+Alt+M	切换到加工环境	Alt+Enter	全屏显示
Ctrl+Shift+D	切换到制图环境	Ctrl+L	图层设置
Ctrl+B	隐藏对象	Ctrl+Shift+K	显示隐藏的对象

鼠标组合快捷键的功能如图 1-1-16 所示。

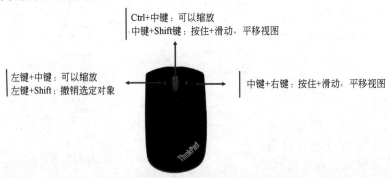

Ctrl+中键：可以缩放
中键+Shift键：按住+滑动，平移视图

左键+中键：可以缩放
左键+Shift：撤销选定对象

中键+右键：按住+滑动，平移视图

图 1-1-16 鼠标组合快捷键的功能

1.1.5 个性化调整工作界面

在软件操作过程中，根据个人操作习惯，可以进行个性化工作界面设置，满足使用需求即可，大家可以熟悉调整设置过程。

（1）设置界面主题

启动软件后，一般情况下系统默认显示的是"浅色（推荐）"界面主题，如图 1-1-17 所示，用户可以根据个人需要进行设置修改。

图 1-1-17 "浅色（推荐）"界面主题

选择"文件"—"首选项"—"用户界面"命令，如图 1-1-18 所示，系统弹出"用户界面首选项"对话框，如图 1-1-19 所示，可以通过"类型"下拉列表中的选项设置用户主题。

图 1-1-18 选择"用户界面"　　　　　图 1-1-19 "用户界面首选项"对话框

在"用户界面首选项"类目下，我们还可以对"布局""资源条""触控""角色"等进行自定义设置，大家根据需求设置查看效果即可，这里不再赘述。

（2）定制工作界面

在定制界面前，建议先把"角色"切换为高级，如图 1-1-20 所示。

定制个性化工作界面的方法是：进入软件"建模"环境，在工具栏任意位置单击右键，在立即菜单中选择"定制"命令；或使用快捷键"Ctrl＋1"，打开"定制"对话框，如图 1-1-21 所示。这里只重点讲解工具栏的定制。

图 1-1-20　角色切换为"高级"

图 1-1-21　"定制"对话框

① 从工具栏上移除命令按钮：在相应的按钮上单击右键，选择"从主页选项卡中移除"或者"从特征组中移除"，如图 1-1-22 所示。

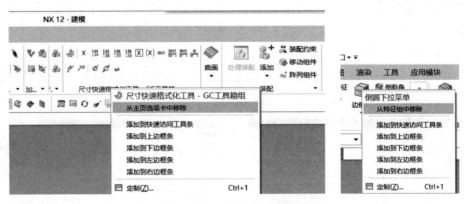

图 1-1-22　"移除"按钮方法

② 将命令按钮添加至工具栏：打开"定制"对话框，在"搜索"栏输入相关命令进行命令查找，鼠标左键选择查找到的命令后按住左键，将命令按钮拖拽到目标工具栏上松开鼠标左键即可，如图 1-1-23 所示。

用户还可以定制工具栏上命令按钮的显示效果，打开"定制"命令对话框后，在相应的按钮上单击右键，弹出菜单进行设置即可，可以设定按钮显示的大小和样式，如图 1-1-24 所示。

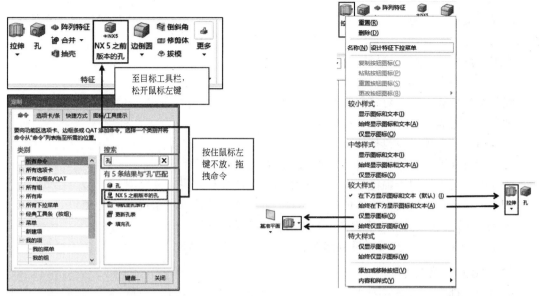

图 1-1-23　"添加"命令按钮方法

图 1-1-24　功能按钮显示效果定制

1.1.6　参数设置

参数设置主要用于设置系统的一些控制参数，通过"首选项"下拉菜单可以进行参数设置，下面介绍一些常用的设置。

【参数设置】

(1)"对象"首选项

选择"文件"—"首选项"—"对象"，弹出"对象首选项"对话框，如图 1-1-25 所示。

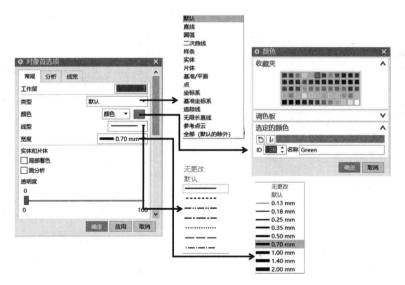

图 1-1-25　"对象首选项"对话框

该对话框主要用于设置对象的属性，如颜色、线型和线宽等（新的设置只对以后创建的对象有效，对以前创建的对象无效）。

"对象首选项"对话框中包括常规、分析和线宽选项卡，以下分别说明。

11

① 常规选项卡

工作层文本框：用于设置新对象的工作图层。当输入图层号后，以后创建的对象将存储在该图层中。

类型下拉列表：用于选择需要设置的对象类型。

颜色下拉列表：设置对象的颜色。

线型下拉列表：设置对象的线型。

宽度下拉列表：设置对象显示的线宽。

实体和片体选项区域包括如下三项。

局部着色复选框：用于确定实体和片体是否局部着色。

面分析复选框：用于确定是否在面上显示该面的分析效果。

透明度滑块：用来改变物体的透明状态。可以通过移动滑块来改变透明度。

② 分析选项卡　主要用于设置分析对象的颜色和线型。

③ 线宽选项卡　主要用于设置细线、一般线和粗线的宽度。

（2）"建模"首选项

选择"文件"—"首选项"—"建模"，弹出"建模首选项"对话框，如图 1-1-26 所示。该对话框中的选项卡主要用来设置建模、分析和仿真等模块的相关参数。

图 1-1-26　"建模首选项"对话框

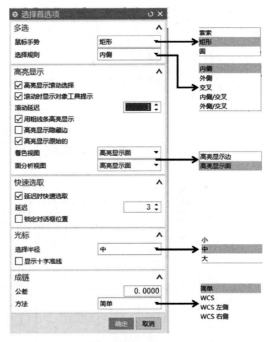

图 1-1-27　"选择首选项"对话框

（3）"选择"首选项

选择"文件"—"首选项"—"选择"，弹出"选择首选项"对话框，如图 1-1-27 所示。主要用来设置光标预选对象后，选择球大小、高亮显示的对象、尺寸链公差和矩形选取方式等选项。

（4）用户默认设置

在 UG NX 12.0 环境中，操作参数一般都可以修改。大多数的操作参数，如图形尺寸的单位、尺寸的标注方式、字体的大小以及对象的颜色等，都有默认值。这些参数的默认值都保存在默认参数设置文件中，当启动 UG NX 12.0 时，系统会自动调用默认参数设置文件中的默认参数。UG NX 12.0 提供了修改默认参数的多种方法，用户可以根据自己的习惯预先设置默认参数的默认值，以提高设计效率。

选择"文件"—"实用工具"—"用户默认设置"，弹出"用户默认设置"对话框，如图 1-1-28 所示。在该对话框中可以对软件中所有模块的默认参数进行设置。

图 1-1-28   "用户默认设置"对话框

🔄 **任务实施**

第一步：熟悉操作界面。

① 启动 UG NX 12.0，进入工作界面。

② 新建"UG 练习"模型文件，并进入建模环境。

③ 使用鼠标，完成视图放大、缩小、平移、旋转等操作，完成命令打开、关闭操作。

④ 打开"用户默认设置"对话框，设置保存路径为"桌面"，如图 1-1-29 所示。

第二步：个性化定制自己的工作界面。

① 通过 UG 的"首选项"菜单命令，设置不同模块的工作环境。

② 打开"定制"对话框，按照图 1-1-

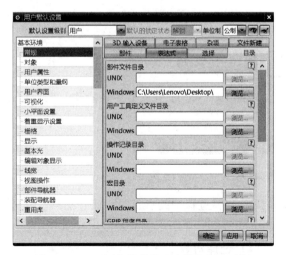

图 1-1-29   "用户默认设置"设置保存路径

30 完成建模工作界面的定制。

第三步：管理图形文件。

① 尝试绘制图形。

② 保存文件。

③ 关闭软件。

④ 打开刚刚关闭的"UG 练习"文件。

图 1-1-30   "定制"建模工作界面

技能小结

　　1.软件操作过程中，鼠标三个按键、组合快捷键的应用可以提升绘图效率。

　　2.同一个命令有多种激活形式，根据需要掌握高效途径。

　　3."定制"对话框弹出后，可将下拉菜单中的命令添加到功能区中成为按钮，方法是单击下拉菜单中的某个命令，并按住鼠标左键不放，将鼠标指针拖到屏幕的功能区中。用户根据工作需要可以自行定义工作界面，完成个性化定制。

巩固提升

（1）总结鼠标、组合键的用法。

（2）按自己的作图习惯，配置科学合理的工作界面，写出心得体会。

任务 1.2　软件基本操作

任务描述

　　掌握 UG NX 12.0 软件对象操作、图层操作和坐标系操作方法。

知识点学习

1.2.1　对象操作

　　UG 建模过程中的点、线、面、图层、实体等被称为对象，三维实体的创建、编辑过程实质上也可以看作是关于对象的操作过程。

（1）选择对象

　　在 UG 的建模过程中，对象的选择可以通过多种方式来实现。选择"菜单"—"编辑"—"选择"命令，弹出如图 1-2-1 所示菜单。其中部分命令介绍如下。

图 1-2-1　"选择"菜单

① 最高选择优先级-特征：其选择范围较为特殊，仅允许特征被选择，像一般的线、面是不允许选择的。

② 最高选择优先级-组件：该命令多用于装配环境下对各组件的选择。

③ 全选：选择视图中所有对象。

（2）编辑对象显示

进入建模模块中，选择"菜单"—"编辑"—"对象显示"命令，或者快捷键 Ctrl＋J，弹出如图 1-2-2 所示"类选择"对话框。

通过该对话框，可选择各种各样的对象，一次可选择一个或多个。其中主要选项介绍如下。

① 对象

选择对象：用于选取对象。

全选：用于选取所有的对象。

反选：用于选取绘图工作区中未被用户选中的对象。

② 其他选择方法

按名称选择：用于输入预选取对象的名称。

图 1-2-2　"类选择"对话框

选择链：用于选择首尾相接的多个对象。

向上一级：用于选取上一级的对象。当选取了含有群组的对象时，该按钮才被激活。单击该按钮，系统将自动选取群组中当前对象的上一级对象。

③ 过滤器　该选项组主要用于限制要选择对象的范围。

（3）隐藏对象

当工作区内的图形太多，不便于操作时，可将暂时不需要的对象隐藏起来，如模型中的草图、基准面、曲线、尺寸、坐标、平面等。

选择"菜单"—"编辑"—"显示和隐藏"命令，在弹出的菜单中提供了隐藏和取消隐藏等功能命令，如图 1-2-3 所示。

图 1-2-3　"显示和隐藏"菜单

其中部分命令的功能说明如下。

① 显示和隐藏：选择该命令，弹出如图 1-2-4 所示的"显示和隐藏"对话框。单击"显示"或"隐藏"栏中的＋或－按钮，即可显示或隐藏所选的对象。

② 隐藏：选择该命令，在弹出的对话框中通过类型选择需要隐藏的对象（或是直接选取），然后单击"确定"按钮，即可将其隐藏。

③ 显示：用于将所选的隐藏对象重新显示出来。选择该命令，通过弹出的"类选择"对话框在工作区中选择需要重新显示的对象（当前处于隐藏状态），然后单击"确定"按钮即可。

④ 显示所有此类型对象：用于重新显示某类型的所有隐藏对象。选择该命令，弹出如图 1-2-5 所示的"选择方法"对话框，其中提供了 5 种过滤方式，即"类型""图层""其他""重置"和"颜色"。

⑤ 全部显示：选择该命令，将重新显示所有在可选层上的隐藏对象。

图 1-2-4　"显示和隐藏"对话框

图 1-2-5　"选择方法"对话框

⑥ 反转显示和隐藏：用于反转当前所有对象的显示或隐藏状态，即显示的全部对象将会隐藏，而隐藏的将会全部显示。

1.2.2　图层操作

图层的作用是在模型空间中使用不同的层次来放置几何体。通过在每个图层上存放模型中的部分对象，然后将所有图层叠加起来，就构成了模型的完整对象。

在一个组件的所有图层中，只有一个图层是当前工作图层，所有工作只能在工作图层上进行。对于其他图层，可以对其可见性、可选择性等进行设置来辅助工作。如果要在某图层中创建对象，则应在创建前使其成为当前工作图层。

为了便于各图层的管理，UG NX 12.0 中的图层用图层号来表示和区分，图层号不能改变。每一模型文件中最多可包含 256 个图层，分别用 1～256 表示。

（1）图层的设置

用户可以根据实际需要和习惯设置自己的图层标准。通常可根据对象类型来设置图层和图层的类别，如表 1-2-1 所示。

表 1-2-1　图层设置

图层号	对象	类别名	图层号	对象	类别名
1～20	实体	SOLID	81～100	片体	SHEETS
21～40	草图	SKETCHES	101～120	工程图对象	DRAF
41～60	曲线	CURVES	121～140	装配组件	COMPONENTS
61～80	参考对象	DATUMS			

选择"菜单"—"格式"—"图层设置"命令，会弹出如图 1-2-6 所示的"图层设置"对话框。其中主要选项功能介绍如下。

① 工作层：将指定的一个图层设置为工作图层。

② 图层：按范围/类别选择图层，用于输入范围或图层种类的名称，以便进行筛选操作。

（2）图层的类别

为了更有效地对图层进行管理，可将多个图层组成一组，每一组称为一个图层类别。图层类别用名称来区分，必要时还可附加一些描述信息。通过图层类别，可同时对多个图层的可见性或可选性等进行设置。同一图层可属于多个图层类别。

选择"菜单"—"格式"—"图层类别"命令，将会弹出如图 1-2-7 所示的"图层类别"对话框。

图 1-2-6　"图层设置"对话框

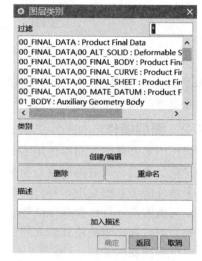

图 1-2-7　"图层类别"对话框

① 过滤：用于控制图层类别列表框中显示的图层类别条目，可使用通配符。

图层类别表框内容：用于显示满足过滤条件的所有图层类别条目。

② 类别：用于输入要建立的图层类别名称。

a.创建/编辑：用于建立新的图层类别并设置该图层类别所包含的图层，或者对选定图层类别所包含的图层进行编辑。

b.删除：用于删除选定的图层类别。

c.重命名：用于改变选定图层类别的名称。

③ 描述：用于显示选定图层类别的描述信息，或输入新建图层类别的描述信息。

加入描述：新建图层类别时，若在"描述"文本框中输入了该图层类别的描述信息，则需单击该按钮才能使描述信息生效。

1.2.3　坐标系

本节主要介绍如何通过坐标系的变换来创建新的坐标系、坐标系的定向，以及对更改后的坐标系进行保存。

【坐标系】

（1）坐标系的变换

选择"菜单"—"格式"—"WCS"命令，在弹出的如图 1-2-8 所示的菜单中选择相应的命令，可以对原有坐标系进行变换以产生新的坐标系。

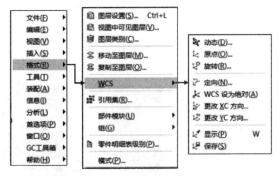

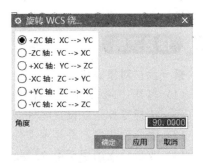

图 1-2-8 "WCS"坐标系菜单

图 1-2-9 "旋转 WCS 绕"对话框

① 动态。该命令能通过步进的方式移动或旋转当前 WCS。用户可以在工作区中将坐标系移动到指定位置,也可以通过设置步进参数使坐标系逐步移动指定的距离。

② 原点。该命令通过定义当前 WCS 的原点来移动坐标系的位置。在此需要注意的是,该命令仅仅移动坐标系的位置,而不会改变坐标轴的方向。

③ 旋转。通过将当前 WCS 绕其某一坐标轴旋转一定角度,来定义一个新的 WCS。选择"菜单"—"格式"—"WCS"—"旋转"命令,弹出如图 1-2-9 所示的"旋转 WCS 绕"对话框。在该对话框中选择任意一个旋转轴,在"角度"文本框中输入旋转角度值(可以为负值),然后单击"确定"按钮,即可实现旋转工作坐标系。

(2)坐标系的定向

① 定向。选择"菜单"—"格式"—"WCS"—"定向"命令,弹出"坐标系"对话框,如图 1-2-10 所示。利用该对话框,用户可以依据右手螺旋法则构造一个新的坐标系(CSYS)。

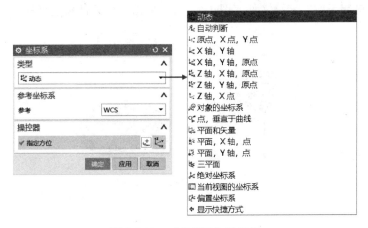

图 1-2-10 "坐标系"对话框

② 更改 XC 方向。选择"菜单"—"格式"—"WCS"—"更改 XC 方向"命令,弹出"点"对话框,从中输入点或在视图中创建点,即可更改 XC 方向。

③ 更改 YC 方向。选择"菜单"—"格式"—"WCS"—"更改 YC 方向"命令,弹出"点"对话框,从中输入点或在视图中创建点,即可更改 YC 方向。

(3)坐标系的显示和保存

选择"菜单"—"格式"—"WCS"—"显示"命令,系统就会显示或隐藏当前工作坐标系。选择"菜单"—"格式"—"WCS"—"保存"命令，系统就会保存当前设置的工作坐标系，以便在以后的工作中调用。

任务实施

第一步：对象操作。

（1）打开"1-2实施"文件。

（2）选择零件，并设置零件颜色以及透明度。

（3）将曲面隐藏，并显示文件中隐藏的实体对象。

（4）改变草图图层至第62层。

第二步：变换坐标系。

（1）动态移动坐标系。

（2）根据图1-2-11所示，将坐标系旋转45°，并保存新坐标系。

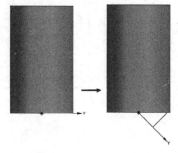

图1-2-11 坐标系旋转45°

技能小结

1. 图层设置快捷键：Ctrl+L。

2. 坐标系调整可以直接双击坐标系使坐标系激活，处于动态移动状态，用鼠标拖动原点处的方块，可以在沿 X、Y、Z 方向任意移动，也可以绕任意坐标轴旋转。

巩固提升

打开"1-2巩固习题"素材文件（图1-2-12），根据已知条件新建坐标系，并保存。

【1-2巩固习题素材】

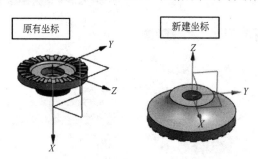

图1-2-12 巩固与提升习题

項目2

二维草图绘制

UG NX 12.0 二维草图的设计是创建零件特征的基础，例如：创建拉伸、旋转和扫掠等特征时，都需要先绘制所创建特征的截面形状。草图是位于平面上的点、线的集合，与实体特征相关联。

学习目标

📖 知识目标

① 掌握草图工具的使用；
② 掌握草图的尺寸约束、几何约束的操作方法；
③ 根据要求综合运用草图工具及约束方法创建草图。

✥ 技能目标

① 能设计草图绘制步骤；
② 会灵活应用二维草图绘制及编辑工具，以提高作图效率。

👥 职业素养目标

在草图绘制训练中，培养严谨的工作态度。

任务 2.1 燕尾座截面轮廓绘制

任务描述

绘制图 2-1-1 所示燕尾座截面轮廓，其主要由直线、圆弧组成。

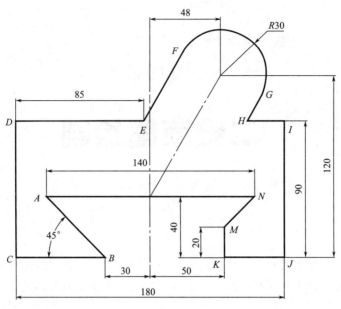

图 2-1-1 燕尾座截面轮廓图

> **说明：** 设计基准是绘制二维草图的基准点，围绕此基准点开始向左、右、上、下进行二维草图的绘制。通常情况下，设计基准点与系统坐标原点重合，可以有效提高绘图效率。

知识点学习

2.1.1 创建草图

UG NX 12.0 草图环境类型有两种，一种是直接草图 草图，另一种是任务草图 在任务环境 中绘制草图，这里只讲解直接草图的创建。

【进入和退出草图】

（1）进入直接草图方法

直接草图是在建模环境下调用"直接草图"工具条命令进行绘制草图，建模命令高亮显示；可以直接使用。"直接草图"工具条如图 2-1-2 所示。进入直接草图的方法如下。

图 2-1-2 "直接草图"工具条

① 在主页下，"直接草图"组中单击"草图 "按钮，打开"创建草图"对话框，如图 2-1-3 所示。

② 选择"菜单"—"插入"—"草图"，打开"创建草图"对话框，如图 2-1-3 所示。

（2）"创建草图"对话框

草图类型：包括"在平面上"和"基于路径"两种。

① 在平面上：将草图绘制在选定的平面或者基准平面上。用户可以自定义草图的方向、草图原点等。当类型为"在平面上"时，对话框如图 2-1-3 所示，该类型中所包含的选项及按钮含义如下。

"草图坐标系"区域中包括"平面方法"下拉列表、"参考"下拉列表及"原点方法"下拉列表。

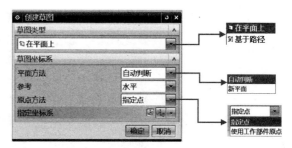

图 2-1-3 "创建草图"对话框

a. 平面方法：创建草图平面的方法，包括"自动判断"和"新平面"。

☑ 自动判断：表示根据鼠标停留的对象来自动判断草图平面，可以是系统的基准平面、用户创建的基准平面和模型上的平面。当用户不进行选择时，会默认为 XC-YC 基准平面。

> **说明：** 在打开"创建草图"对话框后，绘图区 XC-YC 平面和 X、Y、Z 三个坐标轴呈高亮度显示。在基准坐标系上移动鼠标时，可以切换基准平面。鼠标落在哪个平面，哪个平面会呈高亮显示，如图 2-1-4 所示，此时单击鼠标左键即选择该平面来作为草绘平面。

【图2-1-4 彩图】

图 2-1-4 鼠标落在不同基准平面时的情况

☑ 新平面：以创建基准平面的方法来创建草图平面（基准平面的创建详见 3.2.1 节）。

b. 参考：用于定义参考平面与草图平面的位置关系。

☑ 水平：选取该选项后，用户可定义参考平面与草图平面的位置关系为水平。

☑ 竖直：选取该选项后，用户可定义参考平面与草图平面的位置关系为竖直。

c. 原点方法：设置草图平面坐标系的原点位置。有两种指定方法：一种是"指定点"，用户根据实际需要，配合"指定坐标系"下"坐标系对话框" （图 2-1-5）

图 2-1-5 "指定坐标系"对话框

来重新定义坐标系原点及坐标轴；另一种原点设置方法是"使用工作部件原点"。

> **说明：** 指定坐标系是以基准坐标系的创建方法来确定草图平面的，草图平面默认为基准坐标系中的 XC-YC 平面。

② 基于路径：选取该选项后，系统在用户指定的曲线上建立一个与该曲线垂直的平面，作为草图平面。当草图类型为"基于路径"时，对话框如图 2-1-6 所示。

当为特征（如变化的扫掠）构建输入轮廓时，可以选择"基于路径"绘制草图。选择此

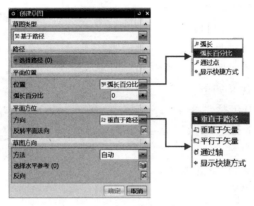

图 2-1-6　草图类型为"基于路径"时的对话框

类型，将在曲线轨迹路径上创建出垂直于轨迹、平行于轨迹、平行于矢量和通过轴的草图平面，并在草图平面上创建草图。

> **说 明：** 进入"草图"状态后，草图工具条如下所示：
>
>
>
> 草图绘制结束后，单击草图工具条上的"完成草图" 按钮即可退出草图状态，也可以使用快捷键"Q"。

2.1.2 轮廓线

"轮廓线"用于单一或者连续直线、圆弧的绘制。

进入草图环境后，在直接草图工具条，选择"轮廓线" 命令按钮，打开"轮廓"对话框，它的快捷键是"Z"。

图 2-1-7　"轮廓"
命令对话框

"轮廓"命令对话框如图 2-1-7 所示，具体说明如下：

a. 对象类型：可以实现绘图时，直线与圆弧相互转换。按住左键不放，滑移鼠标，可以在直线和圆弧之间进行切换。

b. 输入模式

☑ 坐标模式：使用 X 和 Y 坐标值创建曲线点。

☑ 模式：使用与直线或圆弧曲线类型对应的参数创建曲线点。

2.1.3 直线

"直线"用于单一直线的绘制。

图 2-1-8　"直线"
命令对话框

进入草图环境后，直接在草图工具条选择"直线" 命令按钮，快捷键是"L"。

打开"直线"命令对话框，如图 2-1-8 所示，同时，会出现伴随光标移动的输入框。

直线命令有两种输入模式，具体说明如下：

① 坐标模式 **XY**：使用 X 和 Y 坐标值创建直线起点和终点（在 UG 绘图过程中，往往

【轮廓线】

【直线】

通过单击直线起点位置和直线终点位置确定直线）。

② 参数模式 ：通过输入直线长度和角度两个参数确定直线。

> **说明：** 对于直线、轮廓线、圆和圆弧命令，在图形窗口中会显示随光标而移动的屏显输入框，可以通过填写数值的方式来精确控制曲线尺寸或位置，不同情况下屏显输入框也不相同，如图 2-1-9 所示。

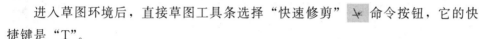

图 2-1-9　屏显输入框

2.1.4　快速修剪

"快速修剪"命令可以将曲线修剪至任何方向最近的实际交点或拟交点。

进入草图环境后，直接草图工具条选择"快速修剪" ⊻ 命令按钮，它的快捷键是"T"。

【快速修剪】

打开"快速修剪"对话框，如图 2-1-10 所示，具体说明如下。

① 边界曲线：选择位于当前草图中或者出现在该草图前面的曲线、边、基本平面等。

② 要修剪的曲线：选择一条或多条要修剪的曲线。

③ 修剪至延伸线：指定是否修剪至一条或多条边界曲线的虚拟延伸线。勾选此项，其效果如图 2-1-11 所示。

图 2-1-10　"快速修剪"对话框

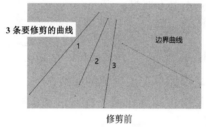

图 2-1-11　"修剪到延伸线"示意图

快速修剪可实现以下功能：

① 单独修剪：操作方法是鼠标左键单击欲修剪的曲线。

② 统一修剪：操作方法是按住鼠标左键不放，滑动鼠标产生一条线，被线穿过的曲线被删除。

③ 边界修剪：操作方法是单击"边界曲线"，选择一条曲线为边界，单击与边界线有相交关系的曲线，即完成修剪任务。

2.1.5　删除对象

在草图界面中，删除对象的方法有以下四种。

① 在图形区单击或框选要删除的对象（框选时要框住整个对象），此时可看到选中的对象变成橘色。然后，按 Delete 键，所选对象即被删除。

【删除对象】

② 把鼠标移动至要删除的对象上，然后单击鼠标右键，在弹出的快捷菜单中选择 ✕ **删除(D)** 命令。

③ 把鼠标移动至要删除的对象上，然后鼠标右键按住不放，弹出九宫格的快捷菜单

将鼠标移动到 ✕ 命令后，松开鼠标右键，对象即被删除。

④ 在"编程"菜单下，选择 ✕ 删除(D)... 命令，会弹出删除命令对话框，然后在绘图区选择删除对象（选中的对象会变成橘色），然后，单击"确定"按钮（或单击鼠标中键），对象即被删除。

> **注意：** 按 Ctrl＋D 组合键可以打开"删除"对话框；如要恢复已删除的对象，可用 Ctrl＋Z 组合键来完成。

2.1.6 快速延伸

"快速延伸"命令可以将曲线延伸至它与另一条曲线的实际交点或虚拟交点。

图 2-1-12 "快速延伸"对话框

进入草图环境后，在直接草图工具条上找到"快速延伸" ⋎ 命令按钮，它的快捷键是"E"。【快速延伸】

打开"快速延伸"对话框，如图 2-1-12 所示，具体说明如下。

① 边界曲线：草图曲线欲延伸到的任何曲线、边、基本平面等。

② 要延伸的曲线：选择要延伸的曲线。

③ 延伸至延伸线：指定是否延伸到边界曲线的虚拟延伸线。

快速延伸和快速修剪使用正好相反，但其操作方法相近。快速延伸能实现如下操作。

① 单独延伸：操作方法是鼠标单击要延伸的曲线。

② 统一延伸：操作方法是按住鼠标左键不放，滑动鼠标产生一条划线，被划线穿过的曲线被延伸。

③ 边界延伸：操作方法是单击"边界曲线"，选择一条曲线为边界，单击（或按住鼠标左键不放滑动鼠标选择）欲延伸曲线，即完成延伸任务。

> **注意：** 快速延伸在使用时，单击位置要靠近曲线延伸侧的端点，延伸到下一个最靠近的曲线上。对于①、②两种使用方法，要延伸的曲线与延伸到的边界线之间延伸后必须有实际交点，使用③可以在实现曲线延伸后，与边界曲线产生虚拟交点。

2.1.7 派生直线

"派生直线"命令用于创建与已知直线平行的线，或在两条平行直线中间创建平行直线，或在两条不平行直线之间创建一条平分线。

进入草图环境后，在直接草图工具条上找到"派生直线" ∠ 命令，单击此命令按钮，此时光标变化为"✛"，信息提示区提示"选择参考线"。【派生直线】

"派生直线"命令可生成的直线有如下三种。

（1）平行基线的任意数量的偏置直线

操作方法：单击选择原对象后，出现偏置输入框，可以通过输入偏置距离的方式确定派生直线的位置，也可以鼠标单击界面任意位置生成派生直线，如图 2-1-13 所示。

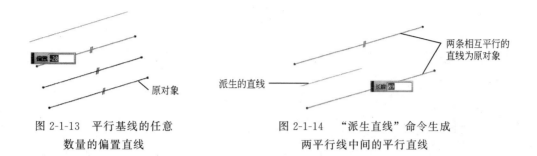

图 2-1-13　平行基线的任意　　　　　　图 2-1-14　"派生直线"命令生成
数量的偏置直线　　　　　　　　　两平行线中间的平行直线

（2）两平行线中间的平行直线

操作方法：单击选择第一原对象，单击选择第二原对象（两原对象须有平行关系），在两条平行线中间生成平行的派生直线，并出现"长度"输入框，如图 2-1-14 所示。

（3）非平行线间的角平分线

操作方法：单击选择第一原对象，单击选择第二原对象（两原对象不能相互平行），此时过两原对象交点（或虚拟交点）生成角平分线，并出现"长度"输入框，如图 2-1-15 所示。

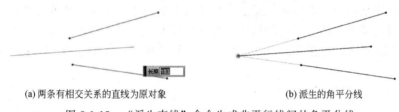

(a) 两条有相交关系的直线为原对象　　　　　　　(b) 派生的角平分线

图 2-1-15　"派生直线"命令生成非平行线间的角平分线

2.1.8　转换为参考

该命令能够将草图曲线（不包括点）或草图尺寸由激活转换为参考或由参考转换回激活。对话框如图 2-1-16 所示。具体内容的说明如下。

【转换为参考】

（1）要转换的对象

① 选择对象：选择要转换的草图曲线或草图尺寸。

② 选择投影曲线：转换草图，曲线投影的所有输出曲线。

图 2-1-16　"转换至/自参考对象"对话框

（2）转换为

① 参考曲线或尺寸：该选项用于将激活对象转换为参考状态。

② 活动曲线或驱动尺寸：该选项用于将参考对象转换为激活状态。

> **说明：**　① 参考尺寸显示在用户的草图中，虽然其值被更新，但是它不能控制草图几何图形，其显示形式如图 2-1-17 所示。
>
> 　② 活动曲线转换为参考后，曲线显示变灰，并且采用双点画线线型，如图 2-1-18 所示。建议用户在使用时，对右键快捷方式进行设置，将此功能添加至九宫格快捷键中，以提高绘图速度。

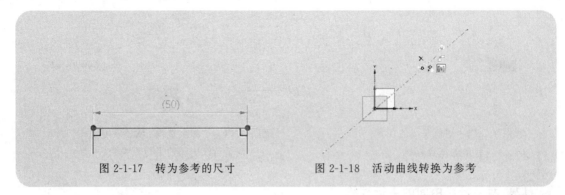

图 2-1-17 转为参考的尺寸　　　　图 2-1-18 活动曲线转换为参考

2.1.9 草图约束

约束可以实现草图中各对象的精确控制，包括尺寸约束和几何约束。通过添加草图约束，实现"草图完全约束"，达到草图绘制的要求。

【尺寸标注】

（1）尺寸约束

通过基于选定的对象和光标的位置自动判断尺寸类型来创建尺寸约束，也就是在草图上标注草图尺寸，建立相应的表达式，便于在后续的编辑工作中实现尺寸的参数化驱动。

用户可通过"菜单—插入—草图约束—尺寸"打开尺寸约束列表；通常情况下，用户可以在"'主页'选项卡—直接草图组—'尺寸'下拉菜单"打开尺寸约束列表，如图 2-1-19所示。

尺寸约束列表中各按钮说明如下。

快速尺寸：根据用户选择的对象以及光标位置，自动判断尺寸类型，创建尺寸约束。它的快捷键是"D"。

图 2-1-19 草图约束工具

线性尺寸：根据用户选择的对象以及光标位置，自动判断尺寸类型，创建尺寸约束。

径向尺寸：根据用户选择的圆或圆弧对象，创建径向或直径尺寸约束。

角度尺寸：创建两条线之间的角度尺寸约束。

周长尺寸：用于约束开放或封闭轮廓中选定的直线和圆弧的总长度，不能选择椭圆、二次曲线或样条。

说明： ① 周长尺寸创建表达式，不在图形窗口中显示。查看方法：在活动草图动态下，"菜单"—"工具"—"约束"下，找到"草图关系浏览器" 📇 ，打开"草图关系浏览器"对话框，如图 2-1-20 所示，在对话框里查看草图中的所有曲线和约束。

② 不能将周长尺寸转换成参考对象。

③ 绘制草图时，要注意区分"自动标注尺寸"和"驱动尺寸（即用户标注的尺寸，每个尺寸都创建一个可编辑的表达式）"，二者的区别如图 2-1-21 所示。一般情况下，通过添加驱动尺寸，软件会自动删除冗余的自动标注尺寸。

图 2-1-20 "草图关系浏览器"对话框

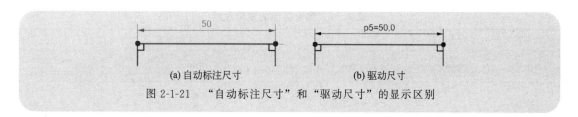

(a) 自动标注尺寸　　　　　　　(b) 驱动尺寸

图 2-1-21　"自动标注尺寸"和"驱动尺寸"的显示区别

（2）几何约束

建立几何约束是指定草图对象必须遵守的条件或草图对象之间必须维持的关系，它的快捷键是"C"。

【几何约束】

"几何约束"对话框如图 2-1-22 所示，具体说明如下。

① 约束：被勾选的常用的约束类型按钮。

② 要约束的几何体：产生约束关系的选择对象。

当"自动选择递进"复选框被勾选时，鼠标左键单击"选择要约束的对象"后，会自动切换到"选择要约束到的对象"；当"自动选择递进"复选框未被勾选时，"选择要约束的对象"确定后，单击鼠标中键，切换到"选择要约束到的对象"。

③ 设置：在设置项目下，包括 NX 12.0 所有的几何约束类型，如图 2-1-23 所示。被勾选的约束类型会在几何约束对话框中"约束"一栏显示其按钮。

各约束类型的使用说明见表 2-1-1。

图 2-1-22　"几何约束"对话框

图 2-1-23　几何约束类型

表 2-1-1　约束类型的使用说明

约束类型	命令图标	描述	图形窗口中的图标	说明
水平		定义一条水平线		
竖直		定义一条竖直线		
相切		定义两个对象,使其相切		
水平对齐		在水平方向对齐两个或多个点。水平方向由草图方向定义		要在曲线创建期间自动判断水平对齐,必须选中"创建对齐约束"用户默认设置。如果清除"创建对齐约束"用户默认设置,仍然可以手动创建水平对齐约束
竖直对齐		在竖直方向对齐两个或多个点。竖直方向由草图方向定义		要在曲线创建期间自动判断竖直对齐,必须选中"创建对齐约束"用户默认设置
平行		定义两条或多条直线或椭圆,使其互相平行		
垂直		定义两条直线或椭圆,使其互相垂直		
共线		定义两条或多条位于相同线上或穿过同一直线的直线		
重合		定义两个或多个有相同位置的点		
中点		定义某个点的位置,使其与直线或圆弧的两个端点等距		对于中点约束,可在除了端点或中点以外的任意位置选择曲线
点在曲线上		定义一个位于曲线上的点的位置		
同心		定义两个或多个有相同中心的圆弧和椭圆弧		
等半径		定义两个或多个等半径圆弧		
等长		定义两条或多条等长直线		
点在线串上		定义一个位于配方曲线上的点的位置		
与线串相切		创建草图曲线和配方曲线之间的相切约束		

约束类型	命令图标	描述	图形窗口中的图标	说明
垂直于线串		创建草图曲线和配方曲线之间的垂直约束		
曲线的斜率	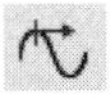	定义一个样条(在定义点处选择)以及另一个对象,使其在选定点相切		
缩放,非均匀		当两个端点都移动时(即更改在端点之间创建的水平约束值时),会在水平方向上缩放样条,但在竖直方向上保持原始尺寸。样条显示到草图中		如果其内部所有定义点都被约束,则无法将比例约束应用到样条中
缩放,均匀		当两个端点都移动时(即更改在端点之间创建的水平约束值时),会按比例缩放样条,以保持其原有形状		
固定		约束点位置、直线角度或圆弧半径		
完全固定		创建足够的约束,以便通过一个步骤来完定义草图几何图形的位置和方位		
定长	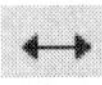	定义一条长度固定不变的直线		
定角		定义一条直线,其相对于草图坐标系的角度固定不变		
镜像曲线		创建选定对象相对于选定中心线的镜像图像	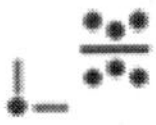	
设为对称		约束两个现有对象,使其彼此相对于选定的对称中心线对称		
阵列曲线		定义曲线的圆形阵列	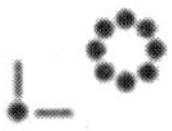	
		在单方向定义线性阵列		
		在两个方向定义线性阵列	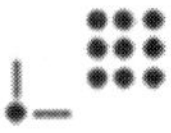	
		定义曲线的常规阵列	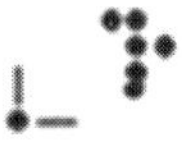	
偏置曲线		对当前装配中的曲线链、投影曲线或者曲线和边进行偏置,并使用偏置约束约束几何体		
修剪配方曲线		关联地修剪关联投影到草图或关联相交到草图的曲线,并创建一个修剪约束		

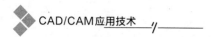

用户在草图绘制过程中要熟识各种约束在图形上的表达方式，以提高制图效率。

> **注意**：① 通过尺寸约束和几何约束，限制草图中每个曲线的所有自由度，实现"草图完全约束"。
>
> ② 草图完全约束的意义在于修改某个尺寸时，不会引起相关联的没有完全约束的图素的变化，同时，草图完全约束可以更好地实现参数化设计。

2.1.10 定向到草图

该按钮用于使草图视图调整为草图的俯视视图（视图显示将与屏幕平行），方便绘制草图，使用方法如下。

① 在草图界面下，鼠标右键按住不放，会出现九宫格快捷键，将鼠标移动【定向到草图】到"定向到草图"🖼按钮后，松开鼠标右键即可，九宫格快捷键如图 2-1-24 所示。

图 2-1-24　草图界面下九宫格快捷键

图 2-1-25　"重新附着草图"对话框

② 在"主页"—"直接草图组"，打开"更多"下拉列表，在"草图工具"中找到 🖼定向到草图 ，单击该按钮即可实现。

2.1.11 重新附着

"重新附着"命令可以实现移动草图到不同的平面、基准平面或路径。

使用方法：在"主页"—"直接草图组"，打开"更多"下拉列表，在"草【重新附着】图特征"中找到 🖼重新附着 ，单击该按钮即可打开"重新附着草图"对话框，如图 2-1-25 所示。

通过此对话框重新指定要附着的实体表面或基准面，单击"确定"按钮后，草图将附着到新的参考平面上。

> **注意**：目标平面、面或路径必须有比草图更早的时间戳记（即在草图前创建）。对于原位上的草图，重新附着也会显示任意的定位尺寸，并重新定义它们参考的几何体。

🔄 **（任务实施）**

第一步：新建文件。

打开 UG NX 12.0，单击"新建"📄图标，弹出"新建"对话框，在"模板"列表中选择"模型"，输入名称为"caotu1"，单击"确定"按钮，进入 UG 主界面。

第二步：创建草图。

① 进入草图环境。单击 图标，打开"创建草图"对话框，选择 *XC-YC* 平面作为草图绘制平面，单击"确定"按钮，进入草图绘制环境。

② 绘制直线 *AN*。单击" 直线 "图标，默认绘制直线方式为"坐标模式"。在绘图区，单击鼠标左键，确定直线起点，拖动鼠标，出现水平约束符号后，如图 2-1-26（a）所示，单击鼠标左键，确定直线终点。

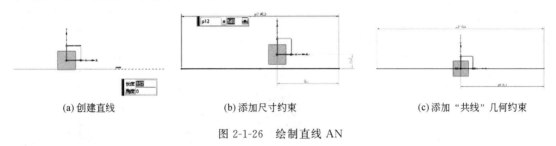

(a) 创建直线　　　　　　(b) 添加尺寸约束　　　　　　(c) 添加"共线"几何约束

图 2-1-26　绘制直线 *AN*

添加直线的尺寸约束：140，如图 2-1-26（b）所示；添加直线与 *X* 轴共线约束，如图 2-1-26（c）所示。

> **注意：**　可以通过双击自动标注尺寸，激活尺寸表达式对话框，直接输入尺寸数值后，按鼠标中键确认。

> **说明：**　在绘制草图时，首先确定一条曲线的尺寸及位置，为后续曲线的尺寸和位置作为度量的参照，不至于在仿形绘图时曲线尺寸及位置过于夸张而引起严重形变。

③ 绘制其他曲线串。单击 轮廓 图标，从端点 *A* 开始，仿照形状绘制线串，结果如图 2-1-27 所示。

> **说明：**　使用"轮廓线"对象类型为"直线"，连续绘制曲线 *AB*、*BC*、*CD*、*DE*、*EF*，到达端点 *F*，按住鼠标左键不放，沿圆弧走向滑移鼠标，可出现圆弧轮廓，在合适位置单击鼠标左键，绘制轮廓相近的圆弧；其他曲线，使用"轮廓线"对象类型为"直线"，继续进行连续仿形绘制。

单击 几何约束 图标，添加直线 *HG* 与圆弧 *FG*"相切"约束；添加直线 *CD* 与直线 *IJ*"等长"约束；添加直线 *EF* 与直线 *GH*"平行"约束。（如果在仿形绘制过程中已经自动生成相关几何约束，可以不再重复添加。）

单击 快速尺寸 图标，对图 2-1-27 进行尺寸约束。

当草图活动窗口显示"草图已完全约束"，草图绘制完成，效果图如图 2-1-28 所示。

④ 检查草图尺寸。在"分析"选项卡—"测量"组—"更多"下拉列表中，找到"常规"下的功能，打开"测量长度"对话框，在上边框条"曲线规则"下拉列表中选择"相连曲线"，然后单击草图轮廓，在绘图区显示数据为：799.1006mm。

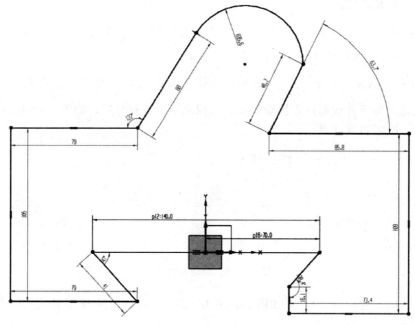

图 2-1-27　仿形绘制线串

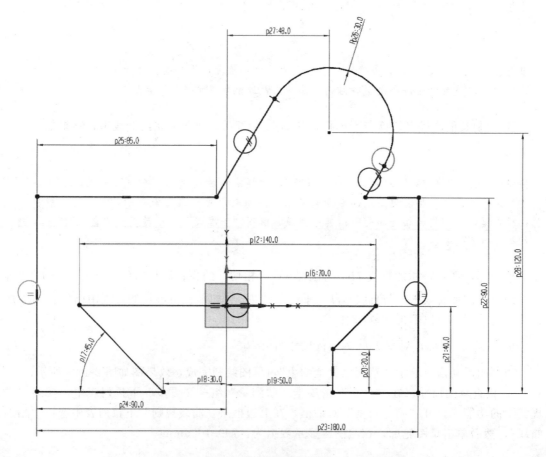

图 2-1-28　完成效果图

进阶训练

绘制如图 2-1-29 所示草图截面轮廓（含设计基准），其轮廓主要由直线、圆弧组成。

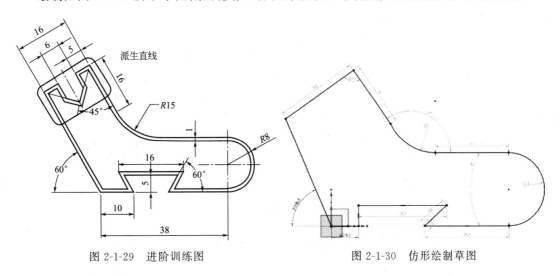

图 2-1-29　进阶训练图　　　　　　图 2-1-30　仿形绘制草图

（1）进入草图环境

单击图标，打开"创建草图"对话框，选择 XC-YC 平面作为草图绘制平面，单击"确定"按钮，进入草图绘制环境。

（2）绘制曲线串

单击 _{轮廓} 图标，以坐标基准点开始，依次仿照形状绘制曲线串，如图 2-1-30 所示。

> **注意：** 在仿形绘制过程中，不要随意生成不必要的几何约束。

（3）添加草图约束

单击 _{几何约束} 图标，添加如图 2-1-31(a) 所示的约束关系。完成情况如图 2-1-31(b) 所示。

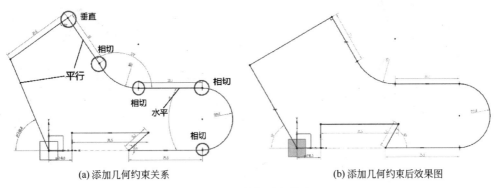

(a) 添加几何约束关系　　　　　　(b) 添加几何约束后效果图

图 2-1-31　添加几何约束

单击 _{快速尺寸} 图标，按照图 2-1-29 要求添加尺寸约束，完成情况如图 2-1-32 所示。

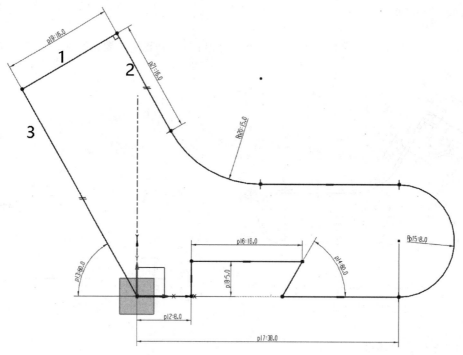

图 2-1-32　添加尺寸约束后效果图

（4）派生直线绘制顶部轮廓

单击 ☐ 派生直线 图标，左键分别选择图 2-1-32 中的曲线 1、曲线 2，在图形内部单击左键，放置角平分线。同样方法，生成另一侧角平分线。

左键单击选择曲线 2，在图形内部单击左键放置两条与曲线 2 平行的直线。效果如图 2-1-33 所示。

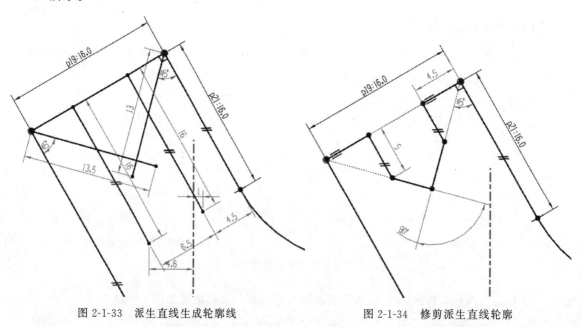

图 2-1-33　派生直线生成轮廓线　　　　　图 2-1-34　修剪派生直线轮廓

注意： 在放置两条派生的平行线时，新生成的曲线端点应在曲线1上，否则需要使用延伸命令。

单击 ✕ 快速修剪 图标，修剪去多余线条。效果如图 2-1-34 所示。

单击 ✕ 快速尺寸 图标，按照图 2-1-29 要求添加尺寸约束，完成情况如图 2-1-35 所示。此时活动草图界面显示"草图已完全约束"，草图绘制完成。

（5）检查草图尺寸

在"分析"选项卡—"测量"组—"更多"下拉列表中，找到"常规"下的功能，打开"测量长度"对话框，在上边框条"曲线规则"下拉列表中选择"相连曲线"，然后单击草图轮廓，在绘图区显示数据为：190.9976mm。

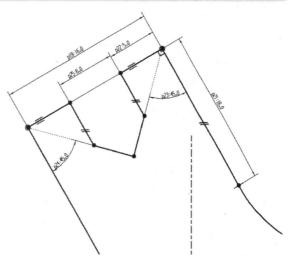

图 2-1-35　草图顶部完成效果图

说明： 此处绘图方法很多，使用派生直线的目的是让大家尽可能多地练习到各个命令。

📝 技能小结

1.在绘制草图之前，首先要根据绘制需要选择草图工作平面（简称草图平面），可以是系统基准坐标平面，如 XC-YC 平面，也可以是实体特征上的某一平面，还可以是用户创建的基准平面。

2.在一般绘图过程中，我们习惯于先绘制出对象的大概形状，然后通过添加"几何约束"来定位草图对象和确定草图对象之间的相互关系，再添加"尺寸约束"来驱动、限制和约束草图几何对象的大小和形状，形成完整的表达设计意图的图形。

3.一般情况下，草图约束过程中，为避免约束过程中图形变化过大，先进行角度尺寸约束，然后选择尺寸值小的进行约束，同时，为提高制图效率，用户应灵活使用尺寸约束和几何约束。

4.草图绘制过程中，UG NX 会根据光标位置、元素对象等自动出现自动判断约束的类型，用户应根据需要判断约束的合理性，避免不必要的约束产生而影响后续图形的尺寸及位置。

5.草图绘制过程中，会出现辅助线指示与曲线控制点的对齐情况，曲线控制点包括直线端点和中点、圆弧端点以及圆弧和圆的中心点。在曲线创建过程中，可以显示两类辅助线：

• 点线辅助线显示与其他对象的对齐情况。

• 虚线辅助线显示与其他对象的自动判断约束，例如水平、竖直、垂直和相切约束。

　　如图 2-1-36 所示，当用户看见竖直自动判断约束时，可单击鼠标中键来锁定这个约束。此时，如果移动光标，曲线仅能在竖直方向上形成动态预览。要解锁约束，需再次单击鼠标中键。

　　6.绘制草图时，尽可能地将设计基准与 UG NX 提供的基准坐标相重合。

　　7.轮廓线从直线向圆弧切换时，如果产生的圆弧轮廓不满足设计意图，则可以滑移光标触碰"箭尾"符号（如图 2-1-37 所示），然后按照圆弧大致走向移动鼠标，这样可以在不同的圆弧形式间进行切换。

　　8.草图必须完全约束。

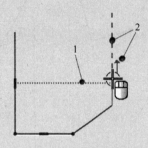

图 2-1-36　草图两类辅助线

1—点线辅助线与中点对齐；2—虚线辅助线有竖直约束

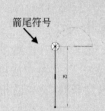

图 2-1-37　轮廓线从直线和

圆弧间切换时的箭尾符号

💡 **巩固提升**

　　绘制如图 2-1-38 所示草图截面轮廓，主要由直线、圆弧组成。根据图纸标注，请选择合理的绘图基准。

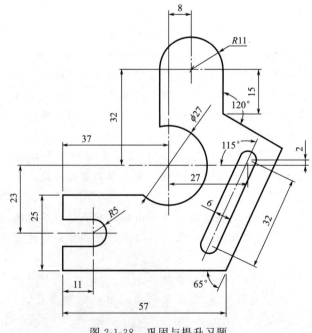

图 2-1-38　巩固与提升习题

任务 2.2 异形垫片截面草图绘制

 **任务描述**

绘制图 2-2-1 所示异形垫片截面轮廓，主要由直线、圆弧、圆、倒角组成，零件左右两侧关于 Y 轴对称。

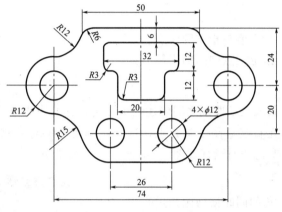

图 2-2-1 异形垫片零件图

知识点学习

【圆】

2.2.1 圆

圆命令用于绘制整圆，它的快捷键是字母"O"。

进入草图环境后，直接草图工具条，选择"圆" ○ 命令按钮，打开"圆"对话框，"圆"命令对话框如图 2-2-2 所示，具体说明如下。

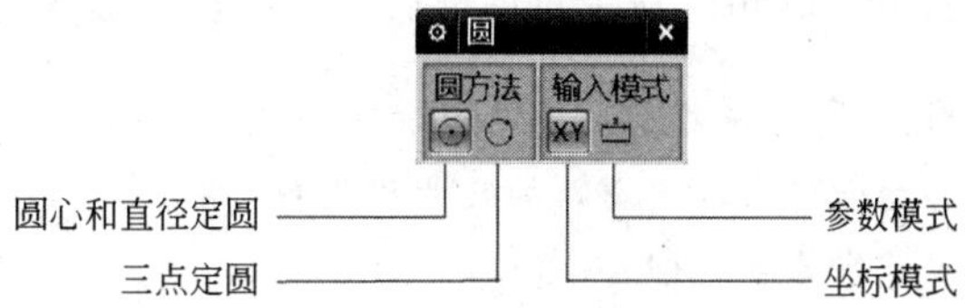

（1）圆方法

① 圆心和直径定圆：通过指定圆心和直径绘制圆。

② 三点定圆：通过指定圆上两点和直径绘制圆。

（2）输入模式

① 参数模式：用于指定圆的直径参数。

② 坐标模式：允许使用坐标值来指定圆的点。

图 2-2-2 "圆"对话框

圆心和直径定圆 —— 三点定圆 —— 参数模式 —— 坐标模式

2.2.2 圆弧

【圆弧】

圆弧命令用于绘制圆弧,它的快捷键是"A"。

进入草图环境后,在直接草图工具条上,选择"圆弧" ⌒ 命令按钮,打开"圆弧"对话框,"圆弧"命令对话框如图 2-2-3 所示,具体说明如下。

(1) 圆弧方法

① 三点确定圆弧:创建一条经过 3 个点(起点、终点及圆弧上任意点)的圆弧。

② 中心和端点确定圆弧:通过定义圆弧中心、起点和终点来创建圆弧。

图 2-2-3 "圆弧"命令对话框

(2) 输入模式

① 坐标模式:通过坐标值来指定圆弧点。

② 参数模式:用于指定三点圆弧的半径参数。

2.2.3 圆角

【圆角】

圆角命令用于在两条或三条曲线之间创建一个圆角,它的快捷键是"F"。

进入草图环境后,在直接草图工具条上,选择"圆角" ⌐ 命令按钮,打开"圆角"对话框,"圆角"命令对话框如图 2-2-4 所示,具体说明如下。

(1) 圆角方法

① 修剪:在创建圆角的同时修剪圆角边。

② 取消修剪:在创建圆角的同时不进行任何修剪操作。

图 2-2-4 "圆角"命令对话框

(2) 选项

① 删除第三条曲线:删除选定的第三条曲线,用圆角代替。

② 备选解:单击此按钮切换互补的圆角结果。

打开"圆角"命令对话框后,会出现屏幕输入框,用户可以输入圆角半径值。

> **说明:** ①若未指定圆角半径,单击选择被倒角对象后,通过移动光标,可以预览圆角或通过移动光标来确定圆角的尺寸和位置。
>
> ②当等半径圆角个数较多时,可以先输入圆角半径值,然后按住鼠标左键不放,在倒圆角的曲线上方滑动鼠标,来创建圆角,以提高制图速度。

> **注意:** ①两条不平行的线之间倒圆角,在选择上没有先后顺序;
>
> ②两条平行线之间倒圆角,逆时针方向选择两个对象生成过渡圆弧;
>
> ③在带有圆或者圆弧的对象之间倒圆角,逆时针方向选择两个对象生成过渡圆弧。

2.2.4 倒斜角

【倒斜角】

倒斜角命令用于在两条不平行的直线之间建立斜线连接。

进入草图环境后，在直接草图工具条上，选择"倒斜角" ⌐ 命令按钮，打开"倒斜角"对话框，"倒斜角"命令可创建以下倒斜角类型。

① 对称：两直线倒斜角到交点距离相等，如图 2-2-5（a）所示。

② 非对称：两直线倒斜角到交点距离不相等，如图 2-2-5（b）所示。

③ 偏置和角度：指定倒斜角的角度和距离，如图 2-2-5（c）所示。

三种创建倒斜角对话框如图 2-2-5 所示。

(a) "对称" 方式　　　　　　(b) "非对称" 方式　　　　　(c) "偏置和角度" 方式

图 2-2-5　"倒斜角"对话框

说明： ① 在"非对称"类型下，"距离 1"和"距离 2"代表选择直线的顺序，其后的数值表示先后选择两直线到倒斜角的距离。

② 在"偏置和角度"类型下，"距离"后的数值表示选择的第一条直线到倒斜角的距离，"角度"表示从选择的第一条直线到倒斜角的角度。

③ 倒斜角命令可以按住鼠标左键不放，在曲线上方滑动鼠标，来创建斜角。

2.2.5　镜像曲线

通过指定的草图直线，制作草图几何图形的镜像副本，如图 2-2-6 所示，镜像"原对象"沿"镜像线"生成镜像副本。

进入草图环境后，在直接草图工具条上，选择"镜像曲线" 疝 命令按钮，【镜像曲线】打开"镜像曲线"对话框，"镜像曲线"命令对话框如图 2-2-7 所示，具体说明如下。

　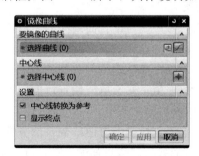

图 2-2-6　镜像关系　　　　　　　图 2-2-7　"镜像曲线"对话框

① 选择曲线：指定一条或多条要进行镜像的草图曲线。

② 选择中心线：选择一条已有直线作为镜像操作的中心线（在镜像操作过程中，该直线将成为参考直线）。

③ 中心线转换为参考：将活动中心线转换为参考。

④ 显示终点：显示端点约束以便移除和添加端点。如果移除端点约束，然后编辑原先的曲线，则未约束的镜像曲线将不会更新。

2.2.6 设为对称

【设为对称】

用于在草图中约束两个点或曲线相对于中心线对称。

进入草图环境后，在直接草图工具条上，打开"更多"下拉列表，在"草图约束"栏中，单击"设为对称" 命令，"设为对称"命令对话框如图2-2-8所示，具体说明如下。

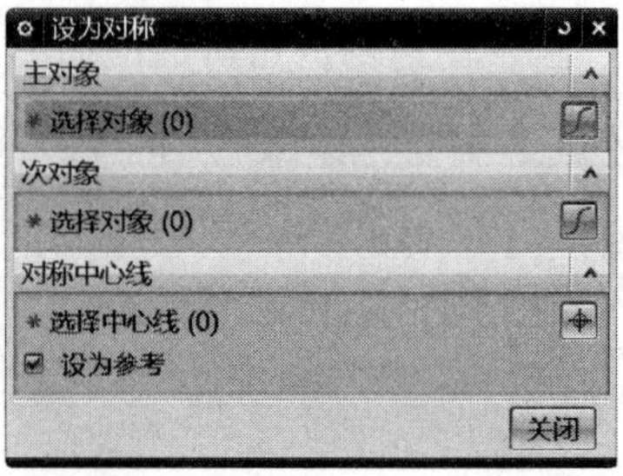

① 主对象：选择要进行约束的第一个点或草图曲线，将使其关于中心线对称。

② 次对象：选择要进行约束的第二个点或草图曲线，将使其关于中心线对称。

③ 对称中心线：选择直线或平面，用于定义对称中心线。

☑ 设为参考：将选定的中心线转换成参考曲线。

图 2-2-8 "设为对称"命令对话框

2.2.7 偏置曲线

【偏置曲线】

用于对当前草图中的曲线进行偏移，从而产生与源曲线相关联、形状相似的新的曲线。

在 UG NX 中可偏移的曲线包括基本绘制的曲线、投影曲线以及边缘曲线等。"偏置曲线"对话框如图2-2-9所示，具体说明如下。

(1) 要偏置的曲线

① 选择曲线：选择要偏置的曲线或曲线链。曲线链可以是开放的、封闭的或者一段开放一段封闭。

② 添加新集：在当前的偏置链中创建一个新的自链。

(2) 偏置

① 距离：参照线与偏置曲线间的距离值。

② 反向：使偏置链的方向反向。

③ 对称偏置：在基本链的两端各创建一个偏置链。

④ 副本数：指定要生成的偏置链的副本个数。

⑤ 端盖选项

☑ 延伸端盖：通过沿着曲线的自然方向将其延伸到实际交点来封闭偏置链，效果如图2-2-10(b)所示。

☑ 圆相形体：通过为偏置链曲线创建圆角来封闭偏置链，效果如图2-2-10(c)所示。

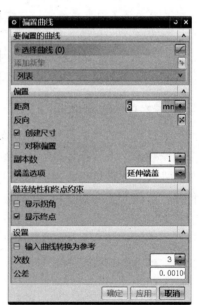
图 2-2-9 "偏置曲线"对话框

(3) 链连续性和终点约束

① 显示拐角：选中此复选框，在链的每个角上都显示角的手柄。

② 显示终点：选中此复选框，在链的每一端都显示一个端约束手柄。

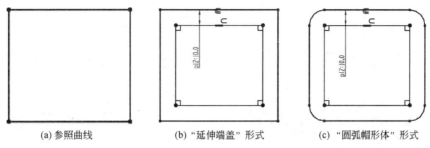

| (a) 参照曲线 | (b) "延伸端盖" 形式 | (c) "圆弧帽形体" 形式 |

图 2-2-10 "偏置曲线" 端盖选项的两种形式

（4）设置

① 输入曲线转换为参考：将输入曲线转换为参考曲线。

② 次数：在偏置艺术样条时指定阶次。

③ 距离：指定偏置距离。

🔄 **任务实施**

第一步：新建文件。

打开 UG NX，单击"新建" 🗋 图标，弹出"新建"对话框，在"模板"列表中选择"模型"，输入名称为"caotu1"，单击"确定"按钮，进入 UG 主界面。

第二步：创建草图。

① 进入草图环境。单击 图标，打开"创建草图"对话框，选择 *XC-YC* 平面作为草图绘制平面，单击"确定"按钮，进入草图绘制环境。

② 通过圆、直线、轮廓线和圆角命令，大致绘制如图 2-2-11 所示草图。

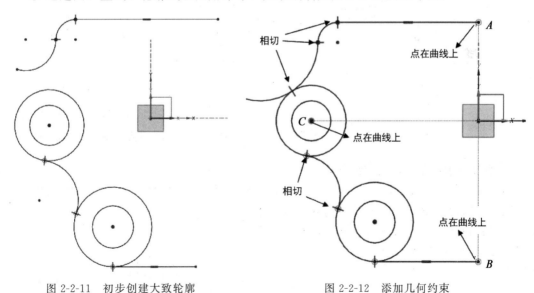

图 2-2-11 初步创建大致轮廓   图 2-2-12 添加几何约束

③ 添加草图约束。根据草图要求，添加如图 2-2-12 所示几何约束。其中，约束 *A* 点和 *B* 点在 *Y* 轴上，约束 *C* 点在 *X* 轴上。

根据草图要求添加尺寸约束，如图 2-2-13 所示。

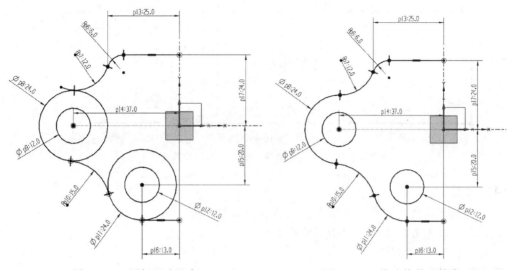

图 2-2-13　添加尺寸约束　　　　　图 2-2-14　快速修剪后轮廓

通过"快速修剪"命令，裁剪掉多余曲线，如图 2-2-14 所示。

能过"镜像曲线"命令，选择图 2-2-14 中所有曲线为"要镜像的曲线"，选择 Y 轴为"中心线"，生成如图 2-2-15 所示镜像副本轮廓。

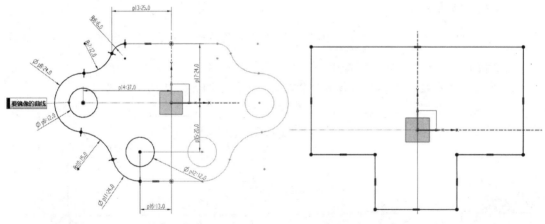

图 2-2-15　镜像后轮廓　　　　　图 2-2-16　大致绘制的草图内部轮廓图

④ 通过轮廓线命令，大致绘制如图 2-2-16 所示草图的内部轮廓。

通过"圆角"命令（先在屏幕输入框中输入半径值 3）和"倒斜角"命令（对称式，距离为 3）完成如图 2-2-17 所示草图轮廓。

添加几何约束。通过"设为对称"命令，约束 A 点和 B 点，关于 Y 轴对称；约束 C 点和 D 点关于 Y 轴对称，如图 2-2-18 所示。添加尺寸约束后，草图轮廓如

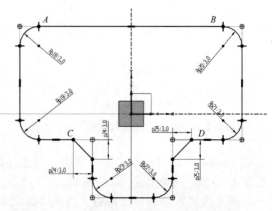

图 2-2-17　添加"圆角"和"倒斜角"后的轮廓

图 2-2-18 所示。

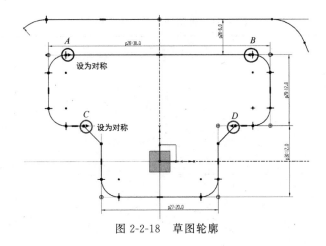

图 2-2-18　草图轮廓

此时，草图绘制结束，草图活动窗口显示"草图已完全约束"。效果如图 2-2-19 所示。

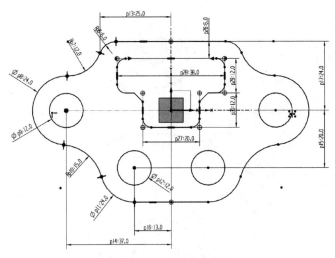

图 2-2-19　绘制完成草图

进阶训练

绘制如图 2-2-20 所示草图截面轮廓，其轮廓主要由直线、圆弧组成。

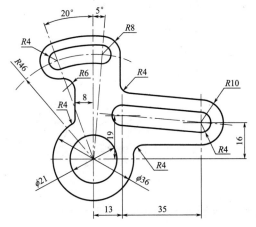

图 2-2-20　进阶训练草图轮廓图

45

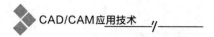

草图绘制过程及注意事项，见表 2-2-1。

表 2-2-1　进阶训练习题绘图过程

	草图绘制过程	效果示意图	要点
1	通过圆命令，绘制 $\phi21$、$\phi36$ 整圆	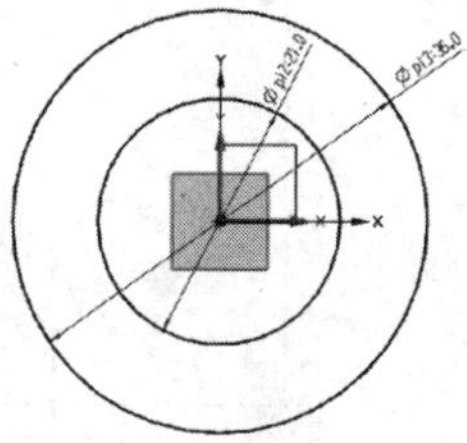	以基准坐标原点为圆心
2	通过"圆弧"命令，"中心和端点定圆弧" 圆弧方法 的方法，大致绘制 $R46$ 的定位圆弧	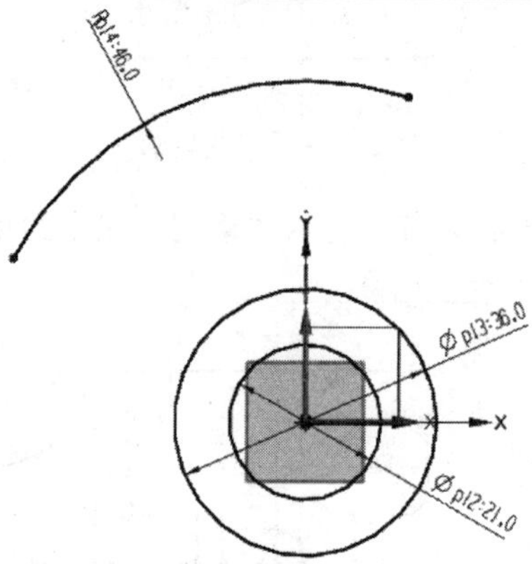	以基准坐标原点为圆弧中心
3	通过"偏置曲线"命令，"对称偏置"，偏置距离为4，绘制如图示两个圆弧	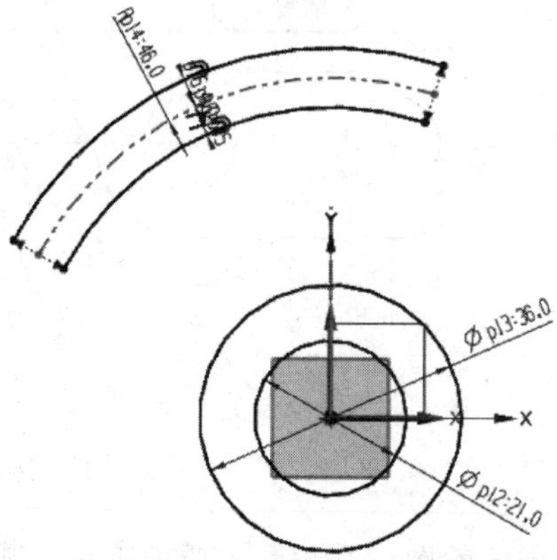	勾选 ☑ 输入曲线转换为参考 选项，将定位圆弧转换为参照线
4	通过"圆角"命令，实现偏置曲线圆角过渡	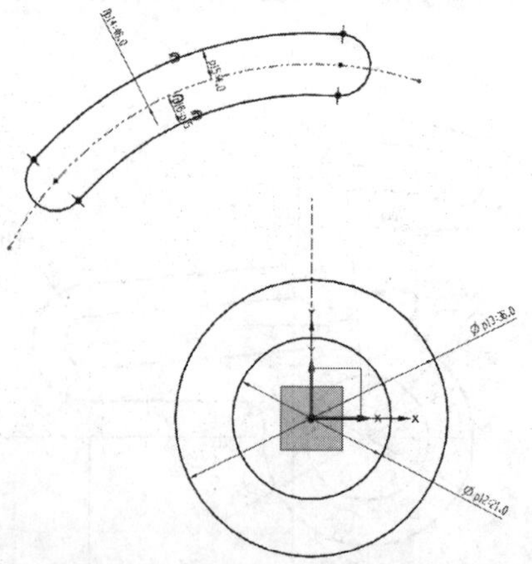	选择时，注意逆时针方向选取两圆弧

	草图绘制过程	效果示意图	要点
5	同步骤 3、4，大致绘制如图①处轮廓	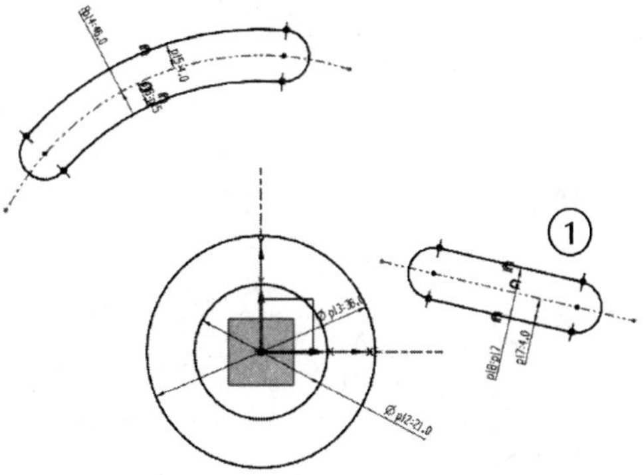	通过"直线"命令绘制定位中心线，"对称偏置"，偏置距离为 4，勾选"输入曲线转换为参考"。通过"圆角"命令，生成两端圆弧过渡
6	通过"偏置曲线"命令，完成如图所示的偏置曲线	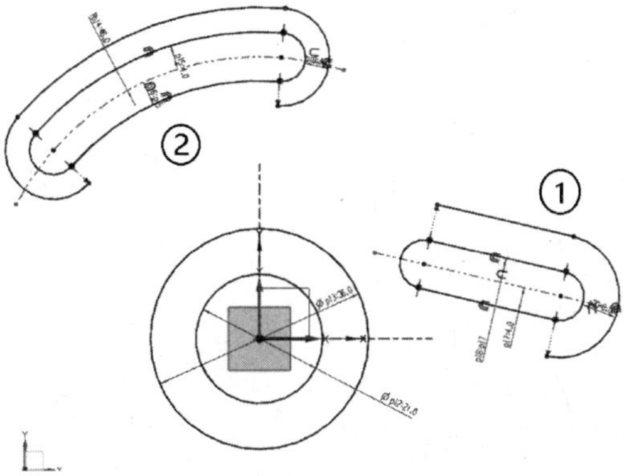	在曲线规则中，选择"单条曲线"进行偏置曲线的选择。  单条曲线 图①处偏置距离为 6，图②处偏置距离为 4
7	通过"直线"命令，连接如图所示两条中心定位线。然后将直线"转换为参考线"	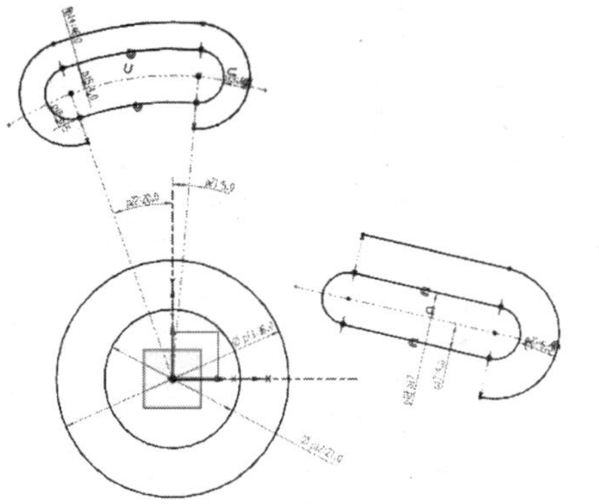	两条定位线起点为过渡圆角圆心点，终点为基准坐标系原点。约束两条参考线与 Y 轴夹角分别为 5° 和 20°
8	通过"直线"命令，大致绘制如图所示三条竖直线	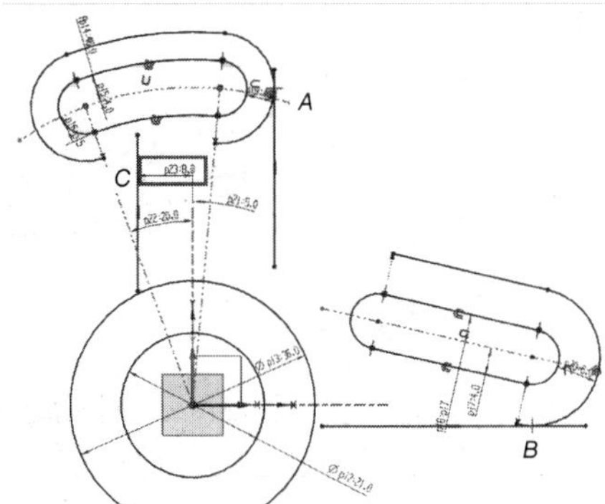	分别约束两处相切，如图 A、B 两处所示，约束 C 与 Y 轴的平行距离为 8

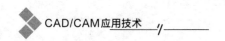

CAD/CAM应用技术

续表

草图绘制过程	效果示意图	要点
9	通过"圆角"命令,完成4处圆角过渡	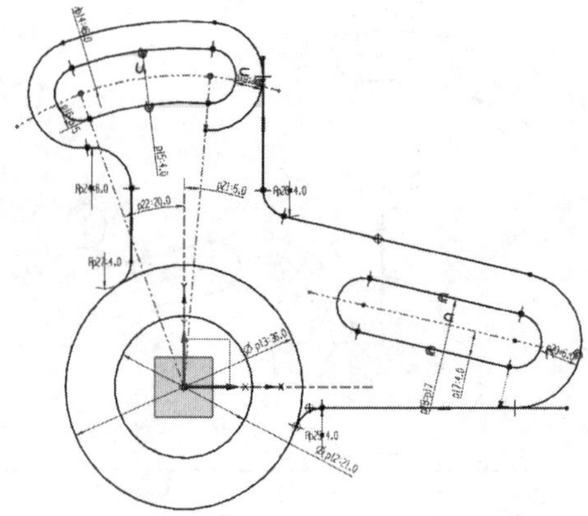	
10	通过"快速修剪"命令,修剪掉多余线条	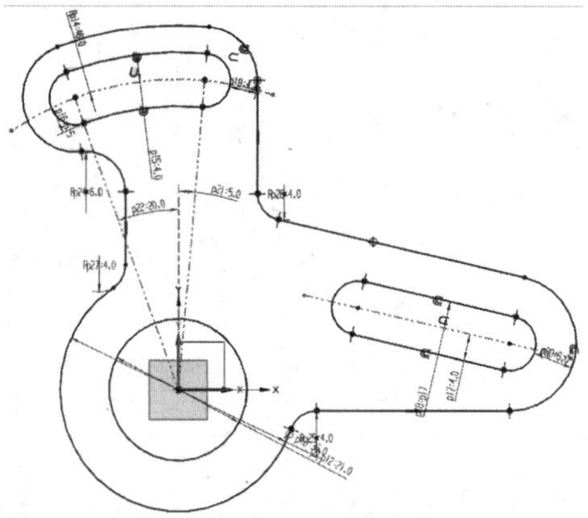	
11	通过"快速尺寸",完成如图示的尺寸驱动。草图绘制完成	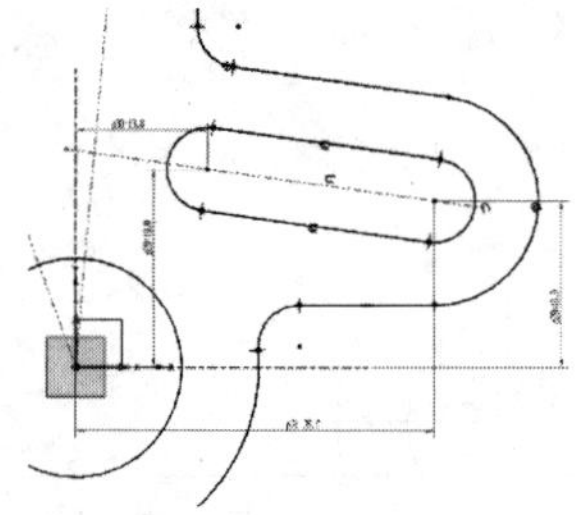	此时,活动草图界面应显示"草图已完全约束"
12	通过分析—测量—测量长度,选择所有线串,长度值为:450.3896mm	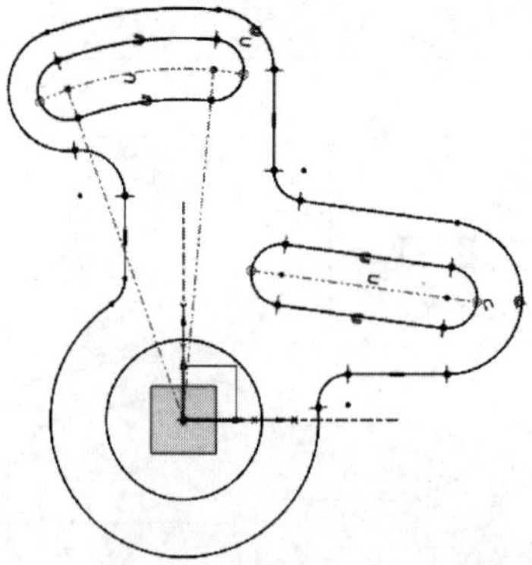	

48

![技能小结]

　　1. 通常在绘制圆弧时，先绘制出整圆，然后利用快速修剪命令，修剪多余部分，这样可以提高绘图效率。

　　2. 对于参照用的虚线，也要进行尺寸或几何约束，以实现草图完全约束。

　　3. 草图尺寸约束的目的是实现设计意图，驱动尺寸标注往往与工程图尺寸标注的类型不尽相同。

![巩固提升]

　　绘制如图 2-2-21 所示草图截面轮廓，其主要由直线、圆弧和整圆组成。

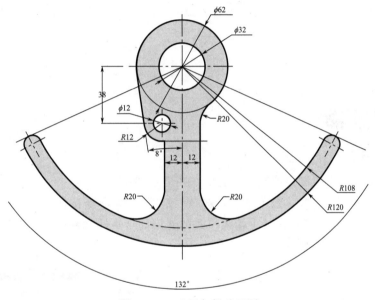

图 2-2-21　巩固与提升习题

任务 2.3　异形垫片截面草图绘制

![任务描述]

　　绘制图 2-3-1 所示异形垫片截面轮廓，其主要由直线、圆、圆弧、椭圆、矩形、多边形、倒角组成。椭圆轮廓 5 个，等间距为 10；矩形在圆周上均布 12 个；六边形 3 个，在圆周上均布 3 个。

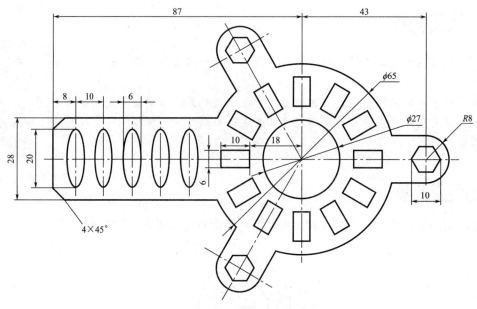

图 2-3-1　异形垫片截面轮廓图

2.3.1　矩形

矩形用于在草图中绘制矩形轮廓，它的快捷键是"R"。

进入草图环境后，直接草图工具条，选择"矩形" 命令按钮，打开"矩形"对话框，如图 2-3-2 所示，其中输入模式的使用同"直线"命令，矩形创建方法包括三种，具体说明如下。

【矩形】

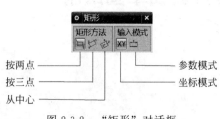

图 2-3-2　"矩形"对话框

图 2-3-3　"椭圆"对话框

① 按两点：通过选取两对角点来创建矩形。

② 按三点：通过选取三个顶点来创建矩形。

③ 从中心：通过选取中心点、一条边的中点和顶点来创建矩形。

2.3.2　椭圆

椭圆命令用于绘制椭圆或椭圆弧。

【椭圆】

进入草图环境后，直接草图工具条，选择"椭圆" 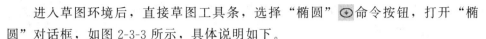 命令按钮，打开"椭圆"对话框，如图 2-3-3 所示，具体说明如下。

① 中心：指定椭圆的中心点。其方法包括点构造器创建点和自动判断特征点两种。

② 大半径：指定椭圆的 X 方向上的半径尺寸，如图 2-3-4 所示。

③ 小半径：指定椭圆的 Y 方向上的半径尺寸，如图 2-3-5 所示。

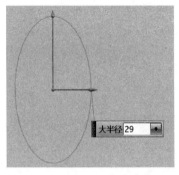 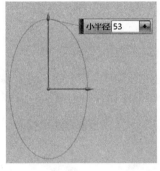 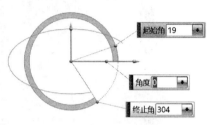

图 2-3-4　椭圆"大半径"示意图　图 2-3-5　椭圆"小半径"示意图　　图 2-3-6　椭圆弧参数输入

④ 限制：勾选"封闭"复选框，将创建封闭的完整椭圆；若取消勾选，则创建极坐标椭圆弧。可以通过拖拽操纵球的方法调整椭圆弧起始角和终止角，也可以在对话框中输入数值，如图 2-3-6 所示。

⑤ 旋转：输入长半轴相对于 XC 轴沿逆时针旋转的角度。

2.3.3　多边形

多边形命令用于创建多边形轮廓，它的快捷键是"P"。

【多边形】

进入草图环境后，直接草图工具条，选择"多边形" 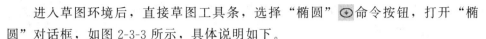 命令按钮，打开"多边形"对话框，如图 2-3-7 所示，具体说明如下。

① 中心点：指定多边形的中心点。

② 边：输入多边形的边数。

③ 大小：指定多边形的外形尺寸类型，包括内切圆半径、外接圆半径和边长。

a. 内切圆半径：采用以多边形中心为中心，内切于多边形的边的圆来定义多边形。

b. 外接圆半径：采用以多边形中心为中心，外接于多边形顶点的圆来定义多边形。

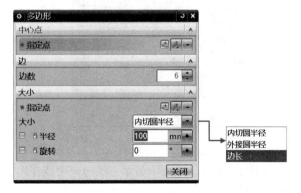

图 2-3-7　"多边形"对话框

c. 边长：采用多边形边长来定义多边形大小。

● 半径：指定内切圆半径值或外接圆半径值。

● 旋转：指定旋转角度。

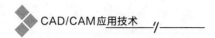
- 长度：指定多边形边的长度（当多边形大小由"边长"来指定时，会出现此参数）。

2.3.4 阵列曲线

该命令可对与草图平面平行的边、曲线和点设置阵列，是对原曲线复制的一种方式。阵列方式包括以下三种。

【阵列曲线】

线性阵列：如图 2-3-8 所示，使用一个或两个方向定义阵列布局。

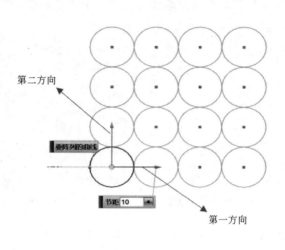

图 2-3-8 "阵列曲线"——线性方式对话框及效果示意图

圆形阵列：如图 2-3-9 所示，使用旋转中心点和复制数量、节距角定义阵列布局。

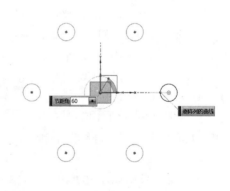

图 2-3-9 "阵列曲线"——圆形方式对话框及效果示意图

常规阵列：如图 2-3-10 所示，使用一个或多个目标点或坐标系定义的位置来定义阵列布局。

2.3.5 制作拐角

制作拐角命令是通过两条曲线延伸或修剪到公共交点来创建的拐角。此命令应用于直线、圆弧、开放式二次曲线和开放式样条等，其中开放式样条仅限修剪。

【制作拐角】

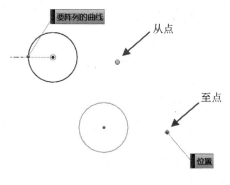

图 2-3-10　"阵列曲线"——常规方式对话框及效果示意图

拐角制作过程及效果如图 2-3-11 所示。

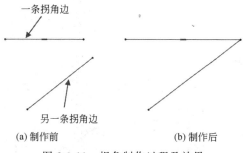

(a) 制作前　　　　　　　　　(b) 制作后

图 2-3-11　拐角制作过程及效果

> **说明：** 在操作过程中，可以鼠标单击选择对象，也可以按住鼠标左键不放，在曲线上方滑动鼠标，来创建拐角。

2.3.6　编辑草图参数

【编辑草图参数】

　　用来对多个尺寸或将所有尺寸进行统一修改。

　　进入草图环境后，直接草图工具条，打开"更多"选项下拉列表，单击"编辑草图参数" 命令按钮，打开命令对话框，如图 2-3-12 所示。

　　命令的具体使用方法如下。

　　方法一：在尺寸区域的列表框中选中要修改的尺寸，然后在当前表达式文本框中输入新的尺寸值。

　　方法二：鼠标左键在草图中选择要修改的尺寸，然后在当前表达式文本框中输入新的尺寸值。

图 2-3-12　"编辑草图参数"命令对话框

> **注意：** 每输入一个数值后要按 Enter 键，也可以单击并拖移尺寸滑块来修改选中尺寸。要增加尺寸值，则向右拖移；要减小尺寸值，则向左拖移。在拖移该滑块时，系统会自动更新图形。

任务实施

第一步：新建文件。

打开 UG NX，单击"新建" ▢ 图标，弹出"新建"对话框，在"模板"列表中选择 "模型"，输入名称为"caotu3"，单击"确定"按钮，进入 UG 主界面。

第二步：创建草图。

① 进入草图环境。单击 [在任务环境中绘制草图] 图标，打开"创建草图"对话框，选择 XC-YC 平面作为草图绘制平面，单击"确定"按钮，进入草图绘制环境。

② 通过圆的命令，以基准坐标系原点为圆心，绘制两个同心圆。如图 2-3-13 所示。

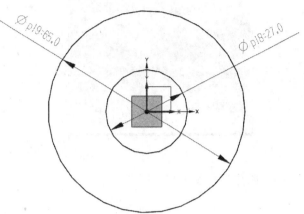

图 2-3-13 绘制两个同心圆

通过轮廓线命令、矩形命令，绘制大致轮廓如图 2-3-14 所示（关闭"显示草图自动尺寸" ▱ ）。

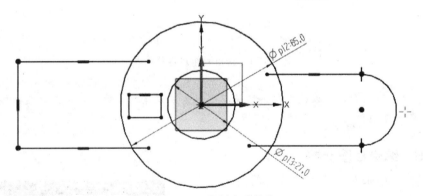

图 2-3-14 绘制大致轮廓

通过"快速修剪"命令，修剪掉多余线条，如图 2-3-15 所示。

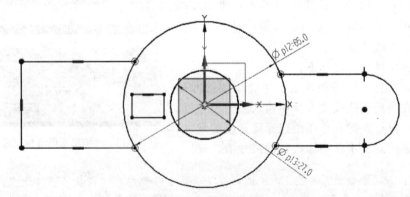

图 2-3-15 轮廓修剪

添加几何"点在直线上" 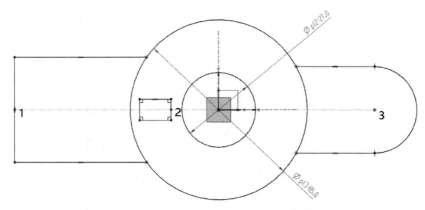　约束，控制 1 点（直线中心）、2 点（直线中心）、3 点（圆心点）分别在 X 轴上，效果如图 2-3-16 所示。（说明：自动捕捉点"中点"应打开。）

图 2-3-16　添加"点在直线上"几何约束

说明：　此处，可以添加其他约束类型，如"中点" 约束，控制基准坐标原点为直线的中点。或者利用"对齐" 约束，使直线中点 1、直线中点 2 及圆心点 3 与基准坐标原点对齐。

通过"菜单"—"编辑"—"草图参数"命令，修改多个尺寸，如图 2-3-17 所示。（此时需要打开"显示草图自动尺寸"　。）

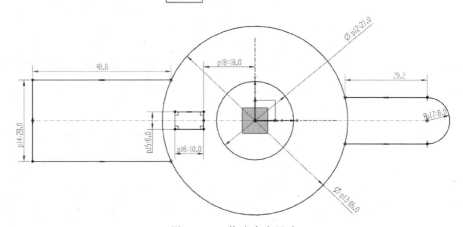

图 2-3-17　修改多个尺寸

不满足草图要求的自动尺寸，需要用"快速尺寸"，单个进行修改，如图 2-3-18 所示。

通过椭圆命令，绘制一个长半轴为"3"，短半轴尺寸为"5"的椭圆，约束椭圆心在 X 上，到左边直线距离尺寸为"8"，如图 2-3-19 所示。此时，活动草图会提示"草图需要 3 个约束"。

继续添加椭圆的尺寸约束和几何约束，如图 2-3-20 所示，实现草图完全约束状态。

通过"多边形"命令，绘制如图 2-3-21 所示六边形，参数如图 2-3-22 所示。约束多边形几何中心与 R8 圆弧同心。

55

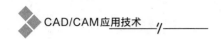

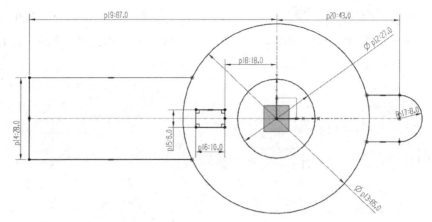

图 2-3-18 "快速尺寸"进行标注

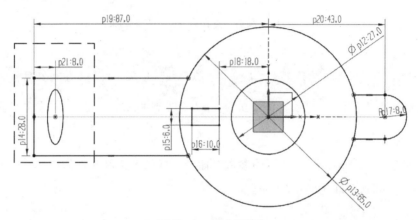

图 2-3-19 绘制椭圆

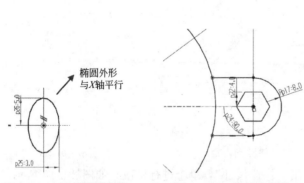

图 2-3-20 添加椭圆约束   图 2-3-21 绘制六边形

图 2-3-22 六边形参数

    通过"阵列曲线"命令，选择"线性阵列"，"要阵列的曲线"为椭圆曲线，X 轴为线性阵列方向 1，其他参数如图所示，完成 5 个椭圆的绘制，如图 2-3-23 所示。

    通过"阵列曲线"命令，"圆形阵列"，以 φ65 圆心为"旋转点"，分别完成矩形和线串 1 的阵列复制，其参数设置如图 2-3-24 所示，完成效果如图 2-3-25 所示。

　　通过"阵列曲线"命令，"常规阵列"，选择六边形为要阵列的曲线，从点 1（圆心点），至"指定点"分别选择点 2 和点 3（均为圆弧圆心），完成多边形的阵列。阵列参数及效果图如图 2-3-26 所示。

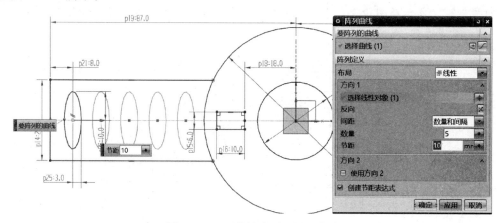

图 2-3-23　"线性阵列"椭圆曲线

(a)　"矩形"曲线阵列对话框

(b)　"线串 1"阵列对话框

图 2-3-24　阵列曲线参数

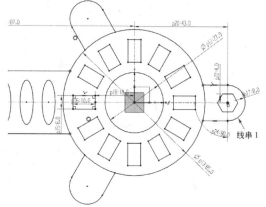

图 2-3-25　矩形和线串 1 阵列效果图

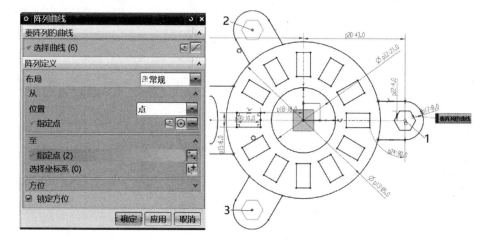

图 2-3-26　多边形阵列参数及效果图

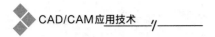

至此，任务 2.3 草图绘制完成。

进阶训练

如图 2-3-27 所示草图轮廓，主要由直线、圆、圆弧、椭圆、多边形、倒圆等组成。

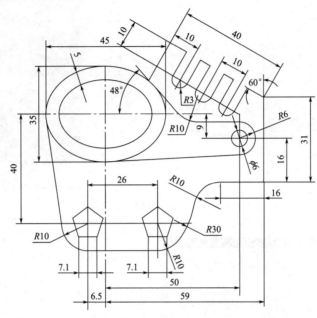

图 2-3-27 进阶训练图

进阶训练草图的绘制过程见表 2-3-1。

表 2-3-1 进阶训练草图绘制过程

草图绘制过程		效果示意图	要点
1	以坐标系原点为中心，绘制最外侧椭圆；利用"偏置曲线"命令，偏置距离为 5，生成里部的椭圆曲线		以基准坐标系原点为草图绘制基准点。约束长半轴、短半轴尺寸，约束椭圆轮廓与 X 轴平行使椭圆全约束
2	通过"轮廓线"命令，完成线串绘制		鼠标放置过程中，尽可能生成与设计意图相同的几何约束

草图绘制过程	效果示意图	要点
3	添加几何约束	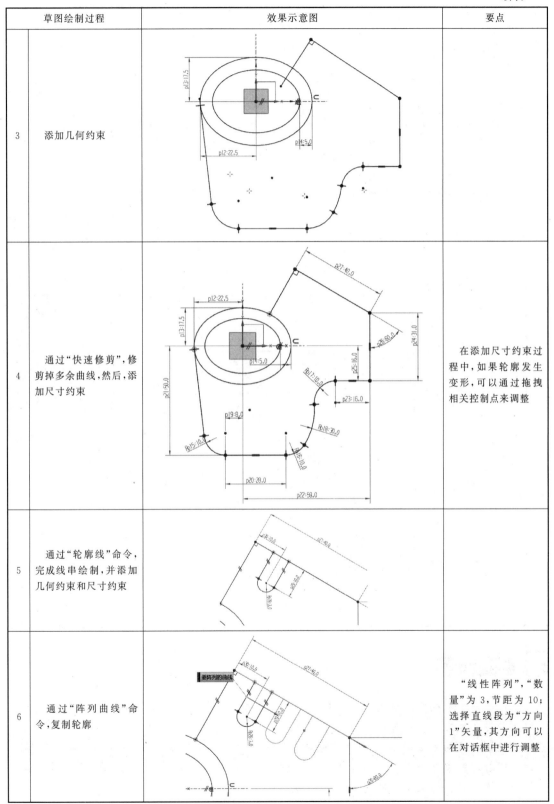	
4	通过"快速修剪",修剪掉多余曲线,然后,添加尺寸约束		在添加尺寸约束过程中,如果轮廓发生变形,可以通过拖拽相关控制点来调整
5	通过"轮廓线"命令,完成线串绘制,并添加几何约束和尺寸约束		
6	通过"阵列曲线"命令,复制轮廓		"线性阵列","数量"为 3,节距为 10;选择直线段为"方向1"矢量,其方向可以在对话框中进行调整

续表

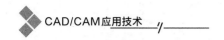

草图绘制过程		效果示意图	要点
7	通过“快速修剪”修剪掉多余曲线	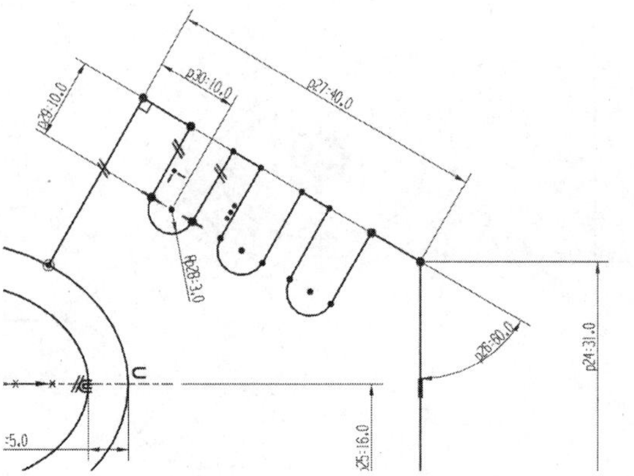	
8	通过“多边形”命令，绘制5边形	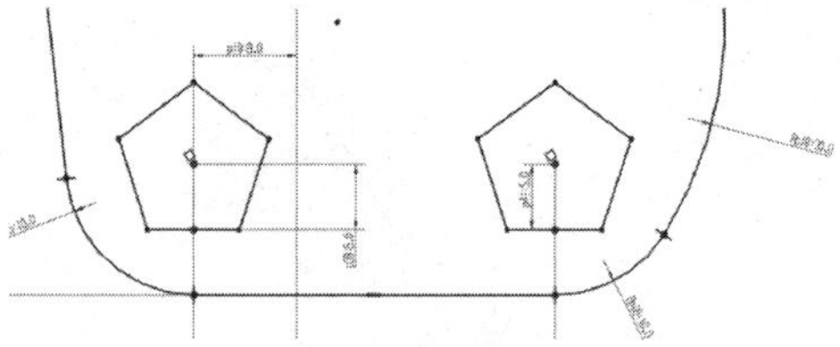	捕捉圆弧中心为“中心点”，“半径”为5，“旋转角度”270°
9	草图绘制完成	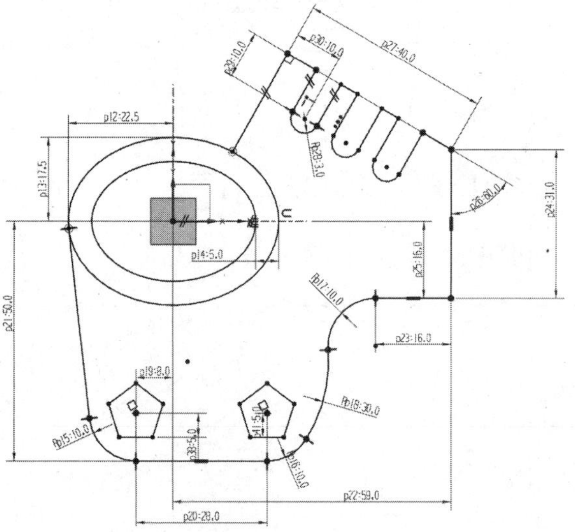	

技能小结

1. 草图中有椭圆或椭圆弧曲线时，应约束椭圆圆心位置、长半轴尺寸、短半轴尺寸以及旋转角度尺寸，就可以实现椭圆完全约束。对于有旋转角度的椭圆来说，通常可以通过做辅助线的方法来实现对椭圆的完全约束。如图2-3-28所示，绘制辅助矩形。绘制椭圆后，约束椭圆分别与矩形两条边相切，圆心与基准坐标原点重合，辅助矩形曲线与矩形边平行，约束及效果图如图2-3-29所示。

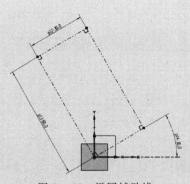

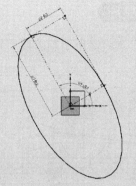

图 2-3-28 椭圆辅助线 　　　　　　图 2-3-29 椭圆约束及效果图

2.绘制草图时，要注意活动草图的约束情况。当进行标注状态时，如图 2-3-30 （a）所示，暗红色曲线表示欠约束，图（b）中绿色曲线表示全约束，图（b）中红色的尺寸约束及几何约束表示约束冲突，即过约束，可以采用删除某一红色约束的方法解决过约束问题。

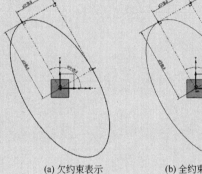

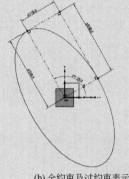

【图2-3-30(a) 彩图】　　　　　(a) 欠约束表示 　　　　(b) 全约束及过约束表示　　　　【图2-3-30(b) 彩图】

图 2-3-30 活动草图约束状态

3.绘制的草图是开放还是封闭，我们可以利用设计特征命令如【拉伸】进行测试。首先单击【拉伸】按钮，打开【拉伸】对话框。选择绘制的草图作为截面，如果是开放的，断开处将会以"米"字符号高亮显示，如图 2-3-31 所示，反之，则不会出现。

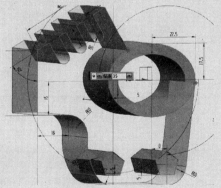

【图2-3-31 彩图】

图 2-3-31 开放草图

巩固提升

绘制如图 2-3-32 所示草图截面轮廓，其主要由直线、圆弧和多边形组成。

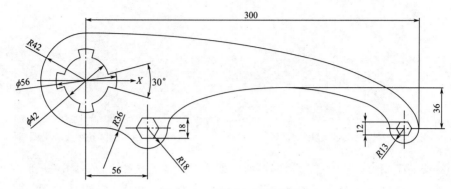

图 2-3-32　巩固与提升习题

项目3

实体建模

UG NX 软件三维建模功能强大，基于约束的特征造型和参数化设计，实体设计操作简单、修改方便。主要建模模块有：体素特征、拉伸特征、旋转特征、扫掠特征等。

学习目标

📖 知识目标

① 掌握设计特征中基本建模工具如拉伸、旋转、扫掠等特征应用与操作方法；
② 掌握关联复制中常用工具如阵列特征的应用与操作方法；
③ 掌握实体建模中细节特征如倒角、倒圆等工具的应用与操作方法。

✖ 技能目标

① 具备三维空间想象能力，能正确分析图纸并进行实体建模；
② 根据实体特点，选用多种建模方法，并能进行方法优化。

👥 职业素养目标

培养专注、踏实、精益求精的工匠精神。

任务 3.1　底座建模

 任务描述

绘制如图 3-1-1 所示底座零件图。其主要包括长方体体素、圆柱体体素、球体体素、垫块，工艺结构有边倒圆。

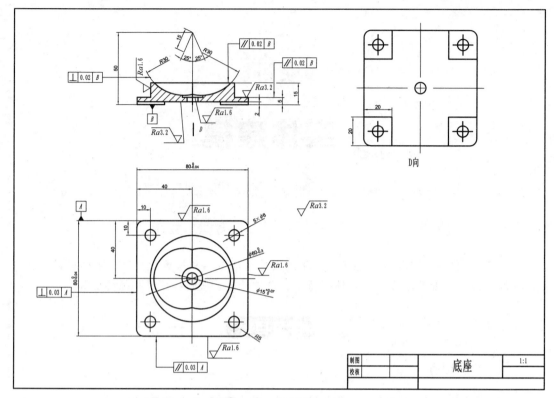

图 3-1-1　底座零件图

零件结构拆分图及设计思路，如图 3-1-2 所示。

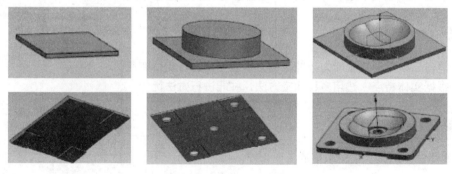

图 3-1-2　底座设计思路

知识点学习

3.1.1　长方体

长方体属于体素特征，用于创建长方体实体。其执行方法有：

① 进入建模环境后，执行"菜单"—"插入"—"设计特征"—"长方体"命令；

② 进入建模环境后，特征工具条—"更多"—"长方体" 长方体 命令按钮。

【长方体】

注意： 如果下拉菜单"插入"—"设计特征"中没有长方体命令，或者特征工具条下没有长方体命令按钮，则需要使用"定制"命令在相应位置上进行添加。具体方法见项目一（后续出现相同问题，不再赘述）。建议把常用的命令按钮拖放到工具条上，这样方便操作。

长方体命令对话框如图 3-1-3 所示。

（1）长方体类型

长方体的三种创建方式分别是：

① 原点和边长，如图 3-1-4（a）所示，通过指定原点（一顶点）位置，给出长、宽、高三个尺寸值来创建长方体；

② 两点和高度，如图 3-1-4（b）所示，通过底面的两对角点及高度来创建长方体；

③ 两个对角点，如图 3-1-4（c）所示，通过两个对角顶点来创建长方体。

图 3-1-3 长方体命令对话框

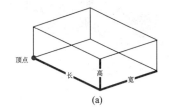 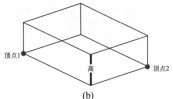 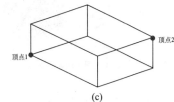

(a) (b) (c)

图 3-1-4 长方体创建方法示意图

注意： 长方体的长、宽、高不能输入负值；对角点不能同时落在坐标轴线上。

（2）布尔

布尔运算关系包括四种，分别如下。

① 无：新建与任何现有实体无关的特征实体。

② 合并：将新建的特征实体与目标体进行合并操作。

③ 减去：将新建的特征实体从目标体中减去。

④ 相交：通过特征实体与相交目标体共用的体积部分创建新的特征实体。

（3）关联原点

选中此复选框，使长方体原点和任何偏置点与定位几何体相关联。

【圆柱】

3.1.2 圆柱体

圆柱体属于体素特征，用于创建圆柱实体。其执行方法有：

① 进入建模环境，执行下拉菜单"插入"—"设计特征"—"圆柱体"命令；

② 进入建模环境，特征工具条—"更多"—"圆柱" 圆柱 命令按钮。

圆柱体命令对话框如图 3-1-5 所示。

圆柱体的创建方式分别如下。

（1）轴、直径和高度

通过指定圆柱轴线、直径和高度创建圆柱。其中圆柱轴线的确定包括"矢量方向"及"底面圆心点位置"，如图 3-1-6 所示。

① 指定矢量：可以通过"自动判断"或"矢量构造器"来指定圆柱轴的矢量。

② 指定点：可以通过"自动判断点"或"点构造器"来指定底面圆心位置。

图 3-1-5　圆柱体对话框

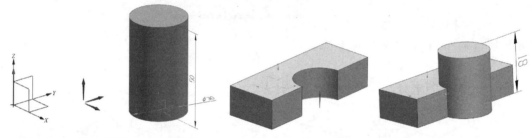

图 3-1-6　轴、直径和高度创建圆柱　　　图 3-1-7　圆弧和高度创建圆柱

（2）圆弧和高度

通过选择已知的圆弧或圆、给定高度创建圆柱，如图 3-1-7 所示。

3.1.3　球体

【球体】

球体属于体素特征，用于创建球体实体。其执行方法有：

① 进入建模环境后，执行下拉菜单"插入"—"设计特征"—"球体"命令；

② 进入建模环境后，特征工具条—"球体" ○球命令按钮。

球体命令对话框如图 3-1-8 所示。

球体的创建方式如下：

① 中心点和直径：需要指定中心点，输入直径尺寸；

② 圆弧：需要选择一条圆弧，以该圆弧的半径和中心点分别作为球体的球半径和球心。

3.1.4　凸起

【凸起】

凸起命令通过沿矢量投影截面形成的面来修改体。其执行方法有：

图 3-1-8　球体对话框

① 进入建模环境，执行下拉菜单"插入"—"设计特征"—"凸起"；

② 进入建模环境，特征工具条—"凸起" ◎凸起 命令图标。

凸起命令对话框如图 3-1-9 所示，具体说明如下。

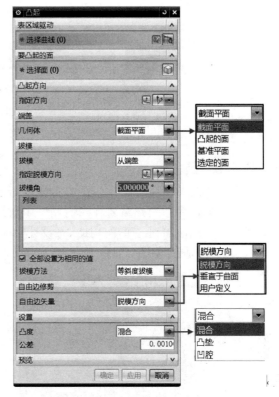

图 3-1-9　"凸起"命令对话框

（1）表区域驱动

凸起的基本形状，根据目标上或目标外的封闭的曲线集、边集或草图，在平面或其他面上创建。

（2）要凸起的面

在其上创建凸起的曲面（或曲面的拼合）。

（3）凸起方向

指定新的凸起脱模方向。默认的凸起方向垂直于截面所在的平面。

（4）端盖

凸起的终止曲面。用于指定端盖的参数是得到的几何体的底部面（腔）或顶部面（垫块）。

① 截面平面：在选定的截面处创建端盖。

② 凸起的面：从选定用于凸起的面创建端盖。

③ 基准平面：从选择的基准平面创建端盖。

④ 选定的面：从选择的面创建端盖。

（5）拔模

定义侧壁的形状，为凸起的侧壁添加拔模角。

要指定侧壁角的起始固定边，可选择端盖、凸起的面、选定的面、基准平面或截面。

（6）自由边修剪

用于定义当凸起的投影截面跨过一条自由边（要凸起的面中不包括的边）时修剪凸起的矢量。

① 脱模方向：使用脱模方向矢量来修剪自由边。

② 垂直于曲面：使用与自由边相接的凸起面的曲面法向执行修剪。

（7）设置

凸度：当端盖与要凸起的面相交时，可以创建以下类型。

① 凸垫：如果矢量先碰到目标曲面，后碰到端盖曲面，则认为它是垫块，生成效果图如图 3-1-10（a）所示。

② 凹腔：如果矢量先碰到端盖曲面，后碰到目标，则认为它是腔，生成效果图如图 3-1-10（b）所示。

【凸起素材】

③ 混合：是以上两种情况的综合，生成效果图如图 3-1-10(c) 所示。

(a) 凸垫　　　　　　(b) 凹腔　　　　　　(c)混合

图 3-1-10　"设置—凸度"三种类型

3.1.5　凸台

【凸台】

凸台功能用于在一个已经存在的实体平面上创建圆柱形或圆锥形凸起。此功能是低版本命令，用户需要在"定制"中找到"凸台（原有的）"命令后拖拽到工具条上或添加到"菜单—插入—设计特征"下。

"凸台"对话框 如图 3-1-11 所示。

图 3-1-11　"凸台"对话框

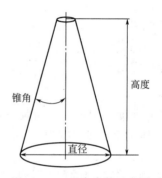

图 3-1-12　凸台参数示意图

"凸台"对话框说明如下。

① 选择步骤：选择平的放置面确定创建凸台所在的实体表面或者基准平面。根据对话框内容设置凸台参数，如图 3-1-12 所示。

② 直径：凸台在放置面上的直径。

③ 高度：凸台沿轴线的高度。

④ 锥角：若指定为 0，则为柱形凸台。

⑤ 反侧：若选择的放置面为基准平面，则可按此按钮改变凸台的凸起方向。

> 注意：　锥角值有正、负之分，正的角度值为向上收缩（在放置面上的直径最大），负的角度为向上扩大（在放置面上的直径最小）。

图 3-1-13　"定位"对话框

选择凸台放置平面，并正确设置凸台参数后，单击"确定"按钮，系统会弹出"定位"对话框，如图 3-1-13 所示，各项方法说明如下。

① 水平：通过在目标实体与工具实体上分别指定一点，再以这两点沿水平参考方向的距离进行定位，如图 3-1-14(a) 所示。

② 竖直：通过在目标实体与工具实体上分别指定一点，再以这两点沿竖直参考方向的距离进行定位，如图 3-1-14(b) 所示。

③ 平行：在与工作平面平行的平面中，测量在目标实体与工具实体上分别指定点的距离，如图 3-1-14(c) 所示。

④ 垂直：通过在工具实体上指定一点，以该点至目标实体上指定边缘的垂直距离进行定位，如图 3-1-14(d) 所示。

⑤ 点落在点上：通过在工具实体与目标实体上分别指定一点，使两点重合进行定位。可以认为点落在点上定位是平行定位的特例，即在平行定位中的距离为零时，就是点落在点上，其操作步骤与平行定位时类似，如图 3-1-14(e) 所示。

⑥ 点落在线上：通过在工具实体上指定一点，使该点位于目标实体的一指定边缘上进行定位，可以认为点落在线上定位是正交定位的特例，即在正交定位中的距离为零时，就是点落在线上的定位，如图 3-1-14(f) 所示。

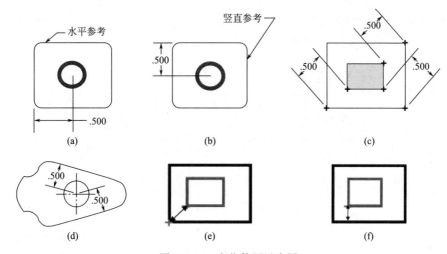

图 3-1-14 定位使用示意图

3.1.6 垫块

垫块功能用于在一个已经存在的实体上创建垫块。此功能是低版本命令，用户需要在"定制"中找到"垫块"命令后拖拽到工具条上或添加到"菜单—插入—设计特征"下。

"垫块"命令对话框如图 3-1-15 所示。

由图 3-1-15 可以看出，垫块类型有两种：一种是矩形垫块，另一种是常规垫块。

图 3-1-15 "垫块"命令对话框

（1）矩形垫块的创建步骤

① 选择垫块放置平面；

② 选择水平参考；

③ 设置垫块尺寸参数；

④ 进行垫块定位，完成创建。

【垫块】

69

说明： ①"水平参考"对话框如图3-1-16所示。作用是控制矩形垫块长度方向与水平参考平行。

②垫块定位方法中，较凸台多了"成角度""按一定距离平行"等方法，如图3-1-17所示。其用法示意图如图3-1-18所示。

图3-1-16　水平参考方法

图3-1-17　垫块定位

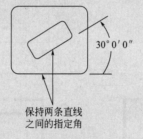

图3-1-18　定位用法示意图

（2）常规垫块

其对话框如图3-1-19所示。常规腔体具体操作步骤如下：

① 选择腔体放置面。

② 选择放置面轮廓线。

③ 选择垫块的顶面或指定从放置面偏置/平移。

④ 选择顶面轮廓曲线或由放置面轮廓线指定拔锥角。

⑤ 单击"确定"按钮即可创建常规腔体特征。

图3-1-19　"常规垫块"对话框

注意： "放置面轮廓线"和"顶面轮廓线"可以在命令执行之前绘制出草图备用，此时在选择"顶部轮廓曲线"和"底部轮廓曲线"时方向要一致，否则生成的垫块会发生扭曲。

注意： ① 进入建模环境后，没有创建其他实体特征或者片体特征，是不能直接创建凸起、凸台及垫块特征的。

② 凸台和垫块命令，在高版本中由"凸起"命令替代。

3.1.7　边倒圆

边倒圆命令功能是对面之间的锐边进行倒圆。其执行方法是：

① 进入建模环境，执行下拉菜单"插入"—"设计特征"—"边倒圆"命令；

【边倒圆】

② 进入建模环境，特征工具条—"边倒圆"命令按钮。

"边倒圆"命令对话框如图 3-1-20 所示。"边倒圆"形状包括两类，一个是圆形，另一个是二次曲线。这里重点讲解常用的第一种类型。

"边倒圆"对话框说明如下。

（1）要倒圆的边

① 选择边：选择一条或多条边一起倒圆角。

② 半径：圆角半径尺寸，当值为固定时，其效果图如图 3-1-21 所示。

（2）可变半径点

图 3-1-20　"边倒圆"命令对话框

在一条边上选择不同的点，不同点的位置上设置不同的圆角半径。其效果图如图 3-1-22 所示。

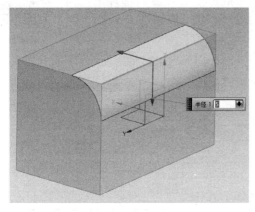

图 3-1-21　恒定圆角尺寸图

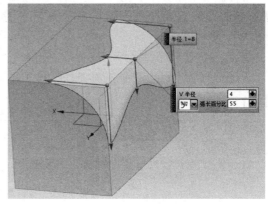

图 3-1-22　可变半径圆角图

3.1.8　边倒角

倒斜角的作用是对实体边缘指定尺寸进行倒角。其执行方法是：

① 进入建模环境，执行下拉菜单"插入"—"设计特征"—"倒斜角"命令；

② 进入建模环境，特征工具条—"倒斜角"命令按钮。

"倒斜角"命令对话框如图 3-1-23 所示。对话框中提供了三种横截面类型，即倒斜角类型：对称、非对称、偏置和角度。具体说明如下。

（1）边

选择要倒斜角的一条或多条边。

【倒斜角】

（2）偏置-横截面

① 对称：创建一个简单倒斜角，在所选边的每一侧有相同的偏置距离，如图 3-1-24（a）所示。

② 非对称：创建一个倒斜角，在所选边的每一侧有不同的偏置距离，如图 3-1-24（b）所示。

③ 偏置和角度：创建具有单个偏置距离和一个角度的倒斜角，如图 3-1-24(c) 所示。

图 3-1-23　"倒斜角"命令对话框

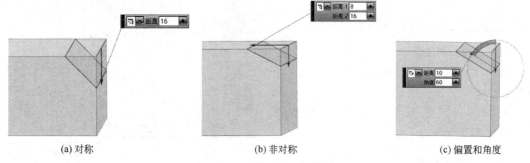

(a) 对称　　　　　　　(b) 非对称　　　　　　　(c) 偏置和角度

图 3-1-24　倒角的三种类型

3.1.9 槽

槽特征用于在实体上创建一个槽，就好像一个成形工具在旋转部件上向内（从外部放置面）或向外（从内部放置面）移动，如同车削操作。其执行方法是：

【槽】

① 进入建模环境，执行下拉菜单"插入"—"设计特征"—"槽"命令；

② 进入建模环境，特征工具条—"槽"命令按钮。

（1）槽对话框

执行槽命令后，打开对话框，如图 3-1-25 所示。槽类型有三种：矩形槽、球形端槽或 U 形槽。

每一类型的参数与示例图如表 3-1-1 所示。

图 3-1-25　"槽"命令对话框

表 3-1-1　槽类型参数与示例图

类型	参数	示例图
矩形槽	直径：如果正在创建外槽，则为槽内径；如果正在创建内槽，则为槽外径。 宽度：槽的宽度，沿选定面的轴向尺寸	
球形端槽	直径：如果正在创建外部槽，则为槽内径；如果正在创建内部槽，则为槽外径。 球直径：槽的宽度	

续表

类型	参数	示例图
U形槽	直径:如果正在创建外部槽,则为槽内径;如果正在创建内部槽,则为槽外径。 宽度:槽的宽度,沿选定面的轴向尺寸。 拐角半径:槽的内部圆角半径	

（2）槽创建步骤

① 选择要创建的槽类型,矩形槽、球形端槽或U形槽。

② 选择圆柱形或圆锥形的放置面。

③ 在对话框中输入参数值并选择"确定"。

④ 选择目标边（在目标实体上）。如果不选择目标边,可以选择"确定",则槽会停留在它的初始位置。

⑤ 选择工具边或中心线（在槽工具上）。

⑥ 输入选定的边之间所需的水平距离,然后选择"确定"。

3.1.10 键槽

键槽是功能是创建一个直槽形状的通道穿透实体或进入实体内。其执行方法是:

① 进入建模环境,执行下拉菜单"插入"—"设计特征"—"键槽"命令;　【键槽】

② 进入建模环境,特征工具条—"键槽"命令按钮。

（1）键槽对话框

执行键槽命令后,打开对话框,如图3-1-26所示。

键槽类型有五种,分别如下。

① 矩形槽:用于沿底面创建具有锐边的键槽。

② 球形端槽:用于创建具有球体底面和拐角的键槽。

③ U形槽:用于创建U形槽。

④ T形槽:用于创建横截面为倒T形的键槽。

⑤ 燕尾槽:用于创建"燕尾"形槽。

图 3-1-26　键槽命令对话框

以上五种类型,均可通过对话框中"通槽"来创建一个完全通过两个选定面的键槽。

每一类型的参数、示例图如表3-1-2所示。

表 3-1-2　键槽类型参数与示例图

类型	参数	示例图
矩形槽	宽度:形成键槽的工具的宽度。 深度:键槽的深度,按照与键槽轴相反的方向测量,是指原点到键槽底面的距离。此值必须是正的。 长度:键槽的长度,按照平行于水平参考的方向测量。此值必须是正的	

类型	参数	示例图
球形端槽	球直径:键槽的宽度。 深度:键槽的深度,按照与键槽轴相反的方向测量,是指原点到键槽底面的距离。此值必须是正的。 长度:键槽的长度,按照平行于水平参考的方向测量。此值必须是正的	注意:"深度"值必须大于球半径
U形槽	宽度:键槽的宽度。 深度:键槽的深度,按照与键槽轴相反的方向测量,是指原点到键槽底面的距离。 拐角半径:键槽的底面半径。 长度:键槽的长度,按照平行于水平参考的方向测量	
T形槽	顶部宽度:狭窄部分的宽度,位于键槽的上方。 底部宽度:较宽部分的宽度,位于键槽的下方。 顶部深度:按刀轴的反方向测量,键槽顶部狭窄部分的深度。 底部深度:按刀轴的反方向测量,键槽底部较宽部分的深度	
燕尾槽	宽度:实体的面上键槽的开口宽度,按垂直于键槽刀轨的方向测量,其中心位于键槽原点。 深度:键槽的深度,按刀轴的反方向测量,是指原点到键槽底部的距离。 角:键槽底面与侧壁的夹角	
通槽	终止通过面　起始通过面	

（2）键槽操作步骤

① 选择"槽类型";

② 选择要放置槽的平的放置面;

③ 从目标体选择水平参考;

④ 在槽对话框中,输入槽的参数;

⑤ 使用定位对话框进行槽的定位,完成创建。

任务实施

第一步:新建文件。

打开 UG NX 软件,单击新建图标,弹出"新建"对话框,在"模板"列表中选择"模型",输入名称为"底座",单击"确定"按钮,进入建模环境。

第二步:创建长方体。

单击特征工具条中的"长方体"图标，系统弹出"长方体"对话框,选择"两个对角点"方法创建长文体,原点为"—40,—40,0",从原点出发的点为"40,40,3",单击

【任务3.1-任务实施】

"确定"按钮。

第三步：创建凸台。

单击特征工具条中的"凸台"图标![icon]，弹出"凸台"对话框；选择长方体上表面为凸台放置平面，弹出"凸台"参数对话框；输入直径为"60"，高度为"10"，锥角为"0"；单击鼠标中键，打开凸台定位对话框，选择图 3-1-27"目标边界 1"，为水平参考，输入定位尺寸"40"，单击"应用"按钮；选择图 3-1-27 中"目标边界 2"为竖直参考，输入定位尺寸"40"，单击"应用"按钮，完成创建，如图 3-1-28 所示。

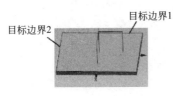
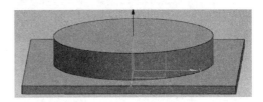

图 3-1-27 长方体特征　　　　　　　　　图 3-1-28 凸台特征

第四步：创建球面。

单击"新建草图"图标，进入草图界面，根据图纸尺寸绘制辅助线，如图 3-1-29 所示，退出草图。

单击特征工具条中的"球"图标![icon]，弹出"球"对话框；输入球直径"60"。

布尔运算选择"求差"，左键点选自动捕捉图中 1 位置，单击"确定"按钮。

同样方法，左键点选自动捕捉图中 2 位置。两球面创建成功，如图 3-1-30 所示。

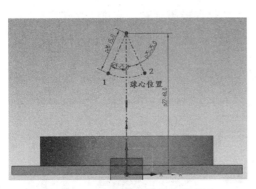
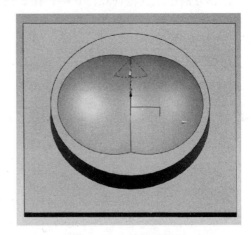

图 3-1-29 球心位置辅助线轮廓图　　　　　图 3-1-30 两球面特征

第五步：创建垫块。

单击特征工具条中的"垫块"图标![icon]，弹出"垫块"对话框，类型选择"矩形"；弹出"水平参考"对话框，选择长方体边界，如图 3-1-31 所示的边界 1 作为水平参考；在弹出的参数对话框中，输入长度"20"，宽度"20"，高度"2"，单击"确定"按钮，弹出"定位"对话框，单击选择"点落在线上"，选择图中的"边界 1"作为"目标边/基准"，然后消息区提示"选择工具边"，点选图中"工具边 1"，距离尺寸标注为"0"，此时垫块没有完全定位，再次选择"点落在线上"，单击点选"边界 2"，单击点选"工具边 2"，距离尺寸标注为"0"，定位示意图如图 3-1-31 所示，完成垫块特征。

其他各角垫块方法相同，这里不再赘述，4个角垫块效果如图3-1-32所示。

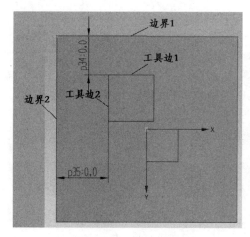

图3-1-31　垫块定位

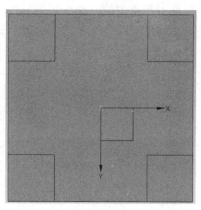

图3-1-32　垫块特征

第六步：创建圆柱体。

单击特征工具条中的"圆柱体"图标 🛢，弹出"圆柱体"对话框，选择类型为"轴、直径和高度"方法；指定矢量为垂直长方体表面方向；输入尺寸参数直径为"8"，高度为"5"；单击"指定点"，打开"点"对话框，输入圆柱体生成的基准点"30，30，－2"，单击"确定"返回主对话框，布尔运算选择"求差"，单击"确定"，生成孔1，如图3-1-33所示。

同样方法生成其他各孔。其中，孔2基准点（－30，30，－2），孔3基准点为（－30，－30，－2），孔4基准点为（30，－30，－2），孔5基准点为（0，0，0），其参数直径为"8"，高度为"15"。

球面中心台阶孔基准点为（0，0，3），尺寸参数直径为"8"，高度为"5"。

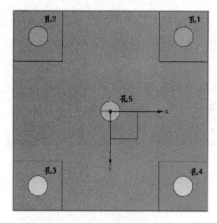

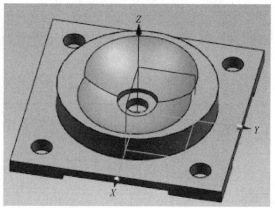

图3-1-33　创建圆柱体

第七步：创建倒圆角。

单击特征工具条中的"边倒圆"图标 🔲，弹出"边倒圆"对话框，形状为"圆形"，输入半径为"5"，然后，依次单击长方体高度方向的4条棱边，如图3-1-34所示，单击"确定"按钮。

通过以上步骤，完成实体的建模任务，实体图如图3-1-35所示。

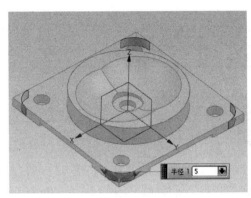

图 3-1-34　边倒圆 R5

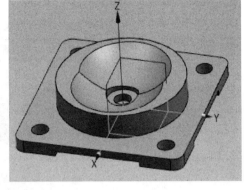

图 3-1-35　建模实体图

第八步：保存建模图形。

执行下拉菜单"文件"— 单击"保存"命令。

UG NX 的其他保存方法：

① 特征工具条—"保存"图标；

② 按 Ctrl＋S 组合键，进行保存。

进阶训练

如图 3-1-36 所示为球阀壳实体。根据图中的尺寸要求进行实体创建。

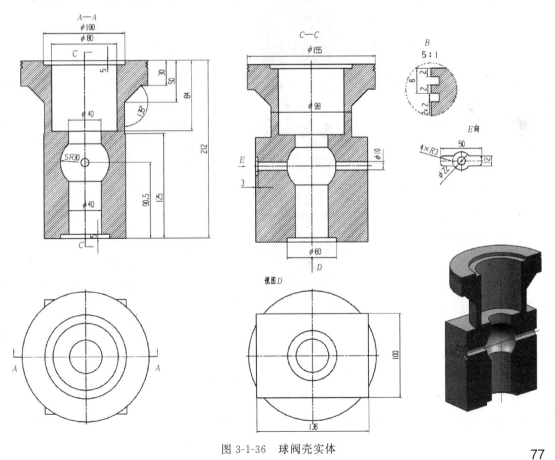

图 3-1-36　球阀壳实体

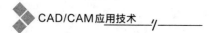

零件建模思路及注意事项，如表 3-1-3 所示。

表 3-1-3　球阀壳实体建模过程

设计步骤		特征效果图	参数设置
1	创建长方体		长方体尺寸:136×100×120 原点位置(−68,−50,0)
2	创建 φ98 圆柱		直径:98 高度:162 矢量:+Z 指定点:(0,0,0) 布尔:合并
3	创建凸台(原有的)		放置平面:圆柱上表面(蓝色) 直径:98 高度:20 锥角:−45 定位方式:"点到点",选择 φ98 圆柱顶部边界,判断圆心
4	创建 φ155 圆柱		直径:155 高度:30 矢量:+Z 指定点:选择凸台顶部边界,自动判断圆心 布尔:合并
5	创建 φ100 圆柱腔(圆柱命令)		直径:100 高度:5 矢量:−Z 指定点:选择 φ155 顶部边界,自动判断圆心 布尔:减去
6	创建 φ80 圆柱腔(圆柱命令)		直径:80 高度:84 矢量:−Z 指定点:选择 φ155 顶部边界,自动判断圆心 布尔:减去
7	创建 φ40 圆柱腔(圆柱命令)		直径:40 高度:212 矢量:−Z 指定点:选择 φ155 顶部边界,自动判断圆心 布尔:减去

设计步骤	特征效果图	参数设置
8	创建 $\phi60$ 球形腔（球命令）		直径:60 中心点:坐标(0,0,90.5) 布尔:减去
9	创建 $\phi60$ 圆柱腔（圆柱命令）		直径:60 高度:5 矢量:+Z 指定点:选择 $\phi40$ 底部边界,自动判断圆心 布尔:减去
10	创建两个 2×2 槽	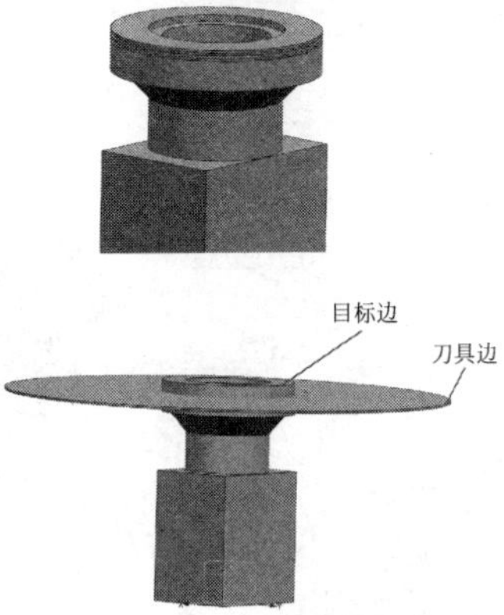 目标边 刀具边	槽类型:矩形 旋转面:选择 $\phi155$ 外圆柱面 槽直径:151 宽度:2 槽 1 定位:"目标边"选择 $\phi155$ 圆柱顶部边界,"刀具边"选择槽预览视图看顶部边界,尺寸为 2 槽 2 定位:"目标边"选择 $\phi155$ 圆柱顶部边界,"刀具边"选择槽预览视图看顶部边界,尺寸为 6
11	创建常规腔（原有）	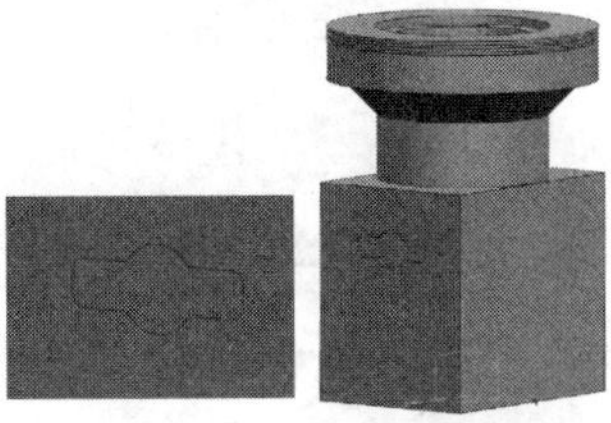	(1)绘制 E 向草图轮廓 (2)常规腔 ① 选择创建平面 ② 选择草图轮廓 ③ 底面:从起始偏置 3 ④ 底面轮廓:锥角为 0°
12	创建 $\phi10$ 通孔（圆柱命令）	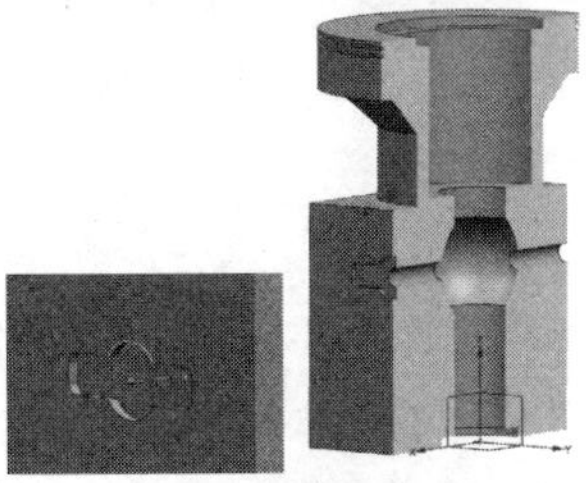	直径:10 高度:136 选择如图示边界,原点自动判断为圆心,矢量如左图

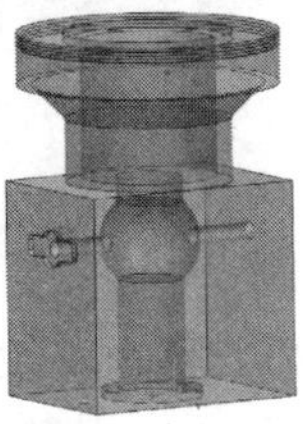

技能小结

　　1. 在实体建模过程中，建模方法和建模顺序呈多样化。在设计过程中，要灵活使用多种建模方法，力求设计过程的简单。

　　2. 体素特征的建模方法，是为了便于用户进行简单的模型构建应用。在实际工作中，零件复杂，不能单一使用体素进行建模，要结合其他方法，如拉伸、回转等。

　　3. 任务项目和进阶案例，是为了尽可能在保证设计合理的前提下，最大程度呈现和巩固知识点，读者可以重新构思，自主、灵活地进行实体设计。

巩固提升

　　分析图纸，根据零件结构特点自主完成如图 3-1-37 所示的转轴建模。

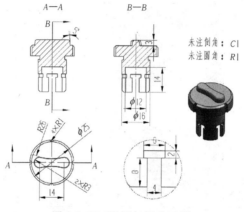

图 3-1-37　巩固与提升习题

任务 3.2　直角支架实体建模

任务描述

　　绘制如图 3-2-1 所示直角支架零件图。其主要包括底板结构、支承板结构和筋板结构。零件结构拆分图及设计思路，如图 3-2-2 所示。

知识点学习

3.2.1　基准平面

　　基准平面是创建特征（如圆柱、圆锥、球以及旋转的实体等）的辅助工具。"基本平面"对话框及创建基本平面的类型如图 3-2-3 所示。其执行方法有：

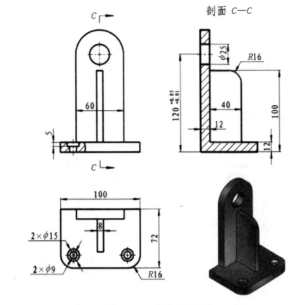

图 3-2-1 支架零件图

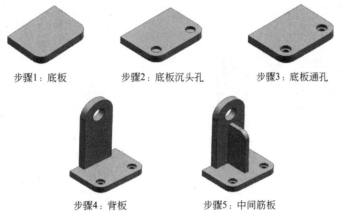

步骤1：底板   步骤2：底板沉头孔   步骤3：底板通孔

步骤4：背板   步骤5：中间筋板

图 3-2-2 直角支架设计思路

① 进入建模环境，特征工具条下，"基准平面" 基准平面 命令按钮；

② 进入建模环境，执行"菜单"—"插入"—"基准/点"—"基准平面"命令。

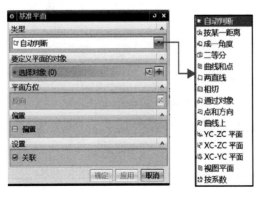

图 3-2-3 "基本平面"对话框

"基准平面"对话框"类型"下拉列表中各选项功能的说明见表 3-2-1。

表 3-2-1 "基准平面"创建类型的说明

类型	含义	创建条件	图解及说明
自动判断	系统根据所选择的对象创建基准平面	例①:选取一个表面或基准平面	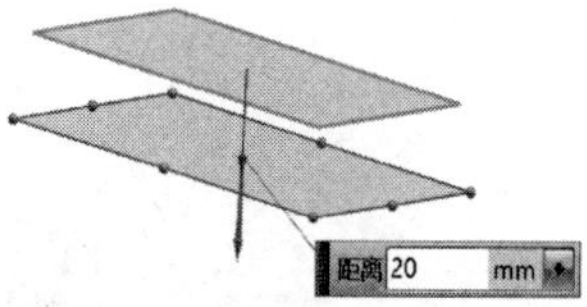 按一定的偏置距离生成一个基准平面
		例②:选择两个相交平面	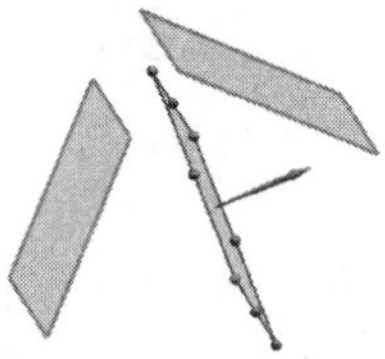 创建距选择的两平面角度相等的新基准平面
按某一距离	创建与用户选择的已知平面平行的基准平面		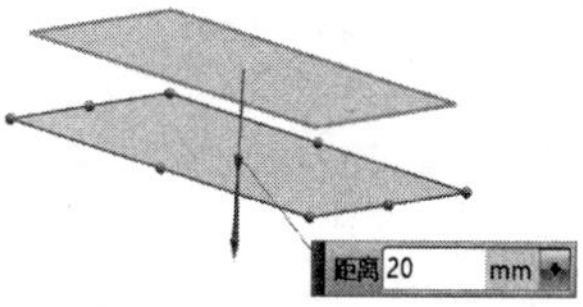 通过输入偏置距离值生成一个新的基准平面
成一角度	创建与已知平面成一定角度的基准平面	步骤①:选择一个平的面或基准平面 步骤②:选择一个与所选面平行的线性曲线或基准轴	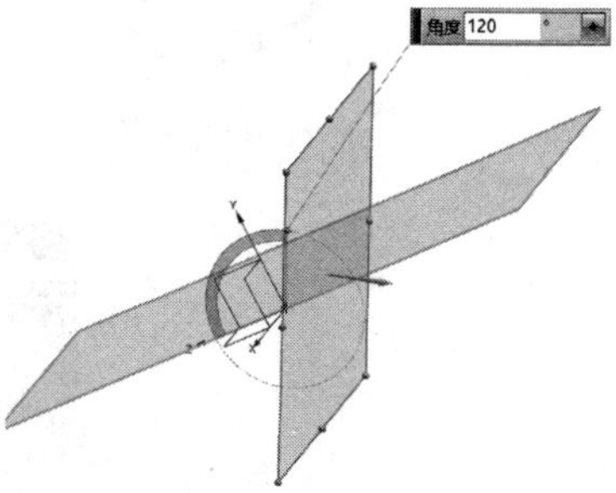 通过输入角度值生成一个新的基准平面
二等分	创建与两平行平面距离相等的基准平面,或创建与两相交平面所成角度相等的基准平面	分别选择两个平行的面(可以是实体平面、基准平面)	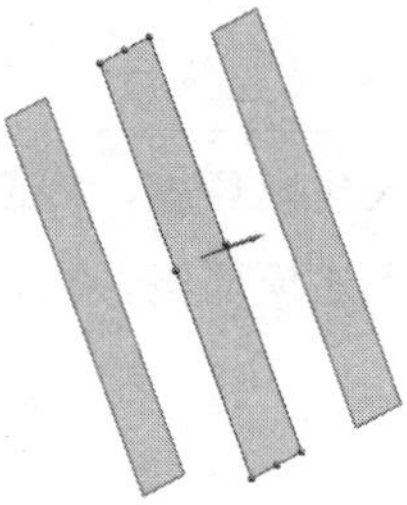
		分别选择两个相交的面(可以是实体平面、基准平面)	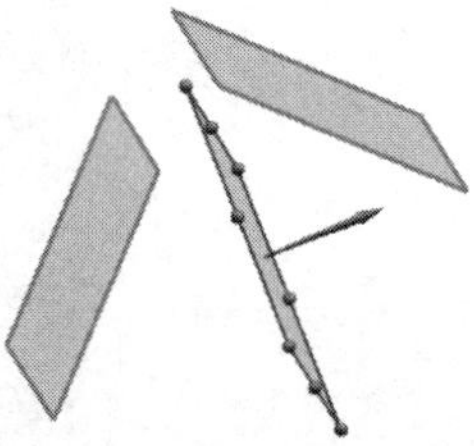

类型	含义	创建条件	图解及说明
曲线和点	通过一条曲线和一个点创建基准平面	步骤①:指定一个点 步骤②:指定第二个对象(可以是点、一条直线、线性边、基准轴、面等)	 点和一条基准轴(点和一条直线效果相同),基准平面同时通过这两个对象 点和基准平面(效果与点和实体平面相同),基准平面通过第一个点,与第二个对象平行 点和点(基准平面通过第一个点并垂直于这两个点所定义的方向) 基准平面通过选择的三个点

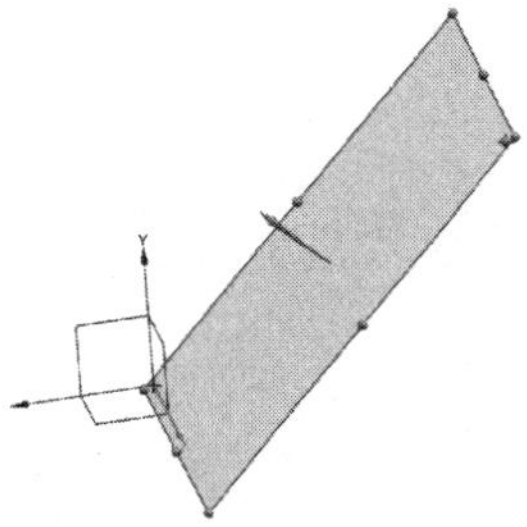

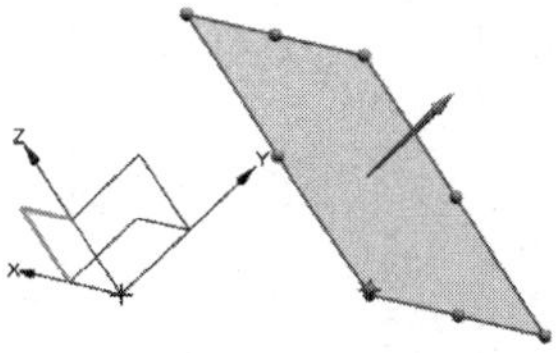

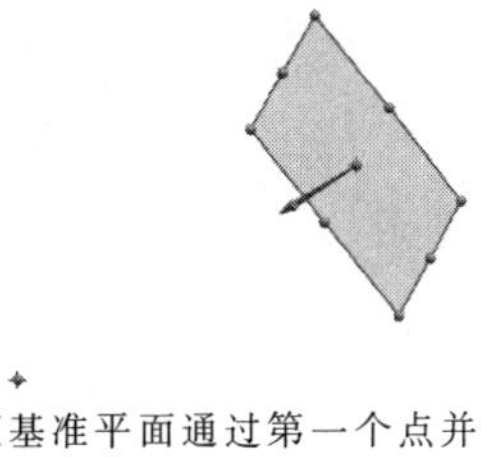

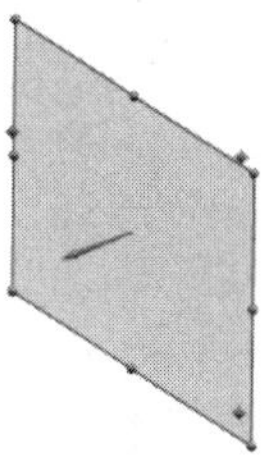

类型	含义	创建条件	图解及说明
两直线	选择两条现有直线（或直线与线性边、面的法向向量或基准轴的组合），创建的基准平面	两直线不在同一平面	包含第一条直线且平行于第二条线
		两直线在同一平面，相交但不垂直	① 新建的基准平面同时包含这两条直线
			② 创建的基准平面包含第一条直线或包含第二条直线，新产生的基准平面垂直于两条直线所在平面（可以使用 "备选解"实现切换）
		两直线在同一平面且相互垂直	① 新建的基准平面同时包含这两条直线

续表

类型	含义	创建条件	图解及说明
两直线	选择两条现有直线（或直线与线性边、面的法向向量或基准轴的组合），创建的基准平面	两直线在同一平面且相互垂直	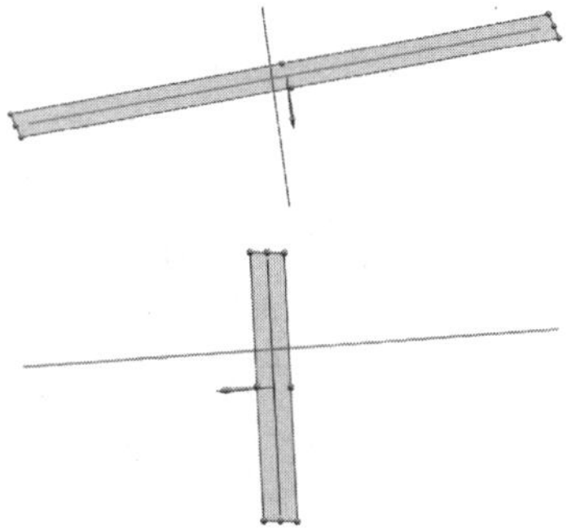 ② 创建的基准平面包含第一条直线且垂直于第二条直线，或是包含第二条直线且垂直于第一条直线（可以使用  "备选解"实现切换）
相切	创建与任意非平的表面相切的基准平面	①选择任意非平的表面  ②选择任意非平的表面及相关、面、点、线等约束基准平面位置。具体情况见上图"相切子类型"	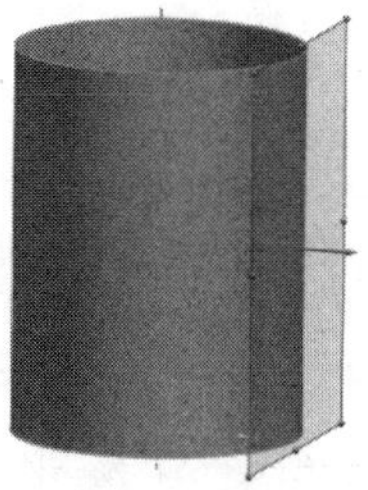 选择曲面后，系统会自动生成相切面，位置默认即可
通过对象	根据选定的对象平面创建基准平面	对象包括曲线、边缘、面、基准、平面、圆柱、圆锥或旋转面的轴、基准坐标系、坐标系以及球面和旋转曲面	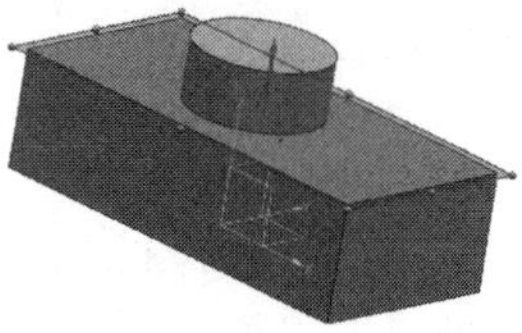
点和方向	通过定义一个点和选择新基准平面的法向矢量来创建基准平面	步骤①：选择一个点 步骤②：选择法向矢量 矢量类型如图所示 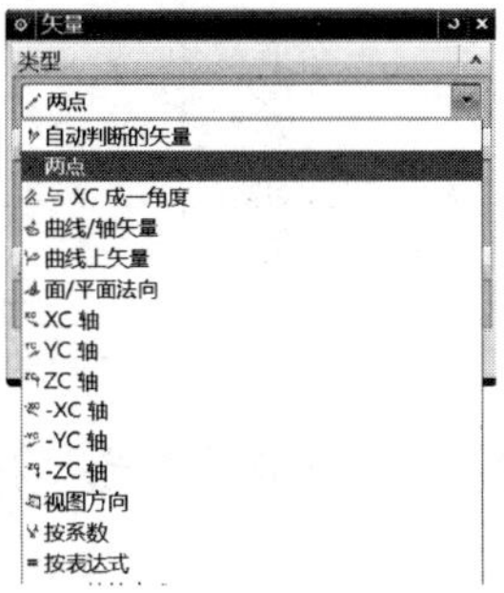	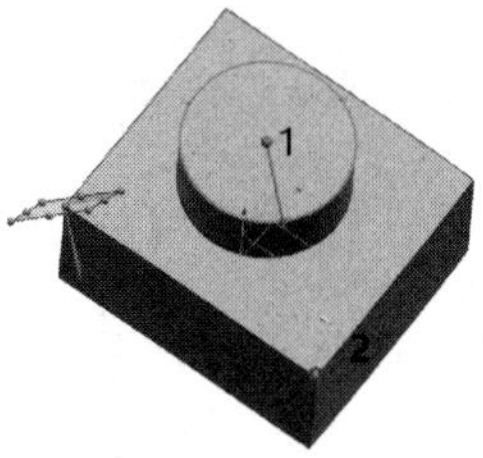 矢量类型为"两点"，即选择的1点和2点连线为新平面的法线

85

续表

类型	含义	创建条件	图解及说明
在曲线上	创建一个与曲线垂直或相切且通过已知点的基准平面	新基准平面产生位置可以根据"弧长""弧长百分比""通过点"来精确控制	
YC-ZC 平面	创建一个与 YC-ZC 平面平行的固定的基准平面	选择基准平面中的 YC-ZC 平面	
XC-ZC 平面	创建一个与 XC-ZC 平面平行的固定的基准平面	选择基准平面中的 XC-ZC 平面	
XC-YC 平面	创建一个与 XC-YC 平面平行的固定的基准平面	选择基准平面中的 XC-YC 平面	
视图平面	创建平行于视图平面并穿过绝对坐标系（ACS）原点的固定基准平面		在确认新基准平面前,只要改变视角,则新基准平面会随之改变
按系数	通过使用系数 a、b、c 和 d 指定一个方程的方式,创建固定基准平面	在对话框中输入各系数	

说明： 基准平面是建立实体模型的基础，灵活掌握基准平面的建立，对提高制图效率有较大帮助。

3.2.2　拉伸

【拉伸】

拉伸命令是沿着矢量拉伸截面创建实体特征。其执行方式有：

① 进入建模环境，特征工具条下，"拉伸" ⬚ 命令按钮；

② 进入建模环境，执行"菜单"—"插入"—"设计特征"—"拉伸"命令。"拉伸"对话框如图 3-2-4 所示，对话框各功能说明如下。

（1）截面

截面是指拉伸特征的截面曲线，可以是开放曲线，也可以是封闭曲线。

创建拉伸特征时，可以通过单击对话框中"绘制截面" ▦ 按钮，进入到草图环境中进行绘制，也可以选择已有的曲线、实体边、面等作为拉伸特征的截面。

（2）方向

主要用于确定拉伸矢量方向及更改矢量方向。

① "矢量对话框" ▦ 按钮，用于打开"矢量对话框"，设置拉伸矢量方面；

② "矢量下拉列表" ▦ 按钮，用于从列表中选择矢量类型，确定拉伸矢量方向；

③ "反向" ⊠ 按钮，用来改变矢量方向。

> **说明：** 可以双击预览视图上的方向指示箭头来改变拉伸方向。

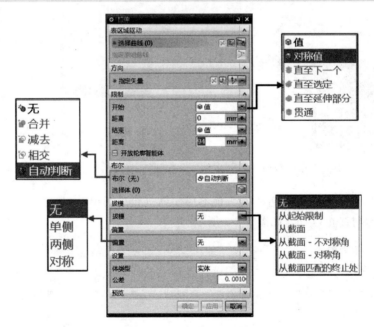

图 3-2-4　"拉伸"对话框

（3）限制

此处各项目的作用是确定截面开始位置及结束位置的拉伸方式。

• 开始：拉伸特征的起始拉伸位置。

• 距离：拉伸特征的起始位置到截面曲线的距离。

• 结束：拉伸特征的终止位置。

• 距离：拉伸特征的终止位置到截面曲线的距离。

限制截面"开始"与"结束"的方式包括"值""对称值""直至下一个""直至选定""直至延伸部分"和"贯通",如图 3-2-4 所示。各选项含义如下。

① 值:通过参数方式确定拉伸特征的起始或终止位置。其对话框及效果示意图如图 3-2-5 所示。

② 对称值:只输入拉伸特征的终止位置参数值,程序自动以截面为对称中心,在另一侧创建出对称特征,效果示意图如图 3-2-6 所示。

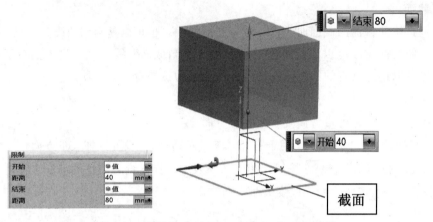

图 3-2-5 "值"限制截面对话框及效果示意图

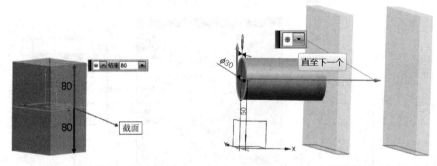

图 3-2-6 "对称值"限制截面效果示意图　　图 3-2-7 "直至下一个"限制截面效果示意图

③ 直至下一个:在截面附近若有其他参照实体(至少两个),程序自动将参照实体作为拉伸特征的起始与终止位置,如图 3-2-7 所示。

> **说明:** 截面的起始端是不能以"直至下一个"方式设置的,这是因为"直至下一个"本身的含义就是指终止端一直延伸到下一个实体对象截止,起始端与终止端不能同时在一个位置上。此外,参照实体必须是完全包含拉伸截面的,否则不能修剪拉伸特征。

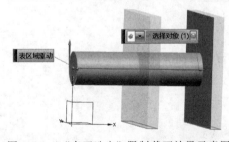

图 3-2-8 "直至选定"限制截面效果示意图

④ 直至选定:通过用户自行选择对象(此对象可为面、实体或平面)来作为拉伸特征的起始或终止位置,如图 3-2-8 所示。

⑤ 直至延伸部分:截面延伸至选定的对象(此对象可为面、实体或平面),此方式与"直至选定"方式基本相同,如图 3-2-9 所示。

⑥ 贯通:选择此方式,截面将贯穿拉伸矢量

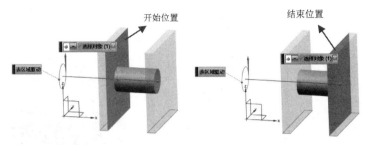

图 3-2-9　"直至延伸部分"限制截面效果示意图

方向上的所有参照实体，其终止端在最后一个实体的尾端面上。以此方式创建的拉伸特征如图 3-2-10 所示。

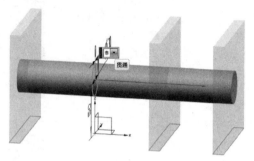

图 3-2-10　"贯通"限制截面效果示意图

> **说明：** 参照实体必须完全包容截面。此外，"直至选定""直至延伸部分""贯通"三种方式均可以应用于开始端和结束端。

（4）布尔

主要控制拉伸特征与其他参照实体或特征之间的布尔合并、求差、求交或不做布尔运算等操作。

（5）拔模

用于设置截面曲线在拉伸过程中与拉伸矢量方向所形成的夹角，拉伸截面的拔模共有 6 种方式，含义如表 3-2-2 所示。

表 3-2-2　"拔模"功能含义说明

类型	含义	图示及说明
无	对截面曲线不做拔模处理	
从起始限制	拉伸特征的起始端面处开始拔模	

类型	含义	图示及说明
从截面	从拉伸截面曲线处拔模	单个：截面曲线整体拔模　截面 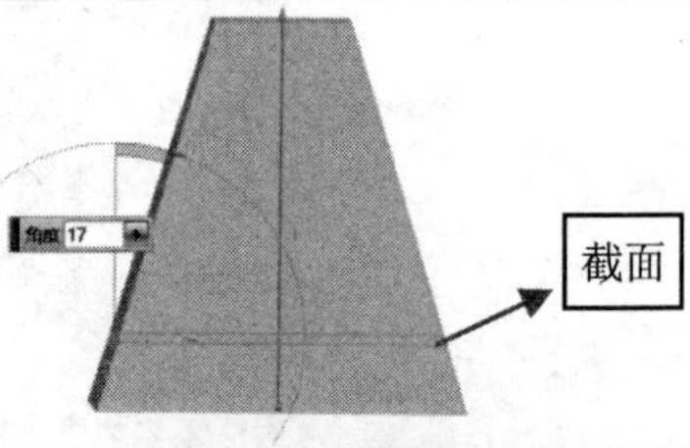
		多个：将截面曲线分成多段曲线，每段曲线可单独拔模，且单独拔模时取值可不相同 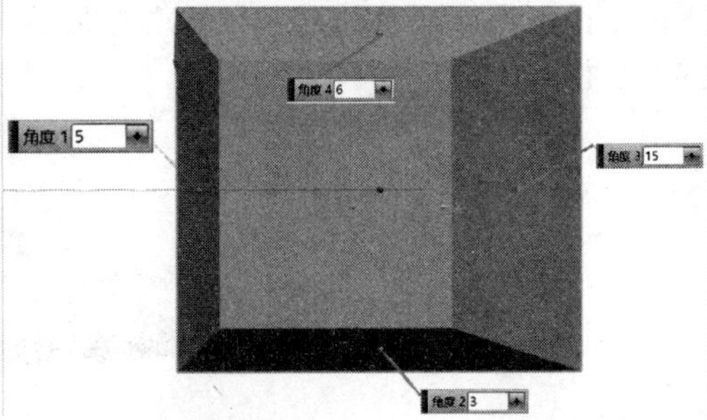
从截面-不对称角	从拉伸截面曲线处向截面两端延伸拔模，两端拔模的取值可不相同	此类型中即有"单侧"和"多个"之分，同上一类型，不再赘述 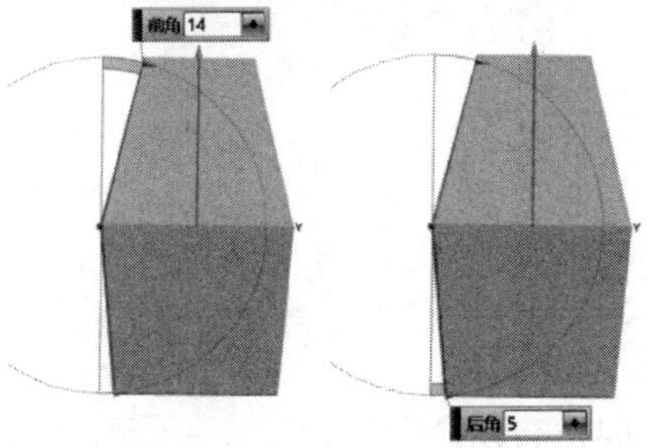
从截面-对称角	拉伸截面曲线处向截面两端延伸拔模，但正、反方向的拔模角取值是相同的	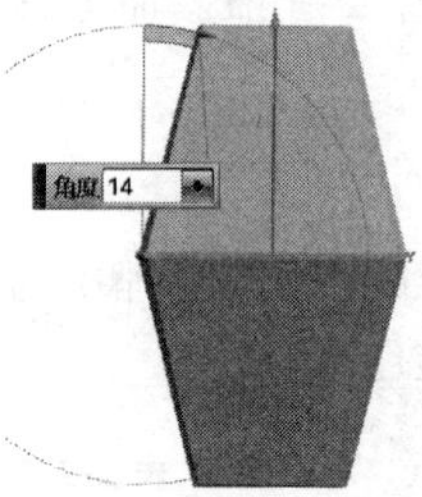
从截面匹配的终止处	拔模至截面拉伸的终止端	无论前端与后端的拉伸距离相差有多大，两终止端的截面大小始终相等 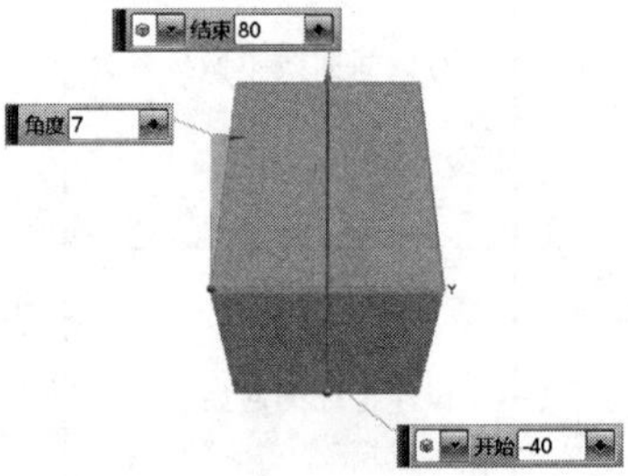

> **说明：** 在这 6 种拔模方式中，后 3 种方式仅当"限制"选项区的限制方式为"对称值"或者"开始-距离"与"结束-距离"数值异号时才可用。

（6）偏置

控制截面曲线在与拉伸矢量相垂直的方向上是否偏置。包括"无""单侧""两侧"和"对称"4 种偏置方法，其含义如下。

① 无：截面曲线不进行偏置，如图 3-2-11(a) 所示。

② 单侧：仅在截面曲线的内或外进行偏置，如图 3-2-11(b) 所示。

③ 两侧：在截面曲线的内和外同时进行偏置，内与外的偏置值可单独设置，如图 3-2-11(c) 所示。

④ 对称：在截面曲线的内和外同时进行偏置，但内与外的偏置值始终相等，如图 3-2-11(d) 所示。

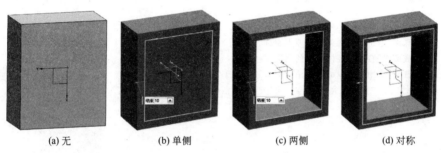

(a) 无　　　　(b) 单侧　　　　(c) 两侧　　　　(d) 对称

图 3-2-11　截面曲线 4 种偏置效果图

（7）设置

用于设置输出的拉伸特征是片体还是实体。

> **说明：** 当截面曲线为开放曲线时，输出的始终是片体特征。当截面曲线为封闭曲线时，在"体类型"下拉列表中通过"实体""片体"选项，确定输出特征的类型。

3.2.3　腔

腔命令的使用是在现有体上创建型腔。其执行方式有：

① 进入建模环境，特征工具条下，"腔" 📦 命令按钮；

② 进入建模环境，执行"菜单"—"插入"—"设计特征"—"腔"命令。

【腔】

"腔"对话框如图 3-2-12 所示。

图 3-2-12　"腔"对话框

腔命令包括三种类型，圆柱形、矩形和常规，各类型的对话窗及示意图见表 3-2-3。

表 3-2-3　创建"腔"的三种方法

类型	作用及对话框	参数设置及示意图
圆柱	用于定义一个圆形腔,按照特定的深度,包含或不包含倒圆底面,并具有直面或斜面 **圆柱腔** 腔直径　1 mm 深度　0.5 mm 底面半径　0 mm 锥角　0 ° 确定　返回　取消	"底面半径"值和"锥角"值为 0 指定"底面半径";"锥角"值为 0 指定"底面半径"和"锥角"数值
	① 腔直径:输入腔体的直径。 ② 深度:沿指定方向矢量从原点测量的腔体深度。值必须大于底面半径。 ③ 底面半径:输入腔体底边的圆形半径。 ④ 锥角:应用到腔壁的拔模角。值为零时将产生直壁。 说明:以上参数输入完成后,会打开"定位"对话框,以精确定位腔的位置	
矩形	用于定义一个矩形腔,按照特定的长度、宽度和深度,在拐角和底面具有特定半径,并具有直面或斜面 **矩形腔** 长度　100 mm 宽度　20 mm 深度　20 mm 角半径　0 mm 底面半径　0 mm 锥角　0 ° 确定　返回　取消	指定"角半径" 指定"角半径""底面半径"和"锥角"
	① 长度/宽度/深度:输入腔体的长度/宽度/高度值。 ② 角半径:腔体竖直边的圆半径(大于或等于 0)。 ③ 底面半径:腔体底边的圆半径(大于或等于 0)。 ④ 锥角:腔体的四壁以这个角度向内倾斜。该值不能为负。数值为 0 时,会产生竖直的壁。 说明:拐角半径必须大于或等于底半径。 最初定向腔时,长度平行于所选水平参考	

续表

类型	作用及对话框	参数设置及示意图
常规	使用此选项时可创建的腔类型要比使用圆柱形和矩形腔选项时可创建的种类更多、更灵活 选择步骤：根据信息栏的提示信息，进行步骤操作，单击鼠标中键切换到下一步	放置面 放置面轮廓 底面轮廓曲线 底面半径 放置面半径

说明：
　常规腔的放置面可以是自由曲面或一个平的面。
　常规腔的底面可以在特征上指定，也可以由放置面进行偏置。同放置面一样，可以是自由曲面或一个平的面。
　可以在顶部或底部通过曲线链来定义常规腔的形状。曲线不一定位于选定面上，如果没有位于选定面，它们将按照所选定的方法投影到面上。
　常规腔的曲线链不必形成封闭线串。它们可以是开放的，但必须连续。也可以让线串延伸出放置面的边。
　常规腔的放置面轮廓与底面轮廓形状可以不相同

3.2.4　孔

孔命令可在实体面创建圆形切割特征或者异形切割特征，通常用来创建螺纹底孔、螺栓过孔、定位销孔、工艺孔等。其执行方式有：

【孔】

① 进入建模环境，特征工具条下，"孔 " 命令按钮；
② 进入建模环境，执行"菜单"—"插入"—"设计特征"—"孔"命令。

(1) 孔类型

孔的创建类型包括以下几种。

① 常规孔：创建指定尺寸的简单孔、沉头孔、埋头孔或锥孔特征，需要指定草绘孔点以及孔形状尺寸。

② 钻形孔：使用 ANSI 或者 ISO 标准创建简单的钻形孔特征。

③ 螺钉间隙孔：创建简单的、沉头、埋头通孔。

④ 螺纹孔：创建带螺纹的孔。

93

⑤ 孔系列：创建起始、中间和结束孔尺寸一致的多形状、多目标体的对齐孔。

（2）"常规孔"对话框

"常规孔"对话框如图 3-2-13 所示，具体说明如下。

① 位置　用于指定孔中心的位置。用户可以使用以下方法来指定孔的中心：

a. 在创建草图 对话框中，通过指定放置面及方位来指定孔的中心。

b. 单击点 可使用现有的点来指定孔的中心。

② 方向　用于指定孔的矢量方向。

a. 垂直于面：沿着与公差范围内每个指定点最近的面法向的反向定义孔的方向。

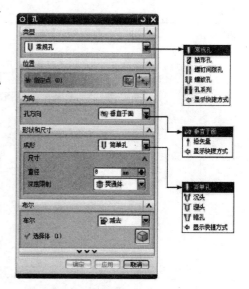

图 3-2-13　"常规孔"对话框

说明：　如果选定的点具有不止一个可能最近的面，则在选定点处法向更靠近 Z 轴的面被自动判断为最近的面。

b. 沿矢量：沿指定的矢量定义孔方向。可以使用"矢量构造器" 或者"自动判断的矢量" 。

"常规孔"对话框其他项目说明见表 3-2-4。

表 3-2-4　"常规孔"对话框其他项目说明

【形状和尺寸】	
成形	指定孔特征的形状
	☑ 简单孔：创建具有指定直径、深度和尖端顶锥角的简单孔。
	☑ 沉头：创建具有指定直径、深度、顶锥角、沉头直径和沉头深度的沉头孔。
	☑ 埋头：创建有指定直径、深度、顶锥角、埋头直径和埋头角度的埋头孔。
	☑ 锥孔：创建具有指定锥角和直径的锥孔
尺寸	定义不同孔特征的尺寸
沉头直径	在形状设置为沉头时可用。 指定沉头直径。孔的沉头部分的直径必须大于孔径
沉头深度	在形状设置为沉头时可用。 指定沉头深度
埋头直径	在形状设置为埋头时可用。 指定埋头直径。埋头直径必须大于孔径。
埋头角度	在形状设置为埋头时可用。 指定孔的埋头部分中两侧之间夹角必须大于 0° 且小于 180°
直径	指定孔径
深度限制	指定孔深度限制。可用选项如下。 ☑ 值：创建指定深度的孔。 ☑ 直至选定对象：创建一个直至选定对象的孔。 ☑ 直至下一个：对孔进行扩展，直至孔到达下一个面。 ☑ 贯通体：创建一个通孔

	【布尔】
布尔	☑无:创建孔特征的实体表示,而不是将其从工作部件中减去。 ☑减去:从工作部件或其组件的目标体减去工具体
选择体	选择要执行布尔操作的目标体。 目标体通常为实体,但也可以选择片体作为常规孔类型的目标体

3.2.5　筋板

使用筋板命令可通过拉伸相交的平截面将薄壁筋板或筋板网格线串添加到实体中。其执行方式有:

【筋板】

① 进入建模环境,特征工具条下,"筋板" **筋板** 命令按钮;

② 进入建模环境,执行"菜单"—"插入"—"设计特征"—"筋板"命令。

"筋板"对话框如图 3-2-14 所示,各选项说明见表 3-2-5。

图 3-2-14　"筋板"对话框

表 3-2-5　"筋板"对话框各选项说明

选项		示意图	说明
目标			生成筋的特征体
表区域驱动			此项为筋的截面或大致截面,它可以是曲线的任何组合
壁	垂直于剖切平面		控制筋垂直或平行于剖切平面
	平行于剖切平面		

续表

选项	示意图	说明
尺寸	"从截面"效果	对称——以截面曲线为中心,对称地应用筋板厚度
		非对称——筋板厚度位于截面曲线的一侧
帽形体(定义筋板顶盖的几何体)	"从截面"效果 "从所选对象"效果	此项在筋板壁方向与剖切平面垂直时可用
拔模		仅在拔模是"使用封盖"时可用。 设置拔模角。输入值必须在 0°到 89° 之间

说明: ① 绘制筋板截面时,对于与壁相交的线不用绘出实际数值,只要有相应的线就可以了,如图 3-2-15 所示;

② 筋板特征的截面草图可以是封闭的,也可以是不封闭的;

③ 筋板特征的方向有两个,且截面可以是一条或多条曲线,所有曲线必须共面。

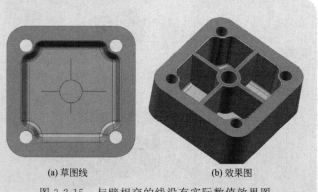

(a) 草图线　　　　　(b) 效果图

图 3-2-15　与壁相交的线没有实际数值效果图

任务实施

【任务3.2-任务实施】

第一步：新建文件。

打开 UGNX 软件，单击新建 ▢ 图标，弹出"新建"对话框，在"模板"列表中选择"模型"，输入名称为"支架"，单击"确定"按钮，进入建模环境。

第二步：创建底板。

① 进入草图界面。单击"▦"图标，选择 XY 平面为草图平面，绘制底板草图轮廓。单击"▨"图标，完成如图 3-2-16 所示草图绘制。

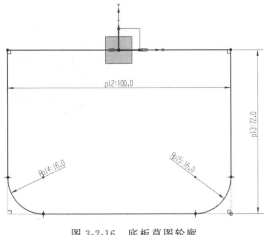

图 3-2-16 底板草图轮廓

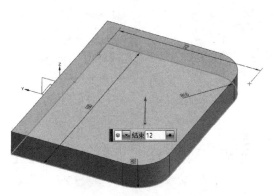

图 3-2-17 底板拉伸实体

② 单击"特征"工具条中的"拉伸"图标，打开拉伸对话框，选择底板草图为拉伸对象，在"开始"和"结束"文本框中分别输入"0"和"12"，单击"确定"按钮，生成底板实体如图 3-2-17 所示。

③ 单击"特征"工具条中的"拉伸"图标，打开拉伸对话框，点▣图标，打开"创建草图"对话框，选择底板顶面为草图绘制平面，绘制沉头孔草图轮廓，如图 3-2-18（a）所示。单击▨图标；完成草图绘制。在"拉伸"对话框中设置"布尔运算"为"减去"，"结束"距离为 5，方向向下，具体如图 3-2-18（b）所示。

(a) φ15孔草图

(b) 拉伸孔参数

图 3-2-18 拉伸 φ15 孔

同样的方法，单击"特征"工具条中的"拉伸"图标，打开"拉伸"对话框，单击图标 打开"创建草图"对话框，选择底板顶面为草图平面，绘制孔的草图轮廓，如图 3-2-19（a）所示。单击 图标，完成草图绘制。在"拉伸"对话框中设置"布尔运算"为"减去"，"结束"选择"贯通"，具体如图 3-2-19（b）所示。底板创建完成，如图 3-2-20 所示。

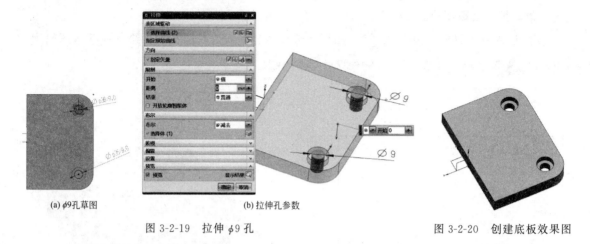

(a) φ9孔草图　　　　　(b)拉伸孔参数

图 3-2-19　拉伸 φ9孔

图 3-2-20　创建底板效果图

> **说明：** 此处，可以使用"孔特征"进行建模，其制图效率更高，具体过程如下：单击"特征"工具条中的"孔特征" 图标，打开"孔特征"对话框，【孔类型】为"常规孔"，单击【位置】下的 图标，打开"创建草图"对话框，选择底板顶面为草图绘制平面，进入绘制草图界面，绘制两个"孔位点"，如图 3-2-21（a）所示；添加约束，单击"几何约束" 图标，约束草绘的点与两圆弧圆心重合，此时草图完全约束，效果如图 3-2-21（b）所示，单击 图标，返回"孔特征"对话框。
>
> 在"孔特征"对话框中设置各选项参数如图 3-2-22 所示。
>
>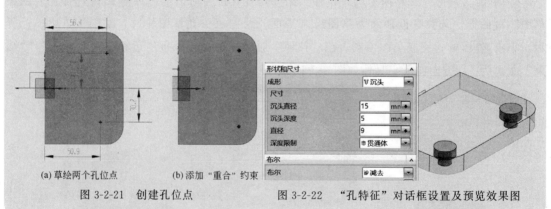
>
> (a) 草绘两个孔位点　　(b)添加"重合"约束
>
> 图 3-2-21　创建孔位点　　　图 3-2-22　"孔特征"对话框设置及预览效果图

第三步：创建支承板。

单击"特征"工具条中的"拉伸"图标，打开拉伸对话框，单击图标 打开"创建草图"对话框，选择底板平面为支承板草图平面，进入草图界面，绘制支承板草图，如图 3-2-23（a）所示。单击 图标，完成草图绘制。

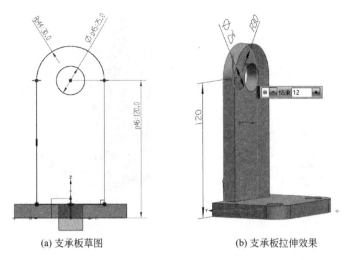

(a) 支承板草图   (b) 支承板拉伸效果

图 3-2-23   拉伸创建支承板

回到"拉伸"对话框中，在"开始"和"结束"文本框中分别输入"0"和"12"，"布尔运算"为"合并"，单击"确认"，完成支承板创建，效果图如图 3-2-23（b）所示。

第四步：创建筋板。

方法一：采用拉伸特征实现筋板的创建。

单击"特征"工具条中的"拉伸"图标，打开拉伸对话框，单击图标 📷 打开"创建草图"对话框，选择 *YZ* 平面为筋板草图平面，进入草图界面，绘制筋板草图轮廓。单击 🏁 图标，完成草图绘制，如图 3-2-24（a）所示。

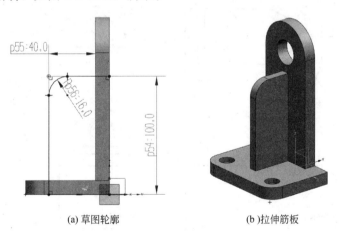

(a) 草图轮廓   (b)拉伸筋板

图 3-2-24   用拉伸特征完成支承筋板

回到"拉伸"对话框，将"限制"类型改为"对称值"，在距离文本框中输入"4"，"布尔运算"为"合并"，单击"确认"，完成筋板创建，如图 3-2-24（b）所示。

方法二：采用筋板特征完成支承筋板的创建。

① 进入草图界面，完成如图 3-2-25（a）所示的草图轮廓后，退出草图界面；

② 选择"筋板"命令，选择草图曲线为"表面驱动线"，选择"平行与剖切平面"，"厚度"为 8，预览如图所示，然后"确认"，退出"筋板"命令，完成实体的创建，如图 3-2-25（b）所示。

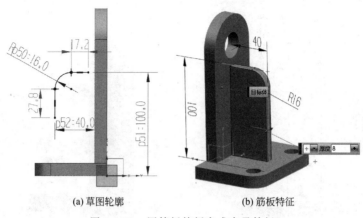

(a) 草图轮廓　　　　　　　　(b) 筋板特征

图 3-2-25　用筋板特征完成支承筋板

> **说明：** 同一实体建模过程及方法有很多，用户应灵活掌握，以寻求最佳的建模思路，提高制图效率。

进阶训练

完成如图 3-2-26 所示支架实体建模。其主要结构包括拉伸特征、腔结构特征、孔结构特征、键槽结构特征以及边倒圆、边倒角工艺特征。

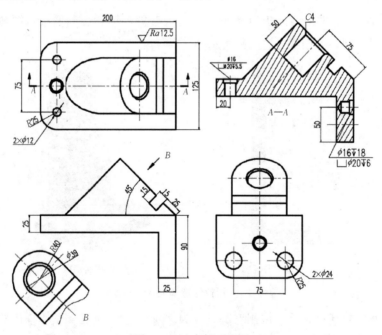

图 3-2-26　支架工程图

实体建模中主体以拉伸结构为主，其过程如表 3-2-6 所示。

表 3-2-6　进阶训练建模过程

设计步骤	特征效果图	参数设置及注意事项
拉伸 L 形支承	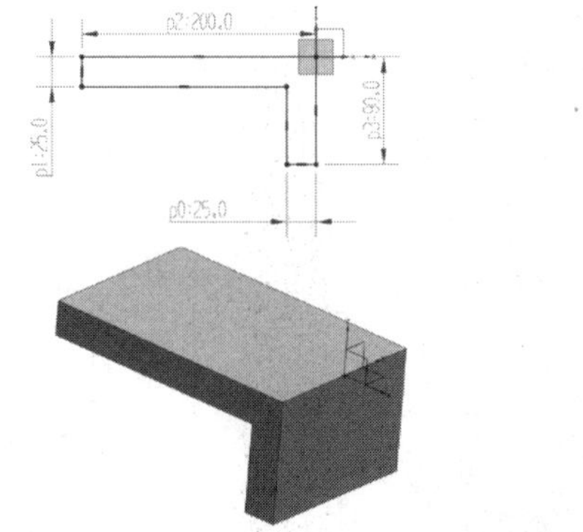	① 选择 XZ 为草图平面； ② "限制"→"对称值"→"距离"输入 62.5
创建基准平面	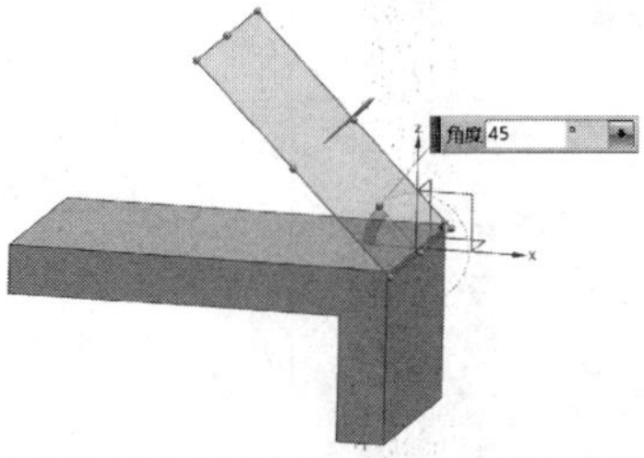	"基准平面"命令→类型"成一角度"→选择上表面为"平面参考"，选择实体边线为"通过轴"，"角度"值为"－45"
拉伸斜台特征	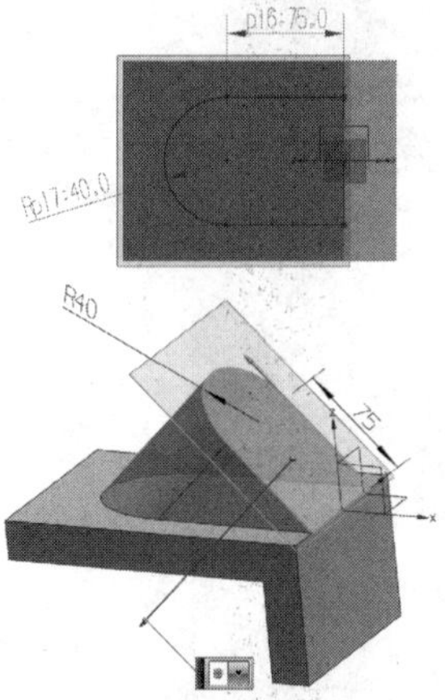	① 选择新创建的基准平面为草图平面，绘制草图如左图所示； ② "限制"→"结束"→"直至下一个"； ③ "布尔"→"合并"
创建圆柱形"腔"	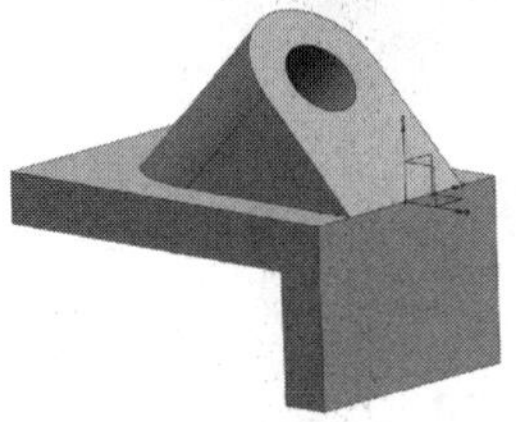	① "腔(原有)"命令→"圆柱形"→选择斜面为放置平面→输入"腔直径"为 39，"腔深度"为 50→确定； ② 定位方式为"点落在点上"→"目标对象"为斜面圆弧中心，"刀具边"为腔体圆弧中心
生成矩形键槽特征	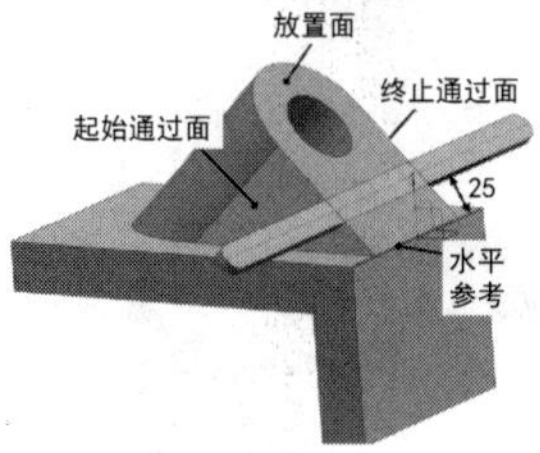	① 选择类型为"矩形槽"； ② 选择蓝色面为"放置面"； ③ 选择实体边界(红色)为水平参考； ④ 选择绿色平面为"起始通过面"；其对面的平面为"终止通过面"； ⑤ 键槽尺寸为宽"15"、深"15"，定位尺寸"25"

 CAD/CAM应用技术

续表

设计步骤	特征效果图	参数设置及注意事项
边倒圆 $R25$	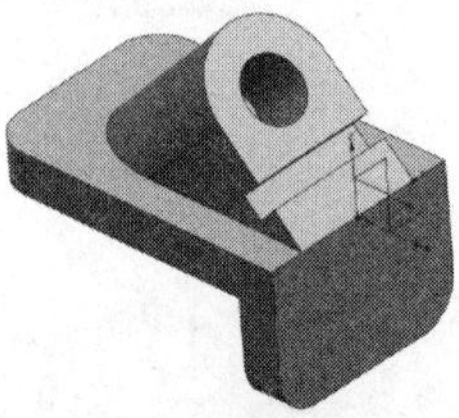	先创建边倒圆,为后面孔提供位置参考
创建 $C4$ 倒角	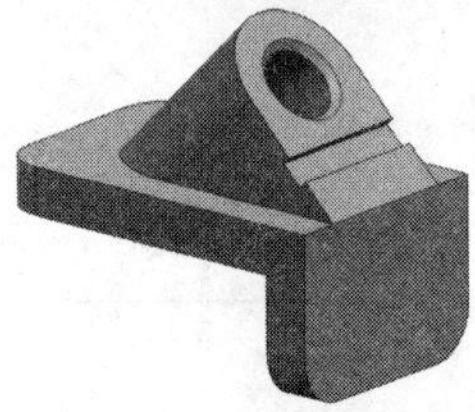	选择圆柱形腔的实体边界,"对称"倒斜角,尺寸为"4"
创建孔特征	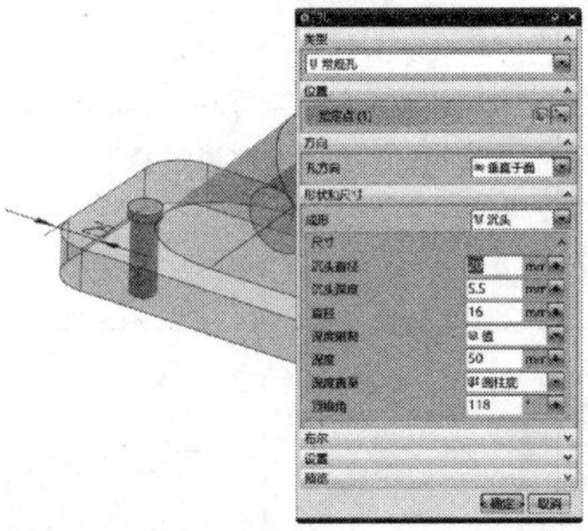 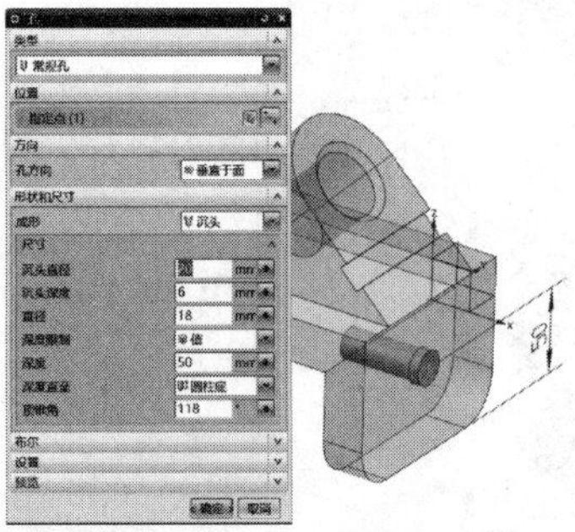	孔类型→"常规孔"→"沉头",参数及定位如左图(两个孔定位点都在基准坐标轴上)
	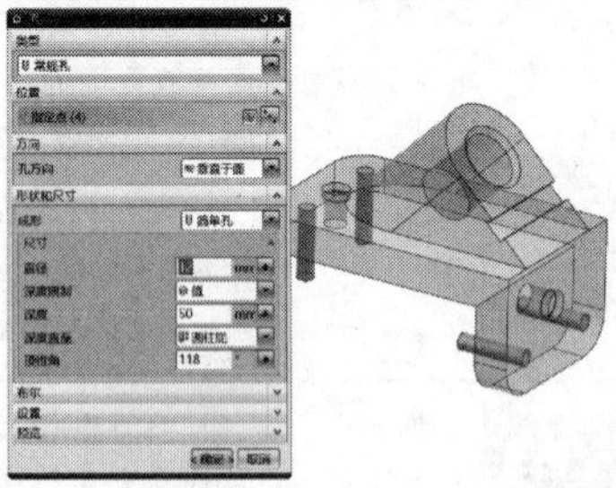	① 孔类型→"常规孔"→"简单孔"; ② 孔的位置分别选择倒圆弧的圆心位置,其他尺寸如图示
实体建模效果图	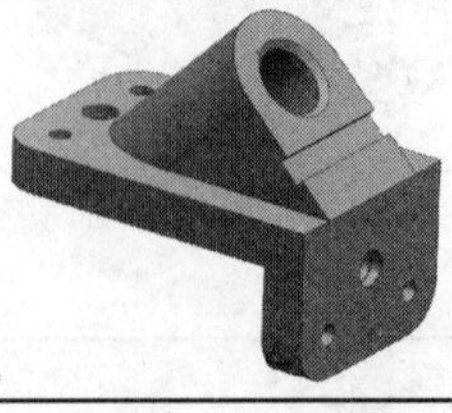	

102

技能小结

1.拉伸实体的截面要求：

① 草图应完全约束。

② 尝试拉伸有缝隙或重叠的截面线串时，可能会产生无效的实体或错误；尝试用三条以上终点重合的曲线拉伸截面会造成截面无效错误，因此，拉伸实体时，草图轮廓应形成一个封闭的环。

2.通过拖动距离手柄或指定距离值来调整拉伸特征的大小，如图 3-2-27 所示。（在其他的特征学习中也会遇到操控手柄，用法基本相同。）

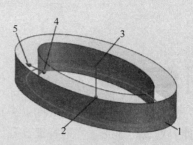

图 3-2-27 操控手柄示意图
1—截面；2—起始限制手柄；3—终止限制手柄；
4—起始偏置手柄；5—终止偏置手柄

3.常规腔的创建过程中，可以选择一串曲线用于定义放置面轮廓，另一串曲线用于定义底面轮廓，同时放置面轮廓和底面轮廓可以选择已知的实体边界。

4.常规腔的放置面可以是自由曲面，而圆柱形腔和矩形腔，必须是一个平的面。

5.孔特征参数中"顶锥角"的值为"0"时，可以创建底面为平面的孔特征。

巩固提升

分析图纸（图 3-2-28），根据零件结构进行实体建模。

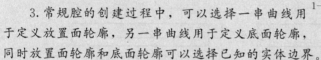

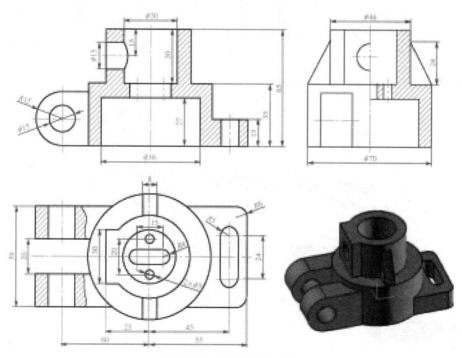

图 3-2-28 巩固与提升习题

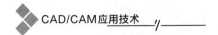
任务 3.3　薄壁壳体的实体建模

任务描述

　　分析薄壁壳体零件图（图 3-3-1），主要特征为薄壁结构，厚为 3mm，结构中主要涉及拉伸、筋板、抽壳、阵列特征、孔、倒圆角等命令的使用。

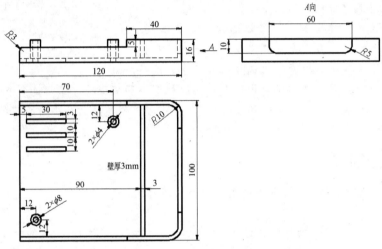

图 3-3-1　薄壁壳体零件图

　　建模步骤及设计思路如图 3-3-2 所示。

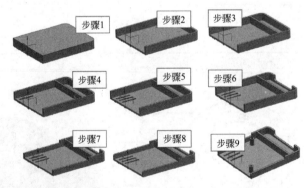

图 3-3-2　设计步骤示意图

知识点学习

【抽壳】

3.3.1　抽壳

　　使用"抽壳"命令可以利用指定的壁厚值来抽空实体，或绕实体建立壳体。

其执行方法有：

① 进入建模环境，特征工具条下，"抽壳" 命令按钮；

② 进入建模环境，执行"菜单"—"插入"—"偏置/缩放"—"抽壳"命令。

"抽壳"对话框如图 3-3-3 所示，其中各选项的说明如下。

图 3-3-3 "抽壳"对话框

（1）类型

抽壳类型包括以下两种。

① 移除面，然后抽壳：选取该选项，选择要从壳体中移除的面，可以选择一个面或是多个面用作移除面。

② 对所有面抽壳：选取该选项，对体的所有面进行抽壳，不会移除任何面。

（2）要穿透的面

仅当抽壳类型设置为"移除面"时，此选项即选择抽壳时从实体移除的面。

（3）厚度

为壳设置壁厚。

（4）备选厚度

用于选择不同厚度集的面。可以对每个厚度面集中的所有面指定统一厚度值。选择不同的面集后，会在"列表"中列出厚度集及其名称、值和表达式信息。

3.3.2 拆分体

拆分体命令是使用一个面、一组面或基准平面将目标几何体分割为一个或多个体；还可以使用此命令创建一个草图，并通过拉伸或旋转草图来创建拆分工具。其执行方法有：

【拆分体】

① 进入建模环境，特征工具条下，"拆分体"  命令按钮；

② 进入建模环境，执行"菜单"—"插入"—"修剪"—"拆分体"命令。

"拆分体"对话框如图 3-3-4 所示，其各项目的说明如下。

图 3-3-4 "拆分体"对话框

（1）目标

用于选择目标体。

（2）工具

① 面或平面：用于指定一个现有平面或面作为拆分平面。

② 新平面：用于创建一个新的拆分平面。

③ 拉伸：指定曲线，通过拉伸方式来创建工具体，如图 3-3-5 所示。

④ 旋转：指定曲线，通过旋转方式来创建工具体，如图 3-3-6 所示。

（3）设置

"保留压印边"用以标记目标体与工具之间的交线。

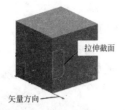

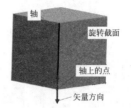

图 3-3-5　拉伸方式拆分体　　　图 3-3-6　旋转方式拆分体

说明： 当使用面拆分实体时，面的大小必须足以完全切过体。

3.3.3　修剪体

【修剪体】

修剪体命令可以通过面或平面来修剪一个或多个目标体。可以指定要保留的体部分以及要舍弃的部分。其执行方法有：

① 进入建模环境，特征工具条下，"修剪体" 命令按钮；

② 进入建模环境，执行"菜单"—"插入"—"修剪"—"修剪体"命令。

其对话框如图 3-3-7 所示，具体内容和"拆分体"命令相近。二者的区别如表 3-3-1 所示。

图 3-3-7　"修剪体"对话框

表 3-3-1　拆分体和修剪体的异同点

命令	工作任务	结果示意图
拆分体 （用工具面将目标体拆分为两个实体）	工具面 目标体	拆分后的两部分： ① 此图隐藏工具面以上的实体部分； ② 此图隐藏工具面以下的实体部分
修剪体 （用工具面将目标体修剪掉指定部分）	【表3-3-1彩图】	修剪体后保留指定部分： ① 工具面以上的实体部分被修剪掉； ② 工具面以下的实体部分被修剪掉

注：1. 可以从同一个体中选择单个面或多个面，或选择基准平面来修剪目标体。
　　2. 可以定义新平面来修剪目标体。

3.3.4　布尔操作

布尔操作包括合并、减去和相交三种，可以作为单独的命令执行，布尔操作可以从其他命令内的选项块执行，例如拉伸、旋转命令下，其用法相同。布尔操作用法如表 3-3-2 所示。

【布尔运算】

布尔操作执行方法是：

① 进入建模环境，特征工具条下，"布尔操作"命令按钮；

② 进入建模环境，执行"菜单"—"插入"—"组合"—"合并" 🔧、"减去" 🔧 或"相交" 🔧 命令。

表 3-3-2　布尔操作用法

布尔运算	条件	运算结果
合并 🔧		
减去 🔧	目标体　　工具体	
相交 🔧		

3.3.5　阵列特征

阵列特征是指将指定的一个或一组特征，按一定的规律进行复制，建立一个特征阵列。阵列中各成员保持相关性，当其中某一成员被修改，阵列中的其他成员也会相应自动更新。

在"特征"工具条中单击"阵列特征"按钮，弹出如图 3-3-8 所示的对话框。其说明如下。

① 要形成阵列的特征：用于选择要阵列的对象，可以选择一个或多个特征。

② 参考点：形成阵列的参考点。

图 3-3-8　"阵列特征"对话框

【阵列特征】

③ 阵列定义：阵列特征的阵列方式包括：线形阵列、圆形阵列、多边形、螺旋式、沿、常规、参考等，因阵列定义方式不同，则阵列对话框此处项目也不同，其具体介绍见表 3-3-3。

表 3-3-3　阵列布局说明

类型	说明
线形阵列	指定在一个或两个方向对称阵列或指定多个列或行交错排列 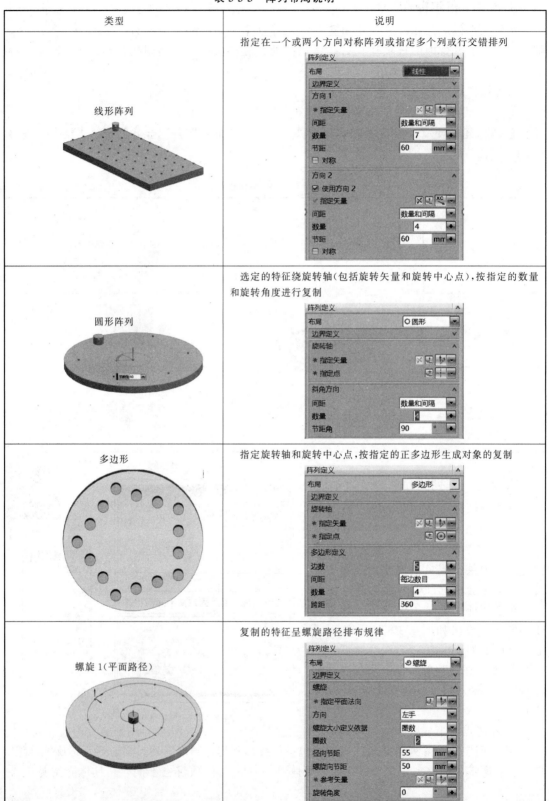
圆形阵列	选定的特征绕旋转轴(包括旋转矢量和旋转中心点),按指定的数量和旋转角度进行复制
多边形	指定旋转轴和旋转中心点,按指定的正多边形生成对象的复制
螺旋1(平面路径)	复制的特征呈螺旋路径排布规律

类型	说明
  沿 	定义一个跟随连续曲线链和（可选）第二条曲线链或矢量的布局
  常规 	使用由一个或多个目标点或坐标系定义的位置来定义布局
  参考 	使用现有的阵列来定义新的阵列
  螺旋 2 	

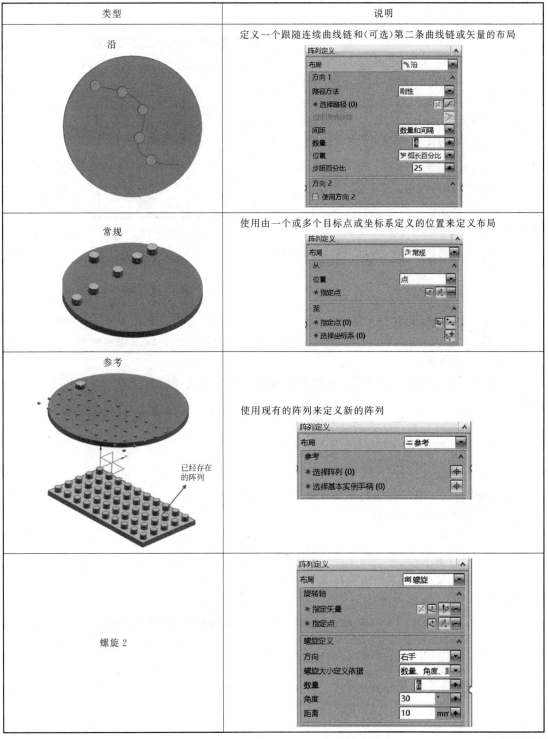

3.3.6　替换面

替换面命令是同步建模方法之一，使用替换面命令可用一组面替换另一组面。

【替换面】

其执行方法有：

① 进入建模环境，同步建模工具条下，"替换面" 命令按钮；

② 进入建模环境，执行"菜单"—"插入"—"同步建模"—"替换面"命令。

"替换面"对话框如图 3-3-9 所示，具体说明如下。

(1) 原始面

用于选择要替换的一个或多个目标面。

(2) 替换面

为要替换的面选择一个或多个面或者单一基准平面作为替换面。选定的替换面可以来自其他体，也可以来自与原始面相同的体。

图 3-3-9 "替换面"对话框

·偏置：指定从替换面到最终被替换面的偏置距离值。

(3) 设置

"溢出行为"用于控制移动的面的溢出特性，以及它们与其他面的交互方式。

① 自动：拖动选定的面，使选定的面或入射面开始延伸，具体取决于哪种结果对体积和面积造成的更改最小。

② 延伸更改面：拖动选定的面可将其延伸到它遇见的其他面，或移动该面以越过遇见的其他面。

③ 延伸固定面：延伸移动面直至遇到固定面。

④ 延伸端盖面：给移动面加上端盖即产生延展边。

3.3.7 表达式

表达式是定义一些特征特性的算术或条件公式，可以用来定义或控制一个模型的多种尺寸，能很好地实现参数化设计。

其执行方法有：

① 在建模环境下，"菜单栏"—"工具"—"表达式"命令；

② 在建模环境下，"工具"选项卡—"实用工具"组中，"表达式" $\equiv$ 按钮。

"表达式"对话框如图 3-3-10 所示。对话框中各选项含义如下。

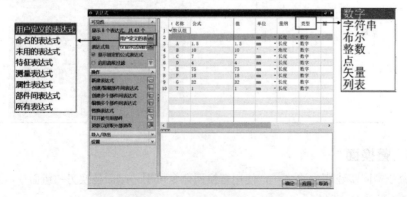

图 3-3-10 "表达式"对话框

（1）可见性

① 显示：用于选择类别以过滤表中显示的表达式。

② 表达式组：有三种显示方法，均不显示、全部显示及仅显示活动的。

（2）表达式列表

表达式列表内容主要包括：名称、公式、值、单位、量纲、类型等，具体说明见表 3-3-4。

表 3-3-4　表达式列表部分项目说明

序号	内容	作用	注意事项
1	名称	列出每个表达式或测量的名称	① 表达式名必须以字母字符开始，可以由字母数字字符组成； ② 表达式名可以包括内置下划线； ③ 表达式名中不可以使用任何其他特殊字符
2	公式	使用编辑从列表中选取的表达式公式，输入新表达式的公式或创建部件间表达式的引用	从函数的参数输入选项打开表达式对话框时，只能编辑当前正在创建的表达式的公式。不能使用编辑器更改现有表达式
3	值	显示从公式或测量数据派生的值	如果公式使用的单位与表达式所用的不同，则值转换成表达式单位
4	单位	显示表达式或测量的单位	为表达式公式指定的量纲和单位必须都正确
5	量纲	指定用于新表达式的尺寸种类	
6	类型	指定表达式数据类型。主要包括：数字、字符串、布尔、整数、点、矢量和列表	类型设为数字时可以为表达式选择量纲，即为表达式选择单位类型

任务实施

打开 UG NX 软件，单击新建 图标，弹出"新建"对话框，在"模板"列表中选择"模型"，输入名称为"支架"，单击"确定"按钮，进入建模环境。

直角支架零件建模过程及注意事项，如表 3-3-5 所示。

表 3-3-5　直角支架零件建模过程

	设计步骤	特征图	参数/注意事项
1	利用"拉伸"创建 120×100 长方体特征	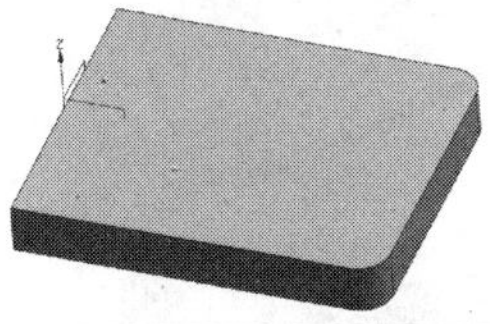	①"拉伸"→选择 XY 为草图平面； ②"限制"→"开始"→"值"为 0→"结束"→"值"为 16； ③"布尔"→"无"
2	利用"抽壳"特征完成壳体创建	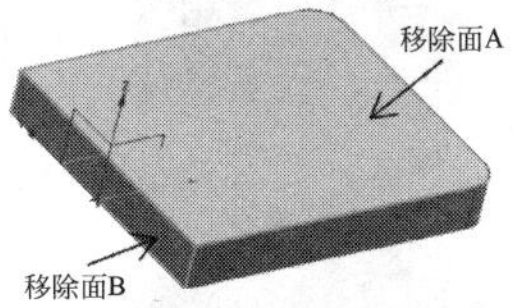 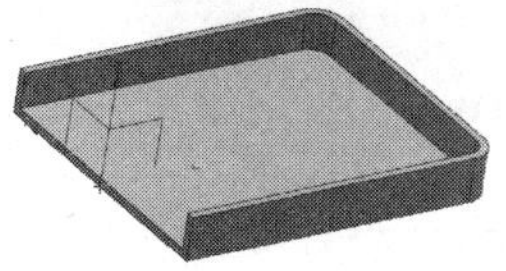 移除面A 移除面B	①"抽壳"→"类型"→"移除面，然后抽壳"； ②"要穿透的面"→如左图所示分别选择"移除面 A 和移除面 B"； ③ 设置"厚度"为 3，"方向"向内

续表

设计步骤	特征图	参数/注意事项
3	利用"筋板"创建右图 3mm 筋特征	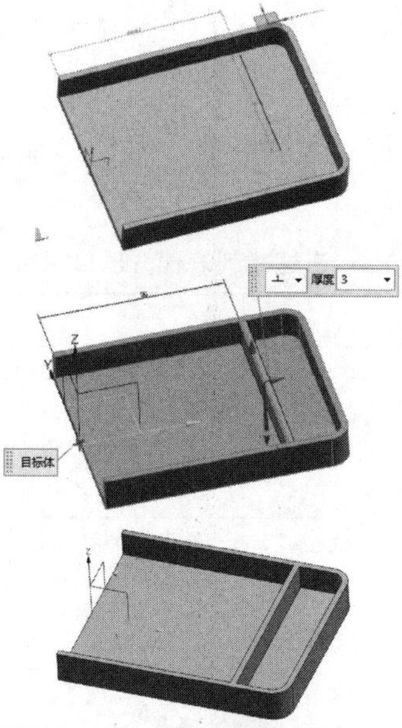 ①"筋板"→"目标体"→选择要添加筋板的实体； ②"表区域驱动"→"绘制截面"→绘制如左图所示"竖直线"，保证定位尺寸"90"； ③"壁"→"垂直于剖切平面"； ④"尺寸"→"非对称"→"厚度"为 3mm，勾选☑合并筋板和目标； ⑤单击"确定"
4	利用"腔"创建 30×3 矩形腔	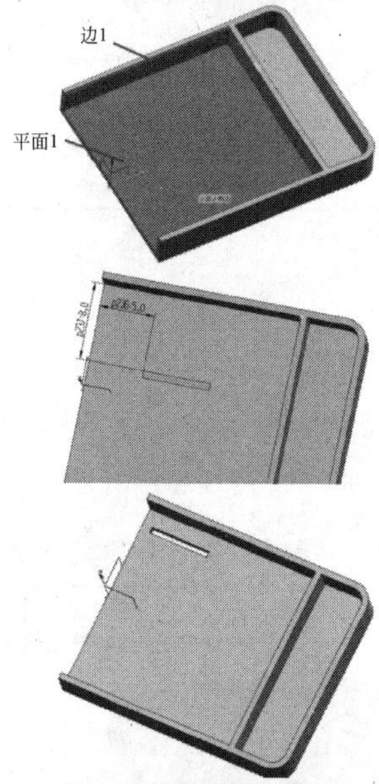 ①"腔"→类型为"矩形"； ②放置为"平面 1"； ③选择"边 1"作为水平参考； ④输入尺寸参数：长 30，宽 3，深度 3； ⑤定位：水平定位尺寸为"5"，垂直定位尺寸为"8"
5	利用"阵列特征"创建其他矩形槽	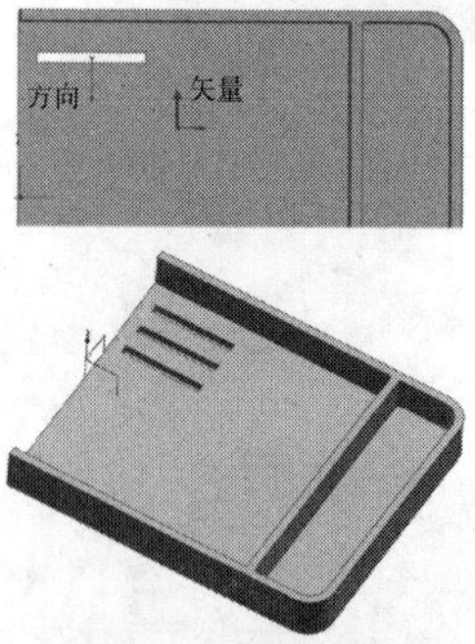 ①"阵列特征"→"要阵列的特征"选择 30×3 矩形槽； ②"阵列定义"→"布局"→"线性"； ③"方向 1"→"指定矢量"及方向如图示； ④"间距"→"数量和间隔"，"数量"为 3→"节距"为 10； ⑤单击"确定"

设计步骤		特征图	参数/注意事项
6	利用"拉伸"创建右侧凹槽	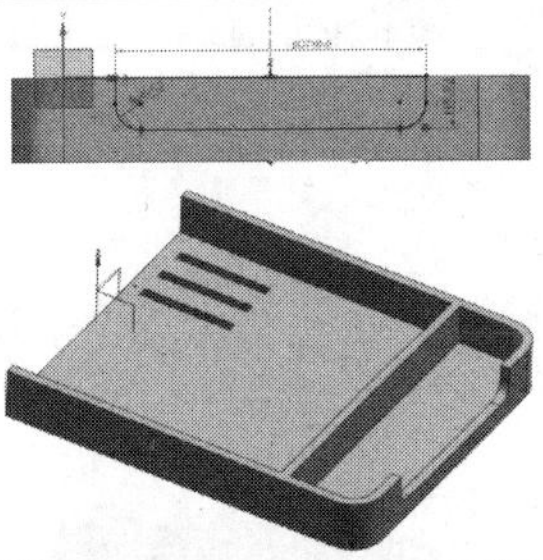	①"拉伸"→选择底板右侧表面为草图平面,绘制草图如图所示; ②"限制"→"开始"→"值"为0→"结束"→"值"为3; ③"布尔"→"减去"
7	利用"拉伸"创建左右两侧5mm台阶	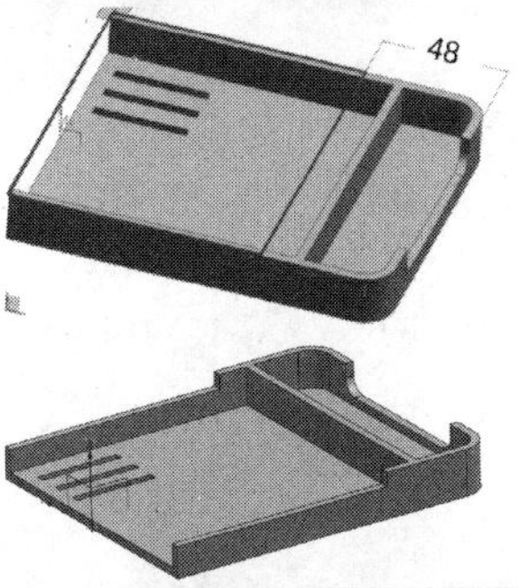	①"拉伸"→选择工件上表面为草图平面绘制草图,如图所示,保证定位尺寸"48"; ②"限制"→"开始"→"值"为0→"结束"→"值"为5; ③"布尔"→"减去"
8	创建 R3 边倒圆	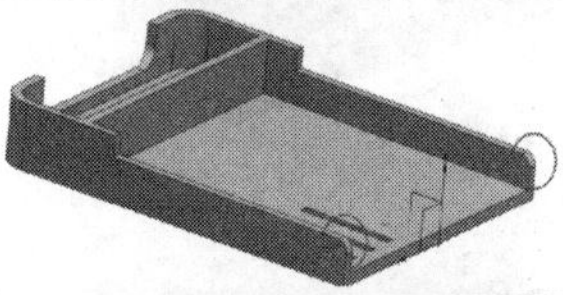	圆角尺寸"3",如图所示
9	利用"拉伸"创建 2×ϕ8 圆柱	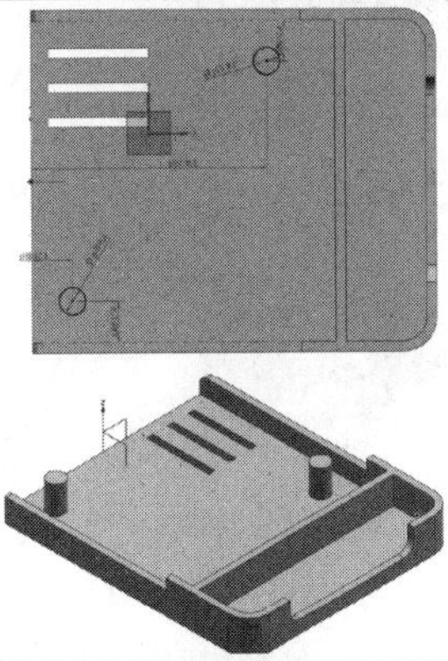	①"拉伸"→选择底板上侧表面为草图平面绘制如图草图; ②"限制"→"开始"→"值"为0→"结束"→"值"为13; ③"布尔"→"合并"
10	创建 2×ϕ4"孔"特征	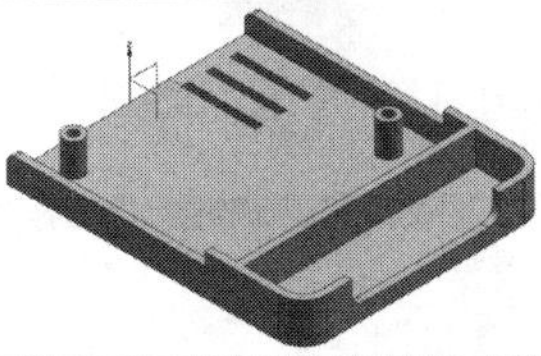	①"孔"→"类型"→"常规孔"; ②"位置"→分别选择两个ϕ8圆柱上表面圆心;"方向"→"垂直于面"; ③"形状和尺寸"→"简单孔";"尺寸"→"直径"为4→"深度"为"贯通体"

进阶训练

无痕挂钩结构如图 3-3-11 所示,其主要包括挂钩主体(涉及拉伸、抽壳、筋、孔特征)和挂钩尾部(拉伸特征)。

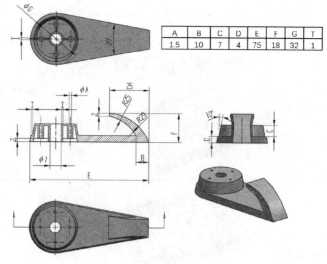

A	B	C	D	E	F	G	T
1.5	10	7	4	75	18	32	1

图 3-3-11　无痕挂钩图

无痕挂钩拆分图及设计思路，如图 3-3-12 所示。

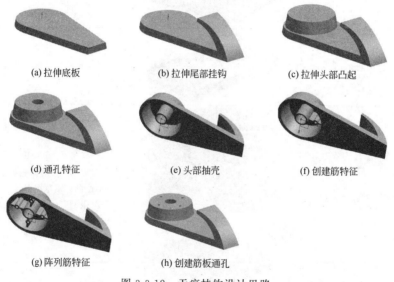

(a)拉伸底板　　　　　　(b)拉伸尾部挂钩　　　　　(c)拉伸头部凸起

(d)通孔特征　　　　　　(e)头部抽壳　　　　　　(f)创建筋特征

(g)阵列筋特征　　　　　(h)创建筋板通孔

图 3-3-12　无痕挂钩设计思路

第一步：新建文件。

打开 UG NX 软件，单击新建 图标，弹出"新建"对话框，在"模板"列表中选择
"模型"，输入名称为"无痕挂钩"；单击"确定"按钮，进入建模环境。

第二步：创建表达式。

在"工具"选项卡中，单击
"表达式"命令按钮，打开"表达
式"对话框，完成变量的定义，如
图 3-3-13 所示。

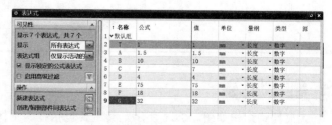

图 3-3-13　创建表达式

第三步：拉伸主体。

① 进入"拉伸"特征，在"表区域驱动"项目中，单击"绘制截面"按钮，打开"绘制草图"对话框，选择 XY 平面，绘制如图 3-3-14 所示草图轮廓，使草图完全约束，然后单击"完成草图"按钮 ▨，退出草图状态，返回"拉伸对话框"。

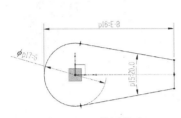

图 3-3-14　草图轮廓　　　　　　　　　图 3-3-15　"拔模"参数

② 在"拉伸"特征对话框中设置结束值为"D"，设置"拔模"参数，如图 3-3-15 所示。其中，如图 3-3-16 所示右端面的拔模角度为"0"，其他面拔模角度为"B"。

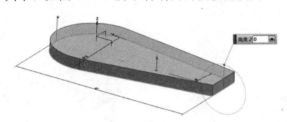

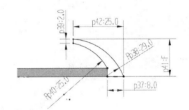

图 3-3-16　拉伸效果图　　　　　　　　図 3-3-17　挂钩尾部绘图轮廓

第四步：拉伸挂钩尾部。

① 选择"拉伸"特征，在"表区域驱动"项目中，单击"绘制截面"，打开"绘制草图"对话框，选择 XZ 平面，绘制如图 3-3-17 所示草图轮廓，添加草图约束，使草图完全约束，然后单击"完成草图"按钮 ▨，退出草图状态。

② 拉伸对话框设置如图 3-3-18 所示，设置"限制"—"开始"—"直至延伸部分"，选择如图 3-3-19 所示的"开始平面"；设置"限制"—"结束"—"直至延伸部分"，选择如图 3-3-19 所示的"结束平面"；布尔运算选择"合并"。实体效果图如图 3-3-20 所示。

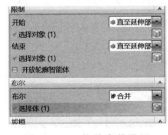

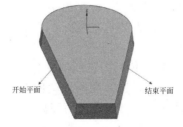

图 3-3-18　拉伸参数设置　　　　　图 3-3-19　限制面　　　　　图 3-3-20　效果图

第五步：创建凸台。

① 选择"拉伸"特征，在"表区域驱动"项目中，单击"绘制截面"，打开"绘制草图"对话框，选择上一步实体上平面［如图 3-3-21(a) 所示的蓝色面］为草图基准平面，绘制整圆，并保证与实体轮廓边圆弧边界同心；用直线连接圆心点与圆弧边界线端点，如图 3-3-21(b) 所示；修剪直线，标注剩余小直线段尺寸为 T，然后，并将小直线段转换为参考线，如图 3-3-21(c) 所示，此时草图完全约束，然后单击"完成草图"按钮 ，退出草图状态。

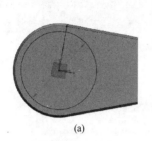
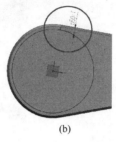
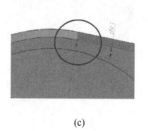

(a)　　　　　　　　　(b)　　　　　　　　　(c)

图 3-3-21　创建凸台过程图

【图3-3-21 彩图】

② 在拉伸对话框中，设置"限制"—"结束"值—"距离为 C"；设置"拔模"参数，"从截面-单侧"—"拔模角度"值为 B；布尔运算选择"合并"，具体设置如图 3-3-22 所示，完成凸台的创建，如图 3-3-23 所示。

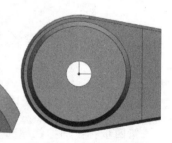

图 3-3-22　设置"拔模"参数　　　图 3-3-23　凸台效果图　　　图 3-3-24　孔特征效果图

第六步：创建孔特征。

选择"孔"命令，选择"实体上表面圆弧边界圆心"，创建直径为"7"，深度为"贯通体"的常规孔。如图 3-3-24 所示。

第七步：拆分体后抽壳。

① 选择"基准平面"命令，创建与 YZ 平面平行的基准平面，其产生位置应完全离开凸台轮廓（可以不是定值）。

② 选择"拆分体"命令，"目标体"为已经创建的实体特征，"工具选项"为"面或平面"，选择刚刚创建的基准平面，单击"确认"，将实体拆分为头部和尾部两部分。

③ 选择"抽壳"命令，其对话框设置如图 3-3-25 所示，其中"要穿透的面"选择图 3-3-26(a) 所示平面，厚度

图 3-3-25　"抽壳"对话框设置

为"1","备选厚度"选择如图 3-3-26（b）所示平面，厚度为"D"，单击"确定"，完成抽壳，如图 3-3-26（c）所示。

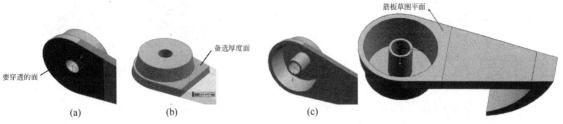

图 3-3-26 "抽壳"执行过程　　　　图 3-3-27 筋板草图平面

第八步：创建筋板。

① 选择"筋板"命令 ⬡，打开筋板对话框，在"表区域驱动"选项中，选择"绘制截面"，选择实体上表面为草图基准平面（图 3-3-27 中粉色实体平面），进入草图界面，绘制如图 3-3-28 所示轮廓，添加草图约束，使草图完全约束，单击"完成草图"按钮 ⬛，退出草图界面。筋板相关要求如下。

直线为水平线，与 X 轴共线；

直线端点别添加"点在曲线上"约束，控制端点加在特征的圆形边界上；

绘制 φ2.5 圆，圆心在直线上；

修剪掉直线多余部分，添加"等长"约束，控制圆左右两侧直线等长。

约束草图结束。

② 在筋板对话框中设置相关参数如图 3-3-29 所示，单击"确定"退出筋板命令，筋板特征效果图如图 3-3-30 所示。

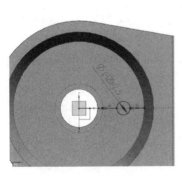

图 3-3-28 筋板草图　　　　图 3-3-29 筋板对话框参数设置　　　　图 3-3-30 筋板特征效果图

③ 选择"阵列特征"命令，选择筋板特征为阵列对象，"布局"选择"圆形"，"旋转轴"矢量选择 Z 轴，"指定点"为中间孔的圆心，"数量"为 4，"节距角"为 90，单击"确定"按钮，完成阵列特征，如图 3-3-31 所示。

第九步：创建筋板处通孔。

选择"替换面"命令，"原始面"选择如图 3-3-32(a) 所示 4 个孔底平面（红色面），"替换面"选择如图所示凸台上平面，如图 3-3-32(b) 所示，"距离"选项为 0，完成效果如图 3-3-33 所示。

第十步：合并实体。

选择布尔运算"合并" 合并命令，将两个实体进行合并，完成效果如图 3-3-34 所示。

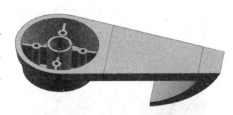

图 3-3-31　阵列特征效果图

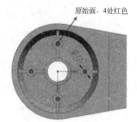

(a) 选择"原始面"

(b) 选择"替换面"

图 3-3-32　"替换面"操作过程

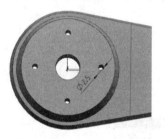

图 3-3-33　创建筋板处通孔

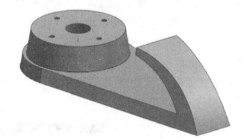

图 3-3-34　完成效果图

技能小结

1.抽壳的备选解功能可以实现产品不同的壁厚。

2.拆分体使用面作为工具拆分实体时，面的大小必须足以完全切过体。

3.创建拉伸特征时，截面曲线可以选择已有的曲线、实体边、面等作为拉伸特征的截面。

4.同步建模功能是在原有几何体的基础上进行各种操作以达到快速完成或修改模型的作用。其工具条如图 3-3-35 所示。

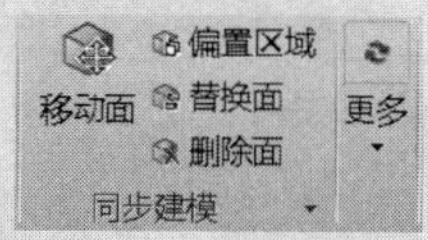

图 3-3-35　同步建模工具

5.表达式内的公式可包括变量、函数、数字、运算符和符号的组合。

巩固提升

分析图纸（图 3-3-36），根据零件结构及尺寸要求进行实体建模。

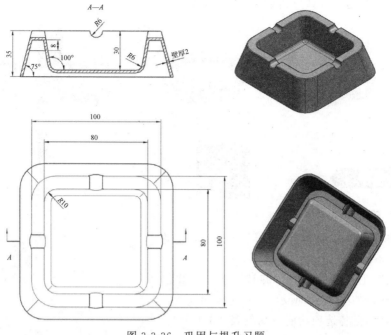

图 3-3-36 巩固与提升习题

任务 3.4 手轮实体建模

📝 **任务描述**

手轮结构包括四部分，分别是花键孔底盘（拉伸特征）、4 个圆管支承（扫掠特征）、圆环（扫掠特征）、手柄（旋转特征），工程图如图 3-4-1 所示。

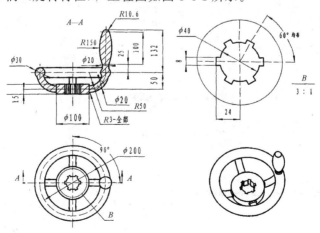

图 3-4-1 手轮图纸

零件结构拆分图及设计思路如图 3-4-2 所示。

图 3-4-2　零件设计思路

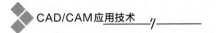知识点学习

【旋转】

3.4.1　旋转

旋转是将截面绕着一条中心轴线旋转而形成的特征，如图 3-4-3 所示。

在"特征"工具栏中单击"旋转"按钮，弹出"旋转"对话框，如图 3-4-4 所示。

"旋转"对话框各选项功能说明见表 3-4-1。

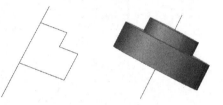

图 3-4-3　"旋转"示意图

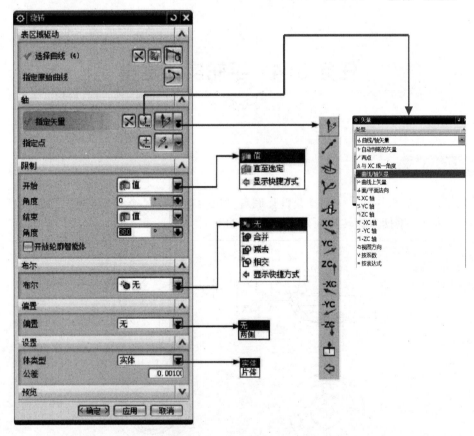

图 3-4-4　"旋转"对话框

表 3-4-1　"旋转"对话框各选项功能说明

对话框项目	内容		作用	说明
表面域驱动	选择截面		选择已有的草图或几何体边缘作为旋转特征的截面	
	绘制截面		创建一个新草图作为旋转特征的截面	完成草图并退出草图环境后,系统自动选择该草图作为旋转特征的截面
轴	指定矢量		选取已有的直线或者轴作为旋转轴矢量	也可以使用"矢量构造器" ,确定旋转轴
	指定点		确定轴矢量后,选择轴通过的指定点	可以使用"点构造器" ,确定轴通过的点
限制	开始	下拉列表	用于设置旋转的类项,包括"值"和"直至选定"	当类型为"直至选定"时,需要选择开始旋转的面或相对基准平面
		角度输入框	角度文本框用于设置旋转的起始角度	此值的大小是相对于截面所在的平面而言的,其方向以与旋转轴成右手定则的方向为准
	结束	下拉列表	用于设置旋转的类项,包括"值"和"直至选定"	当类型为"直至选定"时,需要选择停止旋转的面或相对基准平面
		角度输入框	设置旋转对象旋转的终止角度	此值的大小是相对于截面所在的平面而言的,其方向以与旋转轴成右手定则的方向为准
布尔	可以与已经存在的其他实体进行"求和、求差和求交"运算或"无"(创建一个独立的实体)			
偏置	下拉列表中包括"无"和"两侧"		当类型为"两侧"时,可以创建旋转薄壁类型特征。其包括"开始"和"结束"两个输入文本框	"开始"和"结束"两个输入文本框为偏置指定线性尺寸的起点与终点,可以是正值或者负值
设置	体类型	实体	用来指定旋转特征是实体还是片体,具体情况见下面说明	
		片体		

121

说明： 旋转以下对象时可以生成实体：
① 一个封闭截面，且体类型设置为实体。
② 一个开口截面，且总的旋转角度等于360°。
③ 一个开口截面，具有任何值的偏置。
旋转以下对象时可以生成片体：
① 一个封闭截面，且体类型设置为片体。
② 一个开口截面，且角度小于360°，没有偏置。

"矢量"对话框类型下拉列表中各选项的功能说明见表3-4-2。

表 3-4-2　矢量类型功能说明

矢量类型	说明
自动判断的矢量	可以根据选取的对象自动判断所定义矢量的类型
两点	利用空间两点创建一个矢量，矢量方向为由第一点指向第二点
与 XC 成一角度	用于在 XY 平面上创建与 XC 轴成一定角度的矢量
曲线/轴矢量	通过选取曲线上某点的切向矢量来创建一个矢量
曲线上矢量	在曲线上的任一点指定一个与曲线相切的矢量。可按照圆弧长或百分比圆弧长指定位置
面/平面法向	用于创建与实体表面(必须是平面)法线或圆柱面的轴线平行的矢量
XC 轴	用于创建与 XC 轴平行的矢量，需要选取一点确定旋转轴位置
YC 轴	用于创建与 YC 轴平行的矢量，需要选取一点确定旋转轴位置
ZC 轴	用于创建与 ZC 轴平行的矢量，需要选取一点确定旋转轴位置
−XC 轴	用于创建与 −XC 轴平行的矢量，需要选取一点确定旋转轴位置
−YC 轴	用于创建与 −YC 轴平行的矢量，需要选取一点确定旋转轴位置
−ZC 轴	用于创建与 −ZC 轴平行的矢量，需要选取一点确定旋转轴位置
视图方向	指定与当前工作视图平行的矢量
按系数	按系数指定一个矢量
按表达式	使用矢量类型的表达式来指定矢量

3.4.2　沿引导线扫掠

沿引导线扫掠可沿引导线扫掠截面创建出特征，其示意图如图3-4-5所示。

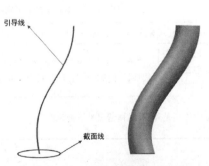

图 3-4-5　"沿引导线扫掠"示意图

【沿引导线扫掠】

图 3-4-6　"沿引导线扫掠"对话框

在"特征"面板中单击"沿引导线扫掠"按钮，弹出"沿引导线扫掠"对话框，如图3-4-6 所示。

"沿引导线扫掠"对话框中各选项含义如下。

（1）截面

选择曲线：创建扫掠特征的截面曲线。

（2）引导线

选择曲线：创建扫掠特征的扫掠轨迹曲线。

（3）偏置

① 第一偏置：通过输入值来创建截面的第一个偏置曲线。

② 第二偏置：通过输入值来创建截面的第二个偏置曲线。通过创建截面的偏置曲线，可创建出沿引导线扫描的管道特征。

> **说 明：** 偏置值文本框数值的正负影响截面偏置方向，如图 3-4-7 所示。

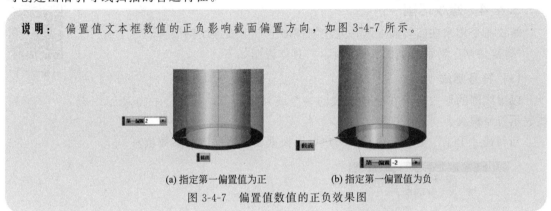

(a) 指定第一偏置值为正   (b) 指定第一偏置值为负

图 3-4-7 偏置值数值的正负效果图

（4）布尔

可以选择布尔合并、求差、求交运算。

（5）体类型

用于设置输出特征的体类型，包括实体和片体类型。

> **说 明：** 沿引导线扫掠使用时应提前绘制截面和引导线。

3.4.3 管

可通过沿曲线串自动扫掠横截面为圆形（实心）或圆环形（空心）管道，不需要绘制截面。在"特征"面板中单击"管"按钮，弹出"管"对话框，如图3-4-8 所示。 【管】

> **说 明：** 若要使用"管"命令创建扫描特征，必须先创建扫掠引导的曲线串。

"管"对话框中的选项含义如下。

（1）路径

选择曲线：指定管道特征的扫掠引导线串，此线串

图 3-4-8 "管"对话框

即为管道中心线。

（2）横截面

① 外径：用于设置管道横截面的外直径。

② 内径：用于设置管道横截面的内直径。

（3）布尔：用于和其他特征进行布尔运算。

（4）输出：包括单段和多段两种。单段是指若路径为多条曲线，则输出结果为单个管道特征。多段是指若路径为多曲线，则输出结果为多个管道特征。但是多段曲线之间必须是G2（相切）连续，否则无法创建管道。

> **说明：** 用作"路径"的曲线串必须光顺并相切连续，不得包含缝隙或尖角。外径不得为零；当内径值为0时，创建实心管道。

3.4.4　螺纹切削

螺纹命令用来在回转面上（一般在圆柱面上）生成螺纹特征。

"螺纹切削"对话框如图 3-4-9 所示，具体说明如下。

【螺纹刀】

（1）符号螺纹

以虚线圆的形式显示在要攻螺纹的一个或几个面上，如图 3-4-10 所示，虚线表示符号螺纹。

当勾选"手工"输入选项时，用户可以根据设计情况进行参数填写。

图 3-4-9　"螺纹切削"对话框

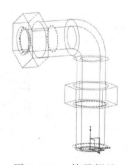

图 3-4-10　符号螺纹

图 3-4-11　详细螺纹

（2）详细螺纹

特征效果具有真实感，详细螺纹是完全关联的，如果特征被修改，则螺纹也相应更新，效果图如图 3-4-11 所示。

在螺纹创建过程中，要先定义螺纹的放置面，即生成螺纹特征的圆柱表面，此时系统自动生成螺纹的方向矢量，然后定义螺纹起始平面。

说明: ① 当产品设计时,在需要制作产品的工程图,或对设计外观真实感要求不高的情况下,尽量使用符号螺纹。

② "螺纹切削"对话框在最初弹出时是没有任何数据的,在对话框中所有参数是灰暗显示,且不能修改,只有在选择了放置面后才有数据出现,也允许用户修改。

③ 螺纹无法重定位,因为它们附着在其他特征。

🔄 **任务实施**

第一步:新建文件。

打开 UG NX 软件,单击新建 🗋 图标,弹出"新建"对话框,在"模板"列表中选择"模型",输入名称为"手轮",单击"确定"按钮,进入建模环境。

第二步:创造花键盘圆柱。

选择"拉伸"特征,单击"绘制草图"按钮,打开"绘制草图"对话框,选择 XY 平面为草图基准平面,进入草图界面,绘制 φ100 整圆,圆心为基准坐标系原点。单击"完成草图"按钮 🔲,退出草图状态。在拉伸对话框中设置"结束"—"对称",值为"15"。单击"确定",退出拉伸对话框,完成效果图如图 3-4-12 所示。

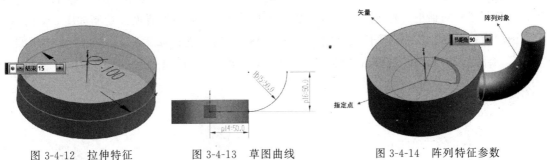

图 3-4-12 拉伸特征 图 3-4-13 草图曲线 图 3-4-14 阵列特征参数

第三步:创建连接支承。

选择"草图" 🗊 命令,打开"创建草图"对话框,选择 ZY 平面为草图基准平面,进入草图界面。绘制连接支承中心轨迹,单击"完成草图"按钮 🔲,退出草图状态,如图 3-4-13 所示。

在"菜单"—"插入"—"扫掠",选择"管",打开"管"对话框,输入外径尺寸"20","路径"选择上图所绘制的草图曲线,单击"确定"完成一个支承的特征。

在"特征"工具条中,选择"阵列特征"命令,选择已经生成的"管"特征作为阵列对象,"布局"类型为"圆形",旋转轴如图 3-4-14 所示,"数量"为 4,节距角为"90",单击"确定",退出阵列对话框,完成特征阵列,效果如图 3-4-15 所示。

第四步:创建圆环。

选择"草图" 🗊 命令,打开"创建草图"对话框,选择支承特征顶面为草图基准平面,进入草图界面。绘制 φ200 整圆为圆环的中心轨迹,如图 3-4-16 所示。单击"完成草图"按钮 🔲,退出草图状态。

图 3-4-15 阵列特征效果图   图 3-4-16 圆环的中心轨迹草图   图 3-4-17 圆环建模

在"菜单"—"插入"—"扫掠",选择"管",打开"管"对话框,输入外径尺寸"30","路径"选择上图所绘制的整圆曲线,"布尔"类型为"合并",单击"确定"完成圆环建模,如图 3-4-17 所示。

第五步:创建手柄。

在特征工具条,选择"旋转"命令,打开旋转对话框,单击"绘制草图" 按钮,打开"创建草图"对话框,选择 ZY 平面为草图基准平面,进入草图界面。绘制如图 3-4-18 所示草图轮廓;单击"完成草图"按钮 ,退出草图状态。选择如图所示直线为旋转轴线,"布尔"类型选择"合并",单击"确定"完成手柄建模,如图 3-4-19 所示。

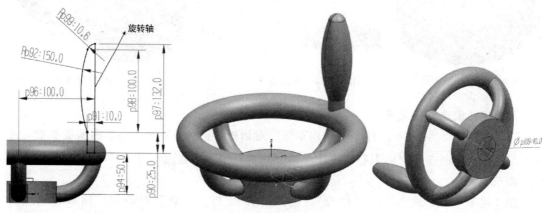

图 3-4-18 手轮草图轮廓   图 3-4-19 手柄旋转实体   图 3-4-20 圆形草图轮廓

第六步:创建花键孔。

选择"拉伸"特征,单击"绘制草图"按钮,打开"绘制草图"对话框,选择手轮最底平面为草图基准平面,进入草图界面,绘制 φ100 整圆,如图 3-4-20 所示。单击"完成草图"按钮 ,退出草图状态。在拉伸对话框中设置"结束"—"贯通"(要注意方向指向实体特征),"布尔"类型为"减去"。单击"应用",退出拉伸对话框,如图 3-4-21 所示。

选择"拉伸"特征,单击"绘制草图"按钮,打开"绘制草图"对话框,选择手轮最底平面为草图基准平面,进入草图界面,绘制直线,如图 3-4-22 所示。单击"完成草图"按钮 ,退出草图状态。

在拉伸对话框中设置"结束"—"贯通"（要注意方向指向实体特征）。"布尔"类型为"减去"，"偏置"类型为"对称"，"结束"输入框中输入值为 4，如图 3-4-23 所示。单击"确定"，退出拉伸对话框，完成矩形槽如图 3-4-24 所示

图 3-4-21 拉伸孔特征

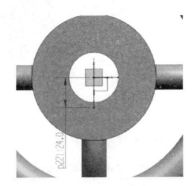

图 3-4-22 草图轮廓

图 3-4-23 参数设置

在"特征"工具条中，选择"阵列特征"命令，选择已经生成的"槽"特征作为阵列对象，"布局"类型为"圆形"，旋转轴如图所示，"数量"为 4，节距角为"90"，单击"确定"，退出阵列对话框，完成特征阵列，效果如图 3-4-25 所示。

手轮建模创建完成，如图 3-4-26 所示。

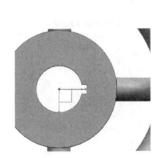

图 3-4-24 矩形槽

图 3-4-25 阵列复制拉伸特征

图 3-4-26 手轮实体

进阶训练

分析图 3-4-27，零件主要由旋转特征、扫掠特征、筋特征及螺纹特征组成。具体的建模过程及方法见表 3-4-3。

图中：$A=108$；$B=10$；$C=132$；$D=32$；$E=232$；$F=180$；$T=5$。

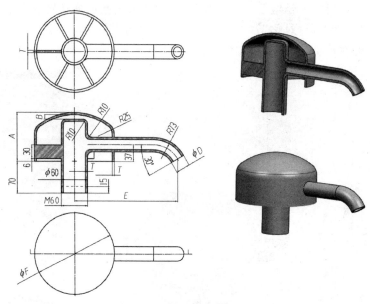

图 3-4-27 产品零件图

表 3-4-3 进阶训练建模过程

建模步骤	示意图	参数/说明
在表达式中,建立如图所示表达式		
绘制草图,使用"旋转"特征生成实体		此题使用了旋转中的"偏置",设置如图所示
绘制草图		使用 相交曲线命令,选择第1步旋转实体内表面,生成与当前草图平面的交线,用来进行 B 尺寸的定义

建模步骤	示意图	参数/说明
使用"旋转"特征,选择线串 2 生成实体	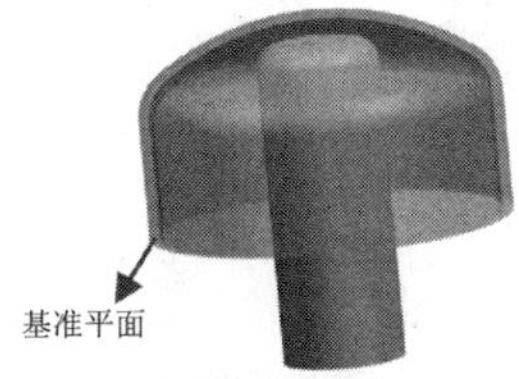 基准平面	
选择上图实体表面为绘图基准平面,绘制草图;通过"筋板"命令生成厚度为 5 的筋板	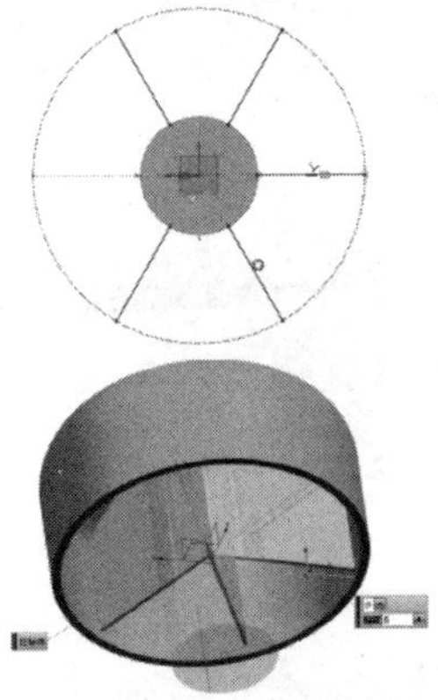	筋板对话框设置如图:筋板与第 1 步特征合并 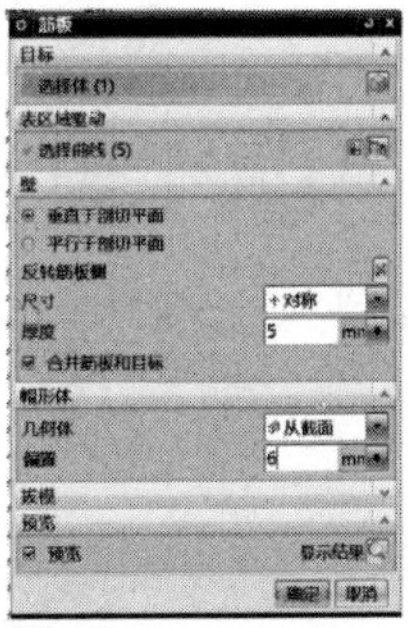
绘制草图轮廓;通过"旋转"特征,减去筋板多余部分,保证尺寸"30"	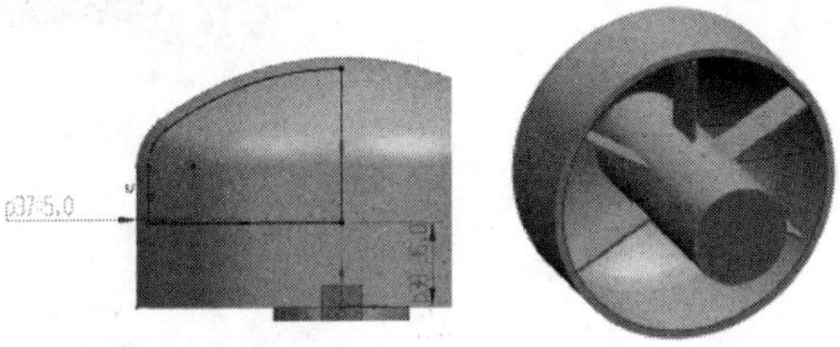	
通过"抽取几何特征"命令,将步骤 2 圆柱外表面抽取		
通过"修剪体"命令,修剪掉筋板在圆柱表面内部的部分		图中隐藏步骤 2 旋转特征
绘制草图轮廓;通过"管道"命令,生成管道特征	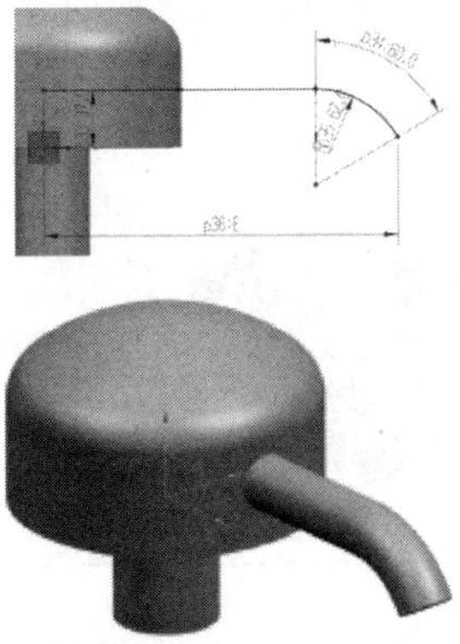	不要与其他特征合并

CAD/CAM应用技术

续表

建模步骤	示意图	参数/说明
"布尔运算"——减去步骤1实体特征	此图隐藏了管道工具体	设置中,选择"保存工具"项,保留管道特征
"布尔运算"——合并两个特征		
通过"抽壳"命令,完成抽壳		
倒圆角		
添加螺纹特征		
"布尔运算"——合并所有特征后,通过 "剪截面"命令,启用视图剖切		

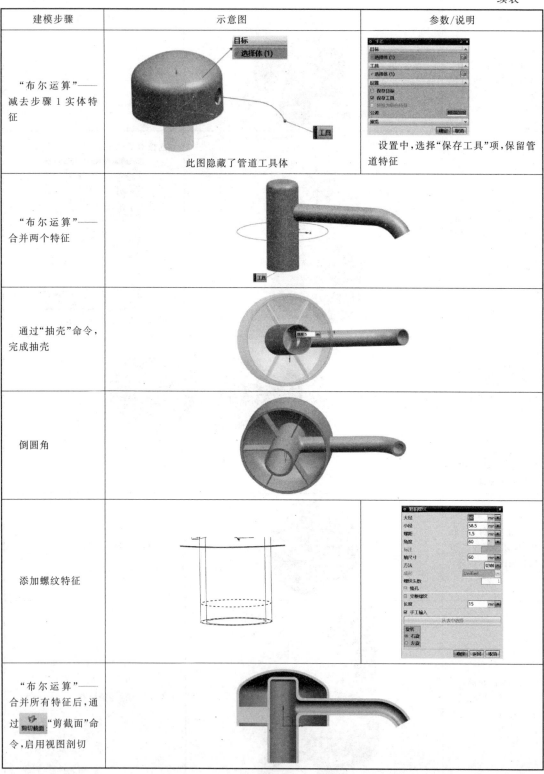

![技能小结图标] **技能小结**

1. 旋转轴不得与截面曲线相交。可是，它可以和一条边重合。

2. 截面曲线与引导线的位置对实体产生有一定的影响，当截面曲线远离引导曲线时，则不能得到希望的结果。

3. 引导线串中的所有曲线都必须是连续的。

4. 如果引导线路径上两条相邻的线以锐角相交，或引导线路径上的圆弧半径对于截面曲线而言过小，则无法创建扫掠特征。路径必须是光顺的。

5. 管道内径值为 0 时，创建实心管道。

![巩固提升图标] **巩固提升**

分析图 3-4-28，选择适当的建模方法进行实体建模练习。

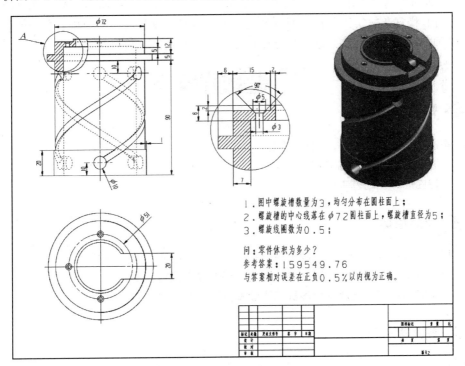

图 3-4-28　巩固与提升习题

1. 图中螺旋槽数量为 3，均匀分布在圆柱面上；
2. 螺旋槽的中心线落在 φ72 圆柱面上，螺旋槽直径为 5；
3. 螺旋线圈数为 0.5；

问：零件体积为多少？
参考答案：159549.76
与答案相对误差在正负 0.5% 以内视为正确。

项目4

曲面建模

UG NX 软件不仅提供了基本的特征建模模块，同时还提供了强大的自由曲面特征建模模块。UG 曲面工具的应用是构建复杂外形造型的重要手段，利用曲面进行零件设计其最终目的是得到形状复杂的实体。在造型设计过程中，曲线是创建曲面的基础，曲线的质量将直接影响曲面质量的好坏。曲面造型功能可以完成形状复杂、无规律变化的外观设计。

学习目标

知识目标

① 掌握空间曲线的创建、编辑方法；
② 掌握曲面的创建、编辑方法；
③ 掌握曲面造型的基本思路。

技能目标

① 具有能够在正确识图的基础上将产品分解成单个曲面或面组的能力；
② 对于复杂曲面可以根据设计要求选择适当的曲面建模方法；
③ 根据实体特点，灵活运用多种曲面建模方法，并能进行方法优化。

职业素养目标

在产品建模和产品设计过程中，培养创新思维。

任务 4.1 五角星建模

 任务描述

五角星效果图如图 4-1-1 所示。在建模过程中，首先创建五角星的二维空间线架，然后

创建五角星各个面,最后通过曲面实体化,生成五角星实体建模,建模过程如图 4-1-2 所示。本任务主要应用到空间曲线及曲线编辑命令、直纹面、有界平面、缝合等命令。

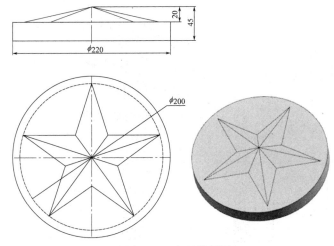

图 4-1-1 五角星效果图

五角星建模过程如图 4-1-2 所示。

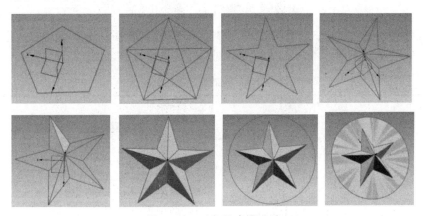

图 4-1-2 五角星建模过程

知识点学习

在建模环境下,"曲线"选项卡的工具栏,为用户提供了曲线创建、曲线编辑的相关命令按钮,用户可以根据工作需求定制常用的曲线命令,如图 4-1-3 所示。

图 4-1-3 "曲线"工具栏

4.1.1 圆弧/圆

圆弧/圆命令主要是创建指定平面或程序默认基准平面上的圆和圆弧特征曲线。
① 进入建模环境后,执行下拉菜单"插入"—"曲线"—"圆弧/圆"命令;
② 进入建模环境后,"曲线"工具条—"圆弧/圆" 命令按钮。

【圆弧和圆】

"圆弧/圆"命令对话框如图 4-1-4 所示。

图 4-1-4　"圆弧/圆"命令对话框

创建圆弧的类型包括：三点画圆弧和从中心开始的圆弧/圆。选择不同的创建圆弧类型，其对话框内容会随之不同，不同类型的圆弧创建方法见表 4-1-1。

表 4-1-1　圆弧类型操作说明

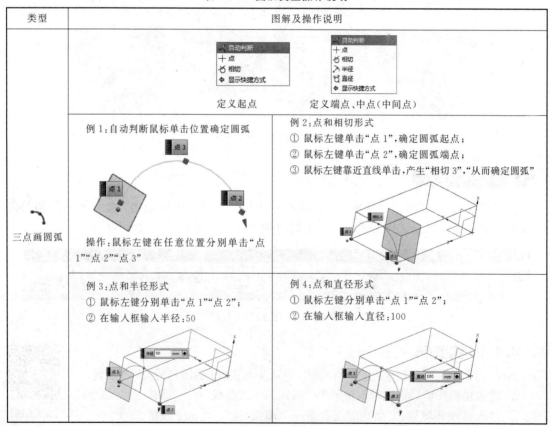

续表

类型	图解及操作说明
从中心开始的圆弧/圆	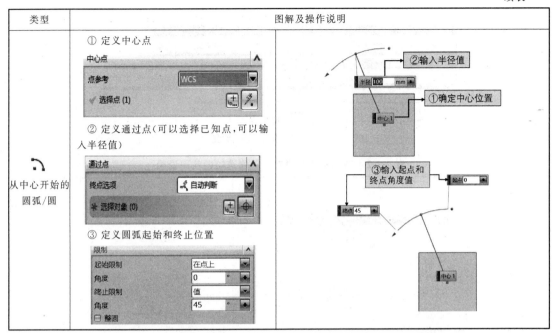

4.1.2　基本曲线

基本曲线命令提供了创建直线、圆、圆弧、圆角的曲线类型，以及两种编辑工具。执行基本曲线的方法有：

① 进入建模环境后，执行下拉菜单"插入"—"曲线"—"基本曲线" 命令；

② 进入建模环境后，"曲线"工具条—"基本曲线" 命令按钮。

基本曲线（原有）命令对话框如图 4-1-5 所示，在使用"直线""圆弧""圆"三种创建曲线类型的过程中会伴随跟踪条，如图 4-1-6 所示。

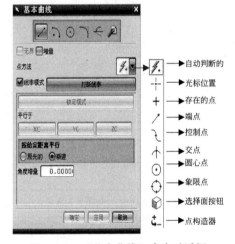

图 4-1-5　"基本曲线"命令对话框

说明： 要将光标放置在跟踪条某文本字段中，可使用 Tab 键进行切换，或在所需字段中单击鼠标左键，单击一次为"插入"模式，单击两次为"替换"模式。

"基本曲线"（原有）命令对话框上的选项会根据所选图标的不同而有所变化。使用说明详细见表 4-1-2。对其公共选项的说明如下。

① 增量　勾选此项目时，键入对话框的任何值都是相对于上一个定义点而言的。

② 点方法　用于指定相对于现有几何体的点，通过指定光标位置或使用"点构造器"进行。

③ 线串模式打断线串　用于创建未打断的曲线串。勾选此项目时，一个对象的终点变成了下一个对象的起点。要中断线串模式并在创建下一个对象时再启动，可选择"打断线串"或按下鼠标中键。

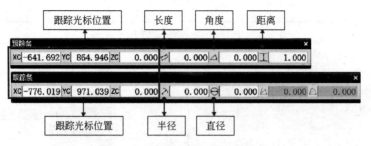

图 4-1-6 直线、圆、圆弧跟踪条

表 4-1-2 基本曲线（原有）不同选项的使用说明

类型	创建条件	图解及说明
直线	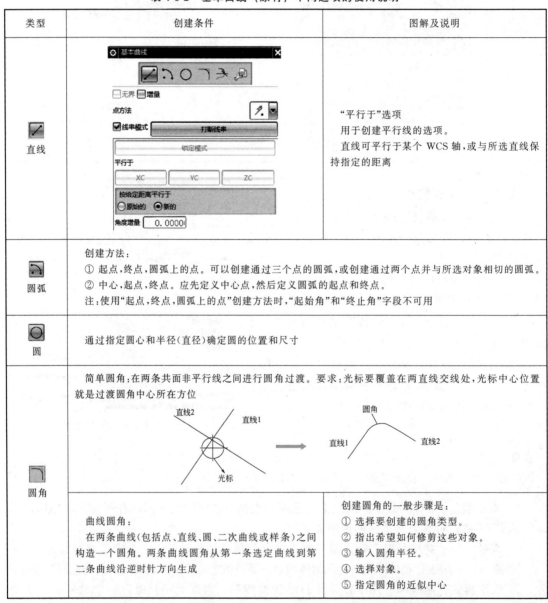	"平行于"选项 用于创建平行线的选项。 直线可平行于某个 WCS 轴，或与所选直线保持指定的距离
圆弧	创建方法： ① 起点，终点，圆弧上的点。可以创建通过三个点的圆弧，或创建通过两个点并与所选对象相切的圆弧。 ② 中心，起点，终点。应先定义中心点，然后定义圆弧的起点和终点。 注：使用"起点，终点，圆弧上的点"创建方法时，"起始角"和"终止角"字段不可用	
圆	通过指定圆心和半径（直径）确定圆的位置和尺寸	
圆角	简单圆角：在两条共面非平行线之间进行圆角过渡。要求：光标要覆盖在两直线交线处，光标中心位置就是过渡圆角中心所在方位 曲线圆角： 在两条曲线（包括点、直线、圆、二次曲线或样条）之间构造一个圆角。两条曲线圆角从第一条选定曲线到第二条曲线沿逆时针方向生成	创建圆角的一般步骤是： ① 选择要创建的圆角类型。 ② 指出希望如何修剪这些对象。 ③ 输入圆角半径。 ④ 选择对象。 ⑤ 指定圆角的近似中心

136

4.1.3 多边形

多边形命令用于在平行于 WCS 的 XC-YC 平面的平面内创建一个多边形。
法有：

① 进入建模环境后，执行下拉菜单"插入"—"曲线"—"多边形"命令； 【多边形】

② 进入建模环境后，曲线工具条—"多边形" ⊙ 命令按钮。

"多边形"命令对话框如图 4-1-7(a) 所示，在"边数"文本框中输入多边形边数后，单击"确定"按钮，可以弹出如图 4-1-7(b) 所示对话框。

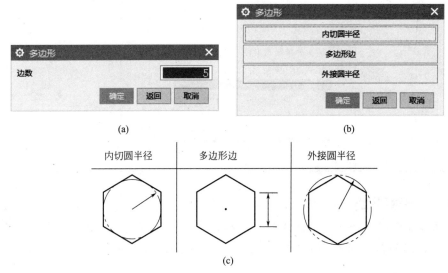

图 4-1-7 "多边形"命令对话框

多边形创建方法有内切圆半径、多边形边及外接圆半径三种，如图 4-1-7(c) 所示。具体说明见表 4-1-3。

表 4-1-3 多边形命令使用说明

类型	含义	创建条件	图解及说明
内切圆半径	根据内切圆半径值确定多边形	① 输入内切圆半径值 ② 确定方位角 方位角是指：一条内接圆的半径相对于 X 轴的角度，是相对于当前 WCS 的 X 轴的角度，就是正多边形的中心到顶点的连线与 X 轴的角度，见下图	

续表

类型	含义	创建条件	图解及说明
多边形边	根据边长确定多边形	① 输入多边形边长（侧） ② 输入方位角	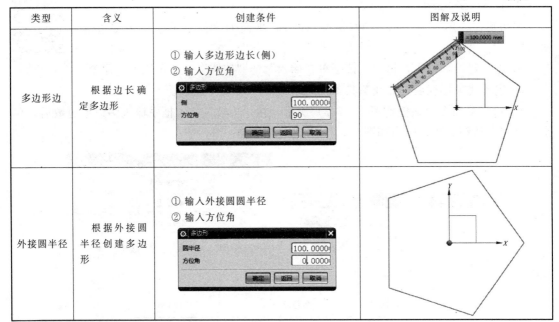
外接圆半径	根据外接圆半径创建多边形	① 输入外接圆圆半径 ② 输入方位角	

4.1.4　修剪曲线

【修剪曲线】

修剪曲线命令用于修剪、延伸或分割曲线，可以选择直线、圆弧及样条曲线作为要修剪的对象，选择点、曲线、边缘线、面作为修剪边界。其执行方法有：

① 执行下拉菜单"编辑"—"曲线"—"修剪"命令；

② 曲线—编辑曲线—单击"修剪曲线" ⟍ 命令按钮。

"修剪曲线"命令对话框如图 4-1-8 所示。部分项目说明如下。

（1）要修剪的曲线

选择曲线 ⟍：用于选择要修剪、分割或延伸的曲线。选择的曲线段将成为要修剪、分割或延伸的默认段。

（2）边界对象

① 对象类型

☑ 选定的对象：当对象类型设为选定的对象时显示。用于选择曲线、边、体、面和点作为边界对象和与选定要修剪的曲线相交的对象。

☑ 平面：当对象类型设为平面时显示。用于选择基准平面用作边界对象和与要修剪的选定曲线相交的对象。

② 添加新集：添加一组新的边界对象。

（3）修剪或分割

① 操作：通过选择对应操作，可以实现对所选曲线进行修剪或是分割。

② 方向

☑ 最短的 3D 距离：将曲线修剪、分割或延伸至与边界对象的相交处，并标记三维测

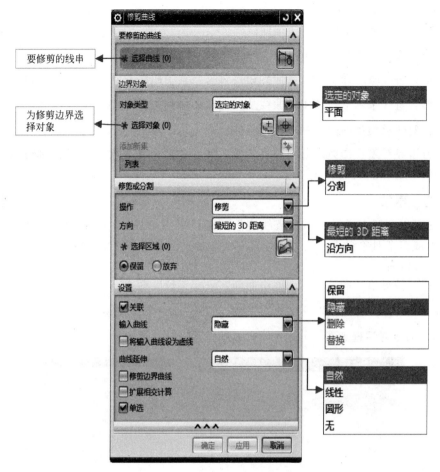

图 4-1-8 "修剪曲线"命令对话框

量的最短距离。

☑ 沿方向：将曲线修剪、分割或延伸至与边界对象的相交处，这些边界对象沿指定矢量的方向投影。

（4）设置

① 关联：使输出的修剪过的曲线成为关联特征。

② 输入曲线：指定修剪操作后输入曲线的状态。

☑ 保留：保持输入曲线的原始状态，不受修剪曲线操作的影响。新曲线根据修剪操作的输出而创建，并添加为新对象。

☑ 隐藏：根据隐藏命令的指定，隐藏输入曲线。新曲线根据修剪操作的输出而创建，并添加为新对象。

输入曲线将仅在最初创建修剪曲线特征时隐藏。后续更新对输入曲线或边界曲线没有影响。

取消选中关联复选框时，以下选项可用于非关联曲线。

☑ 删除：移除输入曲线。

☑ 替换：用修剪过的曲线进行替换或交换。使用替换时，作为原始曲线子项的特征成为已修剪曲线的子项。

③ 曲线延伸：指定如何延伸所选曲线。

☑ 自然：将曲线从其端点沿其自然路径延伸。

☑ 线性：将曲线从任一端点延伸到边界对象，其中曲线的延伸部分是线性的。

☑ 圆形：将一条圆形轨迹中的曲线从其端点延伸到边界对象。

☑ 无：对任意类型的曲线都不执行延伸。

④ 修剪边界对象：修剪或分割边界对象。每个边界对象的修剪或分割部分取决于边界对象与所选曲线的相交位置。

4.1.5 直纹

直纹面可以理解为通过一系列直线连接两组线串而形成的一张曲面。截面可以由单个或多个对象组成，且每个对象可以是曲线、实体边或面的边。

【直纹】

其执行方法有：

① 执行下拉菜单"插入"—"网格曲面"—"直纹"命令；

② 特征工具条—"曲面"—"更多"—"直纹" 命令按钮。

"直纹"命令对话框如图 4-1-9 所示。部分项目使用说明如下。

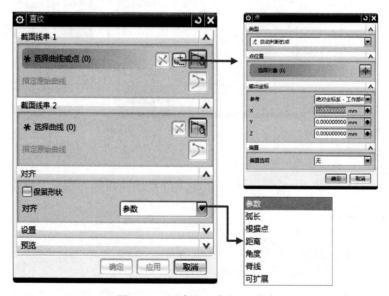

图 4-1-9　"直纹"命令对话框

（1）截面线串 1 和截面线串 2

用于选择截面线串。截面可以由单个或多个对象组成，且每个对象可以是曲线、实体边或面的边。其中，截面线串 1 可以选择一个点作为截面线串。

（2）对齐

控制沿面的 U 与 V 参数生成等参数曲线，控制特征的形状。

① 当"保留形状"复选框被勾选时，可以使用"参数""根据点"两种对齐方法。

☑ 参数：沿截面以相等的参数间隔来隔开等参数曲线连接点。NX 使用每条曲线的全长。

☑ 根据点：对齐不同形状的截面之间的点。NX 沿截面放置对齐点及其对齐线。

② 当"保留形状"复选框未被勾选时，以下附加方法可用，含义如下。

☑ 弧长：沿定义截面以相等的弧长间隔来隔开等参数曲线连接点。

☑ 距离：在指定方向上沿每个截面以相等的距离隔开点。这样，所有的等参数曲线都在垂直于指定方向矢量的平面上。

☑ 角度：围绕指定的轴线沿每条曲线以相等角度隔开点。这样，所有的等参数曲线都在包含有轴线的平面上。

☑ 脊线：将点放置在所选截面与垂直于所选脊线的平面的相交处。得到的体的范围取决于这条脊线的限制。

☑ 可扩展：创建可展平而不起皱、拉长或撕裂的曲面。填料曲面创建于平的或相切的可扩展组件之间，也可创建在输入曲线的起始端和结束端。

注意： ① 在创建直纹面时只能使用两组线串，这两组线串可以封闭，也可以不封闭，如图 4-1-10 所示。

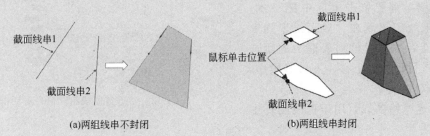

(a)两组线串不封闭　　　　(b)两组线串封闭

图 4-1-10　使用两组线串创建直纹面

② 在选取截面线串时，要在线串的同一侧对应位置进行选取，否则曲面容易变形、扭曲，就不能达到理想的效果。

4.1.6　有界平面

有界平面命令可以用于创建平整的曲面，利用有界平面创建没有深度参数的二维曲面。其执行方法有：

① 进入建模环境后，执行下拉菜单"插入"—"曲面"—"有界平面"【有界平面】命令；

② 特征工具条—"曲面"—"更多"—"有界平面" 命令按钮图标。

"有界平面"对话框如图 4-1-11 所示，其使用方法为：选择定义有界平面的边界线串，单击"确定"即可。

图 4-1-11　"有界平面"对话框

说明： ① 要创建一个有界平面，必须建立其边界，并且在必要时还要定义所有的内部边界（孔）。

② 所有曲线必须共面，且形成封闭形状。

4.1.7 通过曲线组

使用通过曲线组命令可创建穿过多个截面的体。一个截面可以由一个或多个对象组成，并且每个对象都可以是曲线、实体边或面的边的任意组合。

该命令通过同一方向上的一组曲线轮廓线生成一个体，这些曲线轮廓称为 【通过曲线组】
截面线串。

① 执行下拉菜单"插入"—"网格曲面"—"通过曲线组"命令；

② 特征工具条—"曲面"—"更多"—"通过曲线组" 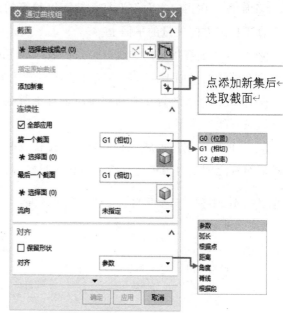 命令按钮。

"通过曲线组"命令对话框如图4-1-12所示，"通过曲线组"对话框中部分选项说明如下。

(1) 截面

① 选择曲线或点：选取截面线串时，一定要注意选取次序，而且每选取一条截面线，都要单击鼠标中键一次，直到所选取线串出现在"截面线串列表框"中为止，也可对该列表框中的所选截面线串进行删除、上移、下移等操作，以改变选取次序。

② 指定原始曲线：用于更改闭环中的原始曲线。

图 4-1-12 "通过曲线组"命令对话框

③ 添加新集：向模型中添加截面集时，列出这些截面集。

如图4-1-13所示，选择"截面1"后，可以单击鼠标中键自动切至新对象选择上，也可以单击"添加新集"命令。

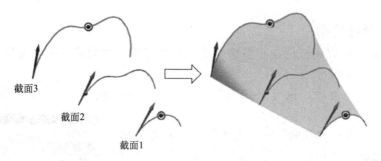

图 4-1-13 "通过曲线组"生成曲面

截面3　截面2　截面1

说明： ① 在选择截面线串时，截面曲线的矢量方向应保持一致。因此光标在选择曲线时应注意选择位置，若相反，则会使曲面发生扭曲变形。

② 截面线串可以是开放的，也可以是封闭的。

③【通过曲线组】方式与【直纹】方法类似，区别在于【直纹】只适用于两条截面线串，并且两条截面线串之间总是相连的。而【通过曲线组】最多允许使用150条截面线串。

（2）连续性

对话框中"连续性"项目和"对齐"项目说明见表 4-1-4。

表 4-1-4　"通过曲线组"对话框中"连续性""对齐"选项说明

参数	类别	说明
连续性	G0（位置）	定义第一条或最后一条截面线无约束，即不做任何形式的改变
	G1（相切）	定义第一条或最后一条截面线与所选取的曲面相切，所产生的曲面与所选取的曲面切线斜率连续
	G2（曲率）	定义第一条或最后一条截面线与所选取的曲面相切，且使其曲率连续
对齐	参数	选取的曲线将在相等区间等分，即曲线全长完全被等分
	弧长	选取的曲线将沿相等弧长定义线段，即曲线全长完全被等分
	根据点	曲线将依据根据点的路径创建
	距离	根据"指定矢量"定义曲线
	角度	按相等等角度绕指定的轴线对齐的参数曲线，定义"指定矢量""指定点"
	脊线	按选定截面与垂直于选定的脊线平面的交线来对齐等参数曲线
	根据段	按相等间隔沿截面的每个曲线段对齐等参数曲线

4.1.8　移动对象

使用移动对象命令可重定位部件中的对象。其执行方法有：
① 进入建模环境后，执行下拉菜单"编辑"—"移动对象"命令；
② 快捷命令：Ctrl+T。

【移动对象】

"移动对象"对话框如图 4-1-14 所示，其具体说明如下。

（1）对象

选择对象：使用当前过滤器、鼠标手势以及选择规则来选择对象。

（2）变换

运动：为选定对象提供线性和角度重定位方法，具体选项如下。

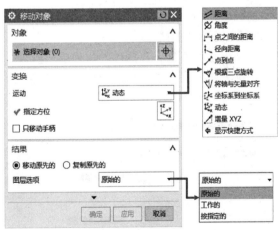

☑ 距离：沿指定矢量的线性距离，如图 4-1-15（a）所示。

☑ 角度：绕指定矢量的角度旋转，如图 4-1-15（b）所示。

图 4-1-14　"移动对象"对话框

☑ 点之间的距离：根据原点和参考测量点形成的线性距离。指定原点和测量点后，将在距离框中显示这些点之间的当前距离。用户可以在距离框中指定新的值，以将对象沿矢量移至新的相对位置，如图 4-1-15（c）所示。

☑ 径向距离：由某矢量定义的线性距离和方向，该矢量是在测量点法向投影到指定矢量时创建的，如图 4-1-15（d）所示。

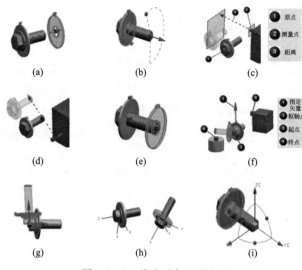

图 4-1-15　移动对象运动方法

☑ 点到点：两点之间的平移，如图 4-1-15(e) 所示。

☑ 根据三点旋转：绕枢轴点和从起点到终点的一个指定矢量旋转，如图 4-1-15(f) 所示。

☑ 将轴与矢量对齐：在角度重定位中，对象绕枢轴点旋转，直到第一个矢量与第二个矢量对齐，如图 4-1-15(g) 所示。

☑ 坐标系到坐标系：两个坐标系之间的重定位，以使对象移动，直到第一个坐标系与第二个坐标系对齐，如图 4-1-15(h) 所示。

☑ 动态：显示用来手工或精确重定位对象的坐标系操控器，如图 4-1-15(i) 所示。

☑ 增量 XYZ：该变换由增量 X、Y 和 Z 值定义，此处 X、Y 和 Z 方向与参考坐标系相关。

（3）结果

① 移动原先的：将对象重定位到新位置。

② 复制原先的：在新位置复制对象，同时将原对象保持在初始位置。

【镜像曲线】

4.1.9　镜像曲线

通过镜像平面将对象曲线创建出关于镜像平面对称的曲线副本。对象曲线可以是空间曲线，也可以是草图曲线。

① 进入建模环境后，执行下拉菜单"插入"—"派生曲线"—"镜像曲线"命令；

② 进入建模环境后，"派生曲线"工具条—"镜像曲线" 命令按钮。

"镜像曲线"命令对话框如图 4-1-16 所示，部分说明如下。

图 4-1-16　"镜像曲线"命令对话框

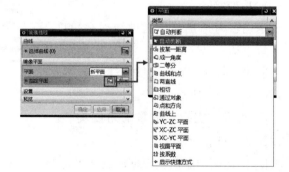

图 4-1-17　"镜像平面"命令对话框

（1）曲线

通过选择曲线确定镜像源对象。

（2）镜像平面

☑ 现有平面：通过选择现有的平面或基准平面作为镜像平面。

☑ 新平面：通过"平面"对话框定义新的平面作为镜像平面，如图 4-1-17 所示。

镜像前后效果图，如图 4-1-18 所示。

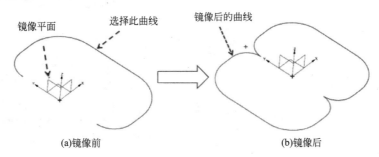

镜像平面　　选择此曲线　　　　镜像后的曲线

(a)镜像前　　　　　　　　　　　　(b)镜像后

图 4-1-18　镜像前后效果图

4.1.10　光顺曲线串

使用光顺曲线串命令在输入曲线集中创建单个特征，可指定光顺选项创建连续、光顺的曲线串，将其作为输出。输出将存储为可作为后续操作的输入而使用的新特征。

① 进入建模环境后，执行下拉菜单"插入"—"派生曲线"—"光顺曲线串"命令；

② 进入建模环境后，"派生曲线"工具条—"光顺曲线串" 命令按钮；

"光顺曲线串"命令对话框如图 4-1-19 所示。

（1）截面曲线

允许选择所需的曲线以创建光顺曲线特征。

（2）固定曲线

允许选择在光顺过程中不想要修改的以前选定的曲线。

（3）连续性

允许选择光顺曲线特征的所需连续性。

① G0（位置）：输出曲线将有尖角。

② G1（相切）：输出曲线将切向连续。

③ G2（曲率）：输出曲线将曲率连续。

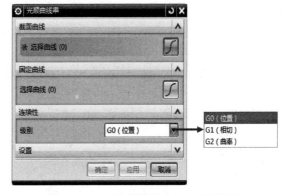

图 4-1-19　"光顺曲线串"命令对话框

【光顺曲线串】

4.1.11　加厚

【加厚】

使用此命令可将一个或多个相连面或片体偏置实体。加厚是通过将选定面沿着其法向进行偏置然后创建侧壁而生成。加厚的执行方法有：

① 进入建模环境后，执行下拉菜单"插入"—"偏置/缩放"—"加厚"命令；

② 特征工具条—"曲面操作"—"加厚" 命令按钮。

"加厚"命令对话框如图 4-1-20 所示。

"加厚"命令对话框中的选项说明如下。

(1) 面

选择要加厚的面或片体。多个对象时，所有选定对象必须相互连接。

(2) 厚度

通过输入数值控制加厚的曲面在偏置方向上的厚度。其值可以为正，也可以为负，正偏置值方向同显示的箭头方向，负值则在相反方向。

☑ 偏置 1：用于定义加厚实体的起始位置。

☑ 偏置 2：用于定义加厚实体的结束位置。

图 4-1-20　"加厚"命令对话框

【缝合】

4.1.12　缝合

缝合命令是将两个或更多片体连接成单个新片体，或将形成封闭空间的曲面组实体化。当两个实体共享一个或多个公共（重合）面，还可以使用缝合命令将两个实体进行缝合。其执行方法有：

① 进入建模环境后，执行下拉菜单"插入"—"组合"—"缝合"命令；

② 特征工具条—"曲面操作"—"缝合"  命令按钮。

曲面的"缝合"对话框如图 4-1-21 所示。

(1) 类型

☑ 片体：将类型设置为片体以缝合片体。

☑ 实体：将类型设置为实体以缝合两个实体。

(2) 目标

用于选择实体或片体为目标对象。

(3) 工具

用于选择实体或片体与目标体进行缝合。

图 4-1-21　"缝合"对话框

> **说明：** 如果缝合操作失败，请将片体或体之间的距离与缝合公差进行比较（使用分析选项卡→测量组→测量距离来检查距离）。如果缝合公差小于片体或体之间的距离，请尝试加大缝合公差。

曲面缝合成单个新片体及曲面实体化过程见表 4-1-5。

表 4-1-5　曲面缝合过程

类型	创建条件	图解
片体	多个片体缝合成一个片体	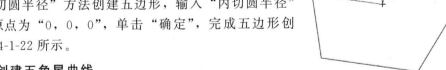 (a)缝合前　　　　　(b)缝合后 【表4-1-5-1 彩图】
实体	封闭曲面的实体化	 (a)缝合前　　　　　(b)缝合后 【表4-1-5-2 彩图】

任务实施

第一步：新建文件。

打开 UG NX 软件，单击新建 ▭ 图标，弹出"新建"对话框，在"模板"列表中选择"模型"，输入名称为"五角星"，单击"确定"按钮，进入建模环境。

【任务4.1素材】

第二步：绘制步骤。

（1）创建五边形空间曲线

选择"曲线"选项卡，单击曲线工具条中的"多边形"图标 ⬡，系统弹出"多边形"对话框，输入"边数"为5，选择"内切圆半径"方法创建五边形，输入"内切圆半径"为150，原点为"0，0，0"，单击"确定"，完成五边形创建，如图 4-1-22 所示。

图 4-1-22　五边形

（2）创建五角星曲线

① 利用"基本曲线"◯ 命令绘制五角形轮廓线，五角星线架如图 4-1-23（a）所示；

② 删除五边形外轮廓；

③ 单击"编辑曲线"工具条中的"修剪曲线"命令，将图 4-1-23（a）修剪至图 4-1-23（b）所示；

④ 利用"基本曲线 ◯"命令，绘制与五角星平面垂直的直线。输入起点"0，0，0"，终点"0，0，50"，创建如图 4-1-23（c）所示直线，确定五角星高度；

⑤ 利用"基本曲线 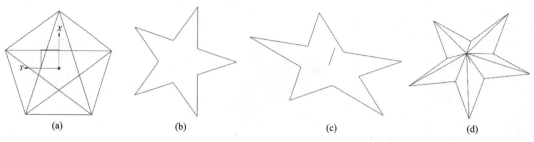"命令，绘制直线，如图 4-1-23(d) 所示，创建五角星空间线架。

(a)　　　　　(b)　　　　　(c)　　　　　(d)

图 4-1-23　五角星线架

（3）创建直纹面

① 利用"直纹"命令，创建五角星一个角的曲面特征，如图 4-1-24(a) 所示。

② 利用"移动对象"命令，复制直纹面，其参数如图 4-1-24(b) 所示，得到效果如图 4-1-24(c) 所示。

③ 也可利用"阵列特征"命令，阵列直纹面，得到效果如图 4-1-24(c) 所示。

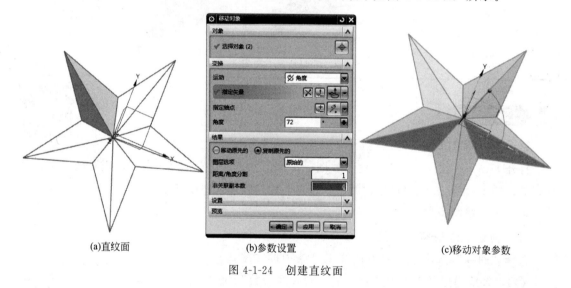

(a)直纹面　　　　　(b)参数设置　　　　　(c)移动对象参数

图 4-1-24　创建直纹面

（4）创建有界平面

① 利用"基本曲线"命令，类型选择"圆"，跟踪条坐标输入"0，0，0，110，220"完成圆的绘制，如图 4-1-25(a) 所示；

② 利用"有界平面"，创建平面。方法：将"曲线规则"设置成"单条曲线"，依次选取五角星底面 10 条边线及大圆，如图 4-1-25(b) 所示；单击"确定"完成"有界平面"创建，如图 4-1-25(c) 所示。

（5）创建直纹面

① 利用"基本曲线"命令，类型选择"圆"，跟踪条坐标输入"0，0，－25，110，220"完成圆的绘制，如图 4-1-26 所示；

② 利用"直纹"命令创建曲面。选择"截面线串 1"和"截面线串 2"生成直纹面，如图 4-1-26 所示。

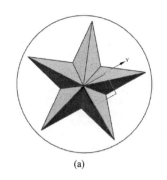
(a)

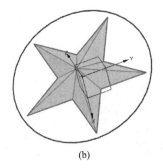
(b)

(c)

图 4-1-25　创建有界平面

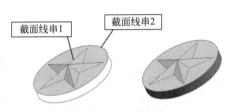

图 4-1-26　创建直纹面

图 4-1-27　生成有界平面

（6）生成底面

利用"有界平面"命令，选择底面"圆"，生成有界平面，如图 4-1-27 所示。

（7）曲面缝合

利用"缝合" 📖 命令，将所有五角星曲面进行缝合。

"目标片体"选择底面圆形曲面，"工具片体"选择其他
所有曲面，完成曲面缝合操作，此时，曲面被实体化，如图
4-1-28 所示。

注：图 4-1-28 所示，利用"视图"中"编辑截面"命令
对图形进行剖切显示，以方便观察缝合前后的效果变化。

图 4-1-28　曲面缝合后
实体化效果

第三步：文件保存。

执行下拉菜单"文件"— 单击"保存"命令。UG NX 的其他保存方法：

① 特征工具条—"保存"图标；

② 按 Ctrl＋S 组合键，进行保存。

进阶训练

图 4-1-29 所示为物料盆曲面图。根据图中的尺寸要求进行实体创建。其主要包括利用
光顺曲线串进行曲线组合、曲线的平移、镜像，通过曲线组创建曲面、直纹面、有界平
面等。

零件建模思路及注意事项，如表 4-1-6 所示。

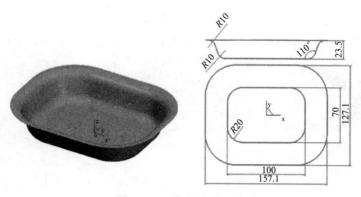

图 4-1-29　物料盆曲面图

表 4-1-6　物料盆建模流程

	设计步骤	实体特征图	注意事项
1	绘制底部线框,尺寸为:100×70,圆角 $R20$		空间矩形: 对角点坐标分别为(-50,-35,0),(50,35,0) 曲线圆角:$R20$(利用基本曲线--圆角--2 曲线圆角)
2	绘制侧面线框	直线1　直线2　直线3	① 直线1:长度25,角度与 X 夹角成 $-70°$ 直线2和3:长度10 ② 圆角:$R10$
3	曲线组合	曲线组合前　曲线组合后	利用"编辑曲线"中的"光顺曲线串" 进行曲线组合
4	平移复制	曲线1　曲线2　曲线3	利用"编辑"中"移动对象",将曲线1平移复制后得到曲线2、曲线3

续表

设计步骤	实体特征图	注意事项
5	镜像复制	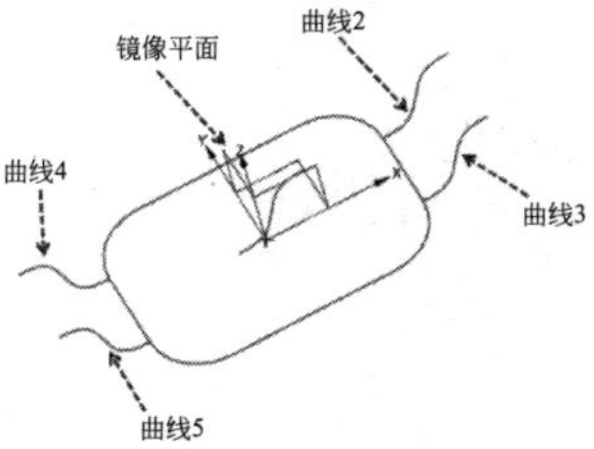 曲线2、镜像平面、曲线4、曲线3、曲线5	镜像对象:曲线 2、曲线 3 镜像平面:YOZ 平面
6	旋转曲线 1	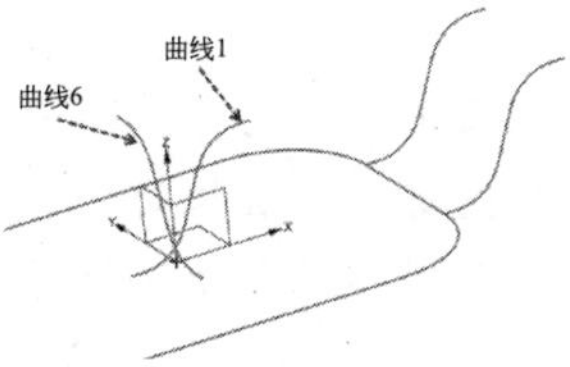 曲线6、曲线1	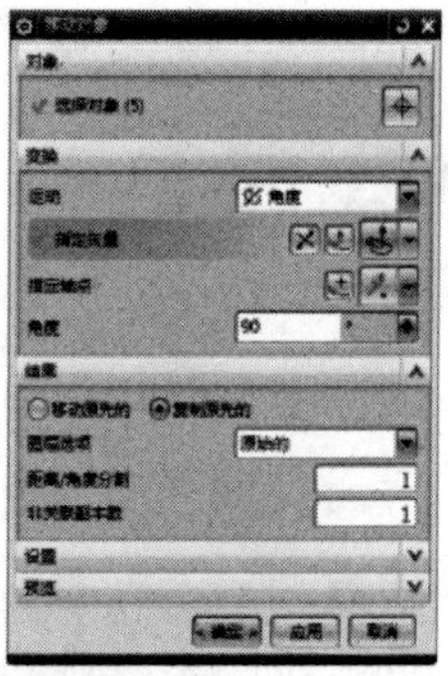 利用移动对象将曲线1在YOZ平面旋转90°,得到曲线6
7	平移、镜像曲线 6	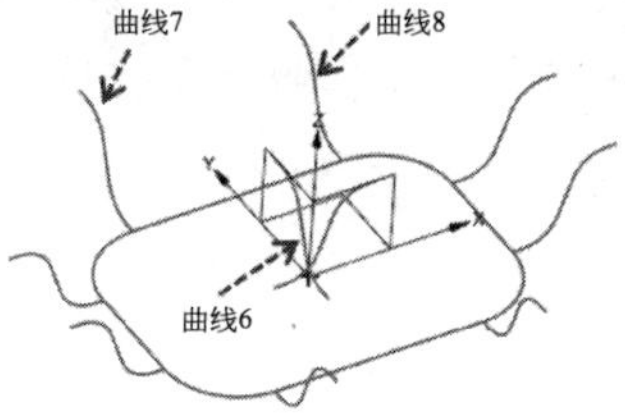 曲线7、曲线8、曲线6	完成曲线6的平移、镜像,方法同步骤4和步骤5,结果如图所示,得到曲线7、曲线8
8	侧面曲面生成	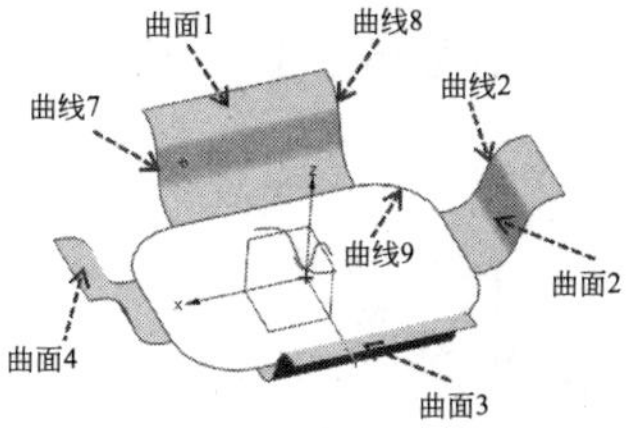 曲面1、曲线8、曲线7、曲线2、曲线9、曲面2、曲线4、曲面3 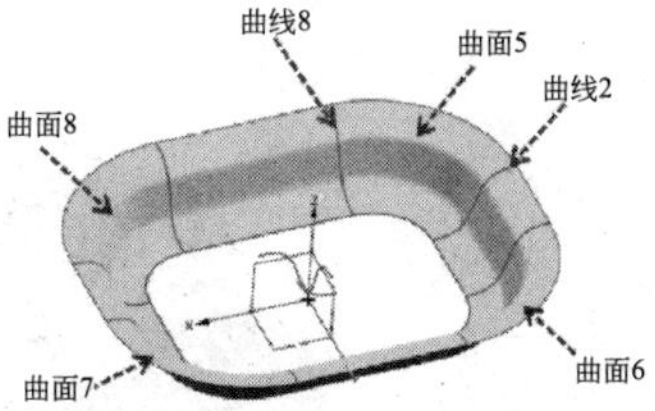 曲线8、曲面5、曲线2、曲面8、曲面7、曲面6	①利用"通过曲线组"命令,截面曲线选择"曲线7、曲线8",生成曲面1。 利用同样的方法,生成曲面2,曲面3和曲面4。 ②利用"扫掠"命令,截面曲线:选择"曲线2、曲线8";引导曲线:选择"曲线9",生成曲面5。 利用同样的方法,生成曲面6、曲面7和曲面8
9	底面生成	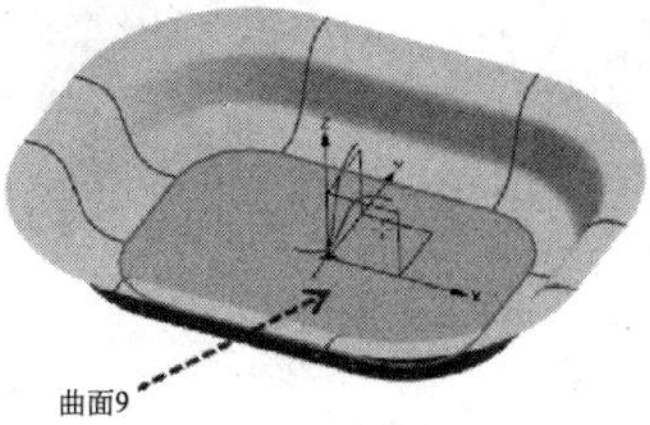 曲面9	利用"有界平面"命令,完成曲面9的生成

续表

设计步骤		实体特征图	注意事项
10	隐藏所有可见的线		完成图形绘制

技能小结

  1. 直纹面在选择截面线串时，截面曲线的矢量方向应保持一致。因此光标在选择曲线时应注意选择位置，若相反，则会使曲面发生扭曲变形。

  2. 曲面缝合时，公差设置的大小会影响缝合结果。通过缝合公差应大于片体或体之间的距离。

  3. 使用"基本曲线"命令时，使用 Tab 键可以在跟踪条各项目间进行切换；在所需字段中单击鼠标左键，单击一次为"插入"模式，单击两次为"替换"模式。

  4. 有界平面的曲线串要求形成封闭区域且所有曲线串须共面。

  5. 对封闭的曲面进行缝合，是曲面实体化的一种方法。曲面实体化还可以使用"曲面加厚"。

巩固提升

  请分析图纸，通过曲面实体化，完成如图 4-1-30 所示的实体建模。

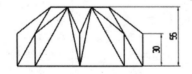

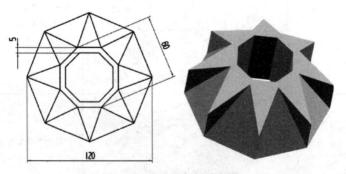

图 4-1-30　巩固与提升习题

任务 4.2　吊钩建模

任务描述

　　吊钩零件如图 4-2-1 所示，本任务主要通过常用空间曲线完成吊钩空间线架的编辑，然后使用曲面命令生成曲面。主要涉及截面曲线、复合曲线、等参数曲线、桥接曲线、相交曲线、投影曲线、规律曲线、通过曲线网格、阵列面、修剪片体等命令。

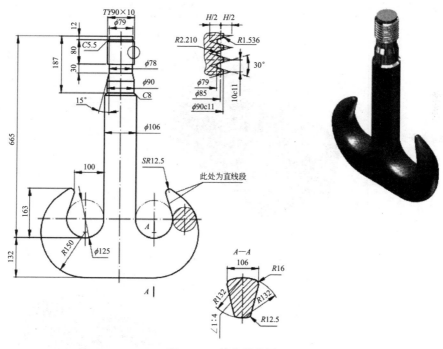

图 4-2-1　吊钩零件图

知识点学习

【截面曲线】

4.2.1　截面曲线

　　通过将平面与体、面或与曲线相交来创建曲线或点。可以利用此功能设定的截面与选定的平面、表面或实体等相交，从而产生平面或表面的交线，或者实体的轮廓线。其执行方法有：

　　① 进入建模环境后，执行"菜单"—"插入"—"派生曲线"—"截面"命令；

　　② 进入建模环境后，"曲线"工具条—"截面曲线" 命令按钮。

　　"截面曲线"命令对话框如图 4-2-2 所示，其各项目说明如下。

153

图 4-2-2 "截面曲线"命令对话框

（1）类型

截面曲线创建类型有 4 种，如图 4-2-2 所示。具体说明及操作见表 4-2-1。

① 选定的平面：指定单独平面或基准平面作为截面。

② 平行平面：本方式用于设置一组等间距的平行平面作为截面。

③ 径向平面。

④ 垂直于曲线的平面。

表 4-2-1 "截面曲线"对话框"类型"项目的说明

类型	图解及操作说明
选定的平面	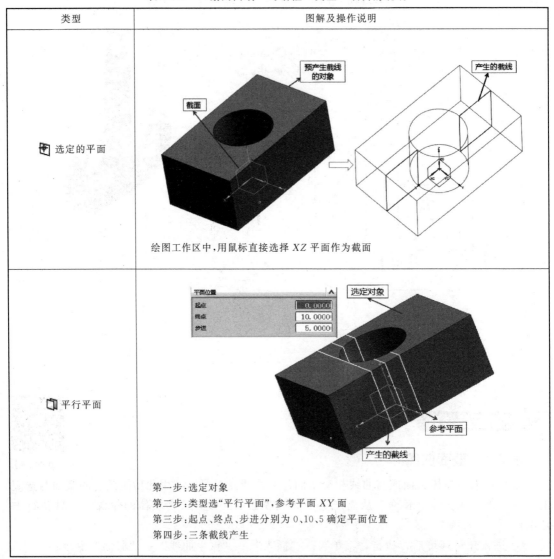绘图工作区中，用鼠标直接选择 XZ 平面作为截面
平行平面	第一步：选定对象 第二步：类型选"平行平面"，参考平面 XY 面 第三步：起点、终点、步进分别为 0、10、5 确定平面位置 第四步：三条截线产生

续表

类型	图解及操作说明
🔲 径向平面	本方式用于设置一组等角度扇形展开的放射平面作为截面 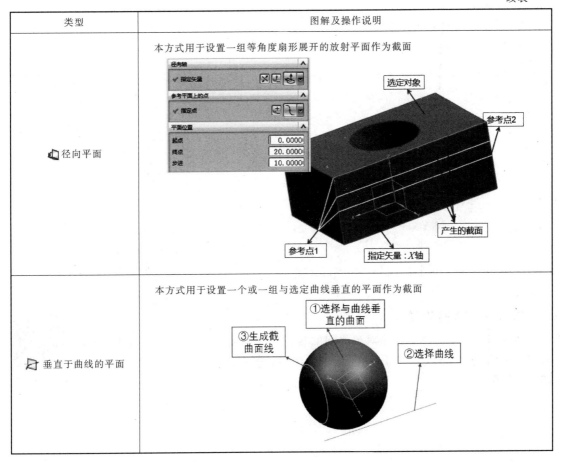
🔲 垂直于曲线的平面	本方式用于设置一个或一组与选定曲线垂直的平面作为截面

（2）要剖切的对象

通过选择对象确定补截取的对象。

（3）剖切平面

因"类型"的不同，"截面曲线"对话框也不相同。当使用类型为"选定的平面"时可以选择现有平面，也可以通过"指定平面"来定义新的剖切平面。

4.2.2　复合曲线

该命令用于创建其他曲线或边的关联复制。

① 进入建模环境后，执行"菜单"—"插入"—"派生曲线"—"复合曲线"命令；

② 进入建模环境后，"曲线"工具条—"复合曲线" 🏿 命令按钮。

"复合曲线"命令对话框如图 4-2-3 所示，其中部分选项说明如下。

（1）曲线

选择曲线：用于选择要复制的曲线。

【复合曲线】

图 4-2-3　"复合曲线"命令对话框

（2）设置

① 关联：创建关联复合曲线特征。

② 隐藏原始的：创建复合特征时，隐藏原始曲线。

> **说明：** "复合曲线"可从工作部件中抽取曲线和边。打开"复合曲线"对话框后，选择轮廓边界，如图 4-2-4 所示，即将选择的边界进行抽取复制，隐藏实体对象后得到的复合曲线如图 4-2-5 所示。
>
>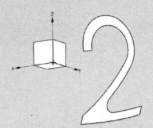
>
> 图 4-2-4　选择边线　　　　　　图 4-2-5　"复合曲线"效果图

4.2.3　桥接曲线

桥接曲线功能是创建两个对象之间的相切圆角曲线。在做 UG 造型的时候，有时两条曲线不相连，需要用户创建一条曲线，使两条原始曲线光滑过渡，如图 4-2-6 所示。

【桥接曲线】

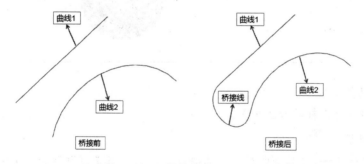

图 4-2-6　"桥接曲线"效果图

① 进入建模环境后，执行"菜单"—"插入"—"派生曲线"—"桥接"命令；

② 进入建模环境后，"曲线"工具条—"桥接曲线" 命令按钮。

"桥接曲线"命令对话框如图 4-2-7 所示，其中部分项目说明如下。

（1）起始对象

① 截面：选择一个可以定义曲线起点的截面，可以选择曲线或点。

② 对象：选择一个对象以定义曲线的起点，可以选择面或点。

（2）终止对象

① 截面：选择一个可以定义曲线终点的截面，可以选择曲线或点。

② 对象：选择一个可以定义曲线终点的截面，可以选择面或点。

③ 基准：为曲线终点选择一个基准，并且曲线与该基准垂直。

④ 矢量：选择一个可以定义曲线终点的矢量。

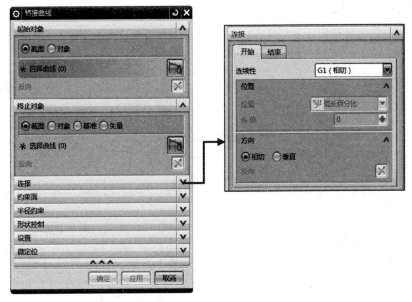

图 4-2-7　"桥接曲线"命令对话框

（3）连接

开始/结束：用于指定要编辑的点。可以为桥接曲线的起点与终点单独设置连续性、位置及方向选项。连续性有以下两种方式。

① G1（相切）：生成的桥接曲线与第一条曲线、第二条曲线在连接点处切线连续，且为三阶样条曲线。

② G2（曲率）：生成的桥接曲线与第一条曲线、第二条曲线在连接点处曲率连续，且为五阶或七阶样条曲线。G1 和 G2 的区别如图 4-2-8 所示。

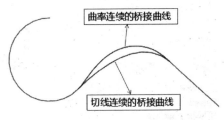

图 4-2-8　G1 和 G2 效果对比

4.2.4　相交曲线

用于生成两组对象的交线，各组对象分别为一个平面（若为多个表面，必须属于同一实体）、一个参考面、一个片体或一个实体。

① 进入建模环境后，执行"菜单"—"插入"—"派生曲线"—"相交"命令；

② 进入建模环境后，"曲线"工具条—"相交曲线" 命令按钮。

"相交曲线"命令对话框如图 4-2-9 所示。其部分项目说明如下。

• 第一组：用于确定欲产生交线的第一组对象。

• 第二组：用于确定欲产生交线的第二组对象。

【相交曲线】

☑指定平面：用于设定第一组或第二组对象的选择范围为平面、参考面或基准面。

☑保持选定：用于设置在单击"应用"按钮后，是否自动重复选择第一组或第二组对象的操作。

如图 4-2-10(a) 所示，选择上方实体表面为第一组面，然后选择 YZ 平面为第二组面，自动产生如图 4-2-10(b) 所示相交曲线。

图 4-2-9　"相交曲线"命令对话框

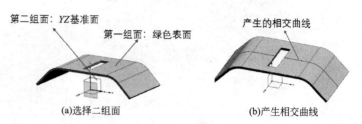

第二组面: YZ基准面

第一组面: 绿色表面

产生的相交曲线

(a)选择二组面

(b)产生相交曲线

图 4-2-10　"相交曲线"效果图

4.2.5　投影曲线

曲线投影功能能够将曲线或者点按照一个设定的方向，投影到现有曲面、平面或者基准面上。如果投影生成的曲线或者点集与现有面上的空或者边缘相交时，则曲线或者点集会被孔或者边缘剪切。

【投影曲线】

① 进入建模环境后，执行下拉菜单"插入"—"派生曲线"—"投影"命令；

② 进入建模环境后，"曲线"工具条—"投影曲线" 命令按钮。

图 4-2-11　"投影曲线"命令对话框

"投影曲线"命令对话框如图 4-2-11 所示，其中投影方向的设置方式见表 4-2-2，其他部分选项说明如下。

• 要投影的曲线或点：用于确定要投影的曲线和点。

• 指定平面：用于确定投影所在的表面或平面。

• 方向：用于指定将对象投影到片体、面和平面上时所使用的方向，其中包括"沿面的法向""朝向点""朝向直线""沿矢量""与矢量成角度"。

表 4-2-2　投影方向的设置

类型	含义	图解及说明
沿面的法向	沿所选投影面的法向投影	预投影的曲线　　　沿面的法向方向投影后结果

续表

类型	含义	图解及说明
朝向点	从原定义曲线朝着一个点向选取的投影面投影曲线	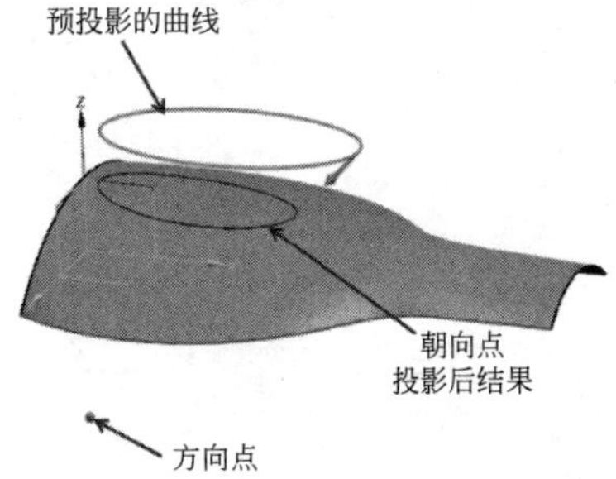
朝向直线	沿垂直于选定直线或参考轴的方向向选取的投影面投影曲线	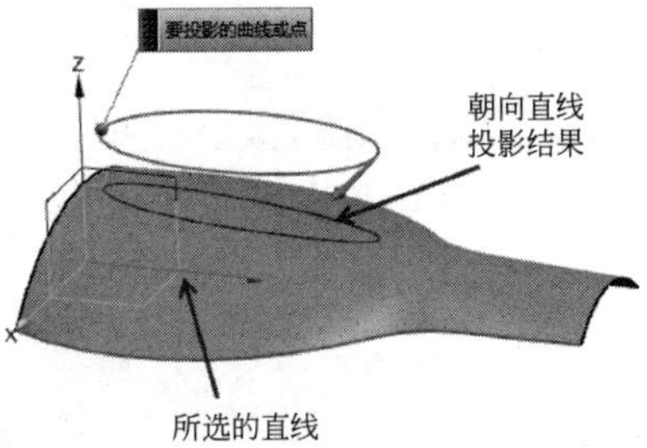
沿矢量	沿设定矢量方向所选取的投影面投影曲线	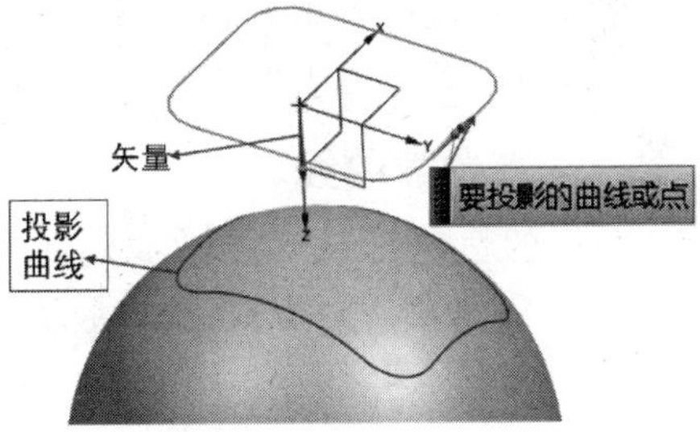
与矢量成角度	沿与设定矢量方向成一定角度的方向上选取的投影面投影曲线 	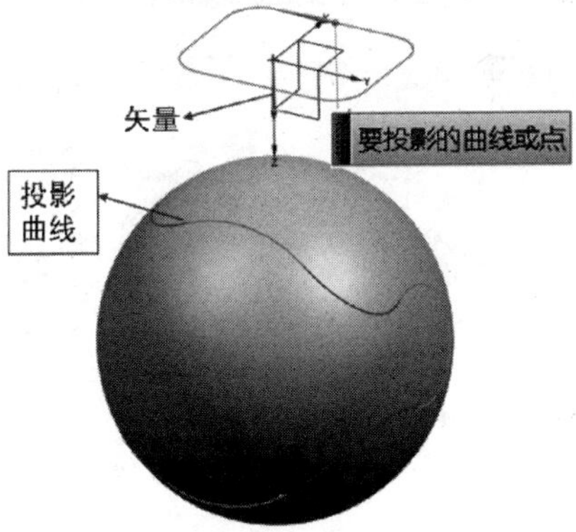

4.2.6　规律曲线

通过使用规律函数（例如常数、线性、三次和方程）来创建样条，"规律曲线"的执行方法有：

① 进入建模环境后，执行"菜单"—"插入"—"曲线"—"规律曲线"命令；

② 进入建模环境后，"曲线"工具条—"规律曲线" XYZ= 命令按钮。

159

图 4-2-12　"规律曲线"命令对话框

"规律曲线"命令对话框如图 4-2-12 所示，其中部分选项说明如下。

X规律、Y规律、Z规律：为 X、Y 及 Z 各分量选择并定义一个规律类型，并输入相关参数或函数。

常用的规律类型说明如下。

☑恒定：用于给整个规律函数定义一个常数值。系统会提示用户输入一个规律值（即该常数）。

☑线性：用于为延伸曲线或曲面定义从起点到终点更改的线性率。可以使用起始值参数指定起点，使用终止值参数指定终点。

说明： 在其一端的长度可以为零，但不能两端均为零。

☑三次：用于定义一个从起点到终点的三次变化率。指定起始值和终止值。

☑根据方程：使用表达式和"参数表达式变量"定义规律。必须事先使用表达式对话框定义所有变量，并且表达式必须使用参数表达式变量"t"。

4.2.7　等参数曲线

沿某个面的恒定 U 或 V 参数线创建曲线。如果要创建沿旋转体的旋转参数分布的等参数曲线，则生成的曲线为一条圆弧。对于复杂面，则生成样条曲线。其执行方法有：

【等参数曲线】

① 进入建模环境后，执行"菜单"—"插入"—"派生曲线"—"等参数曲线"命令；

② 进入建模环境后，"曲线"工具条—"等参数曲线" 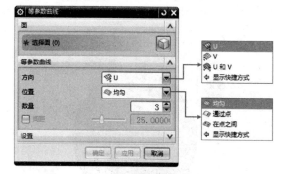 命令按钮。

"等参数曲线"命令对话框如图 4-2-13 所示，对话框部分选项说明如下。

图 4-2-13　"等参数曲线"命令对话框

（1）面

选择面：用于选择要在其上创建等参数曲线的面。

选定面之后，U 和 V 方向箭头将显示在该面上以显示其方向。

（2）等参数曲线

① 方向：用于选择要沿其创建等参数曲线的 U 方向和/或 V 方向。

② 位置：用于指定将等参数曲线放置在所选面上的位置方法。

☑均匀：将等参数曲线按相等的距离放置在所选面上，如图 4-2-14 所示。

☑通过点：将等参数曲线放置在所选面上，使其通过每个指定的点，如图 4-2-15 所示。

图 4-2-14　"均匀"生成等参数曲线　　　图 4-2-15　"通过点"生成等参数曲线

☑在点之间：在两个指定的点之间按相等的距离放置等参数曲线。

③ 数量：指定要创建的等参数曲线的总数。当位置设为均匀和在点之间时可用。

4.2.8　修剪片体

减去片体的一部分。通过一些曲线或曲面作为边界对指定的曲面进行修剪，形成新的曲面边界，"修剪片体"执行方法有：

① 执行下拉菜单"插入"—"修剪"—"修剪片体"命令；

② 特征工具条—"曲面"—"曲面操作"—"修剪片体" 🔳 命令按钮。

"修剪片体"命令对话框如图 4-2-16 所示，部分选项说明如下。

图 4-2-16　"修剪片体"命令对话框

• 目标：用于选择要修剪的目标曲面体，如图 4-2-17(a) 所示。

• 边界：用于选择修剪对象，这些对象可以是面、边、曲线和基准平面，如图 4-2-17 (a) 所示。

【修剪片体】

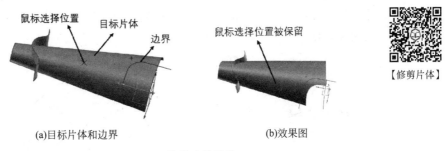

(a)目标片体和边界　　　　　　　　(b)效果图

图 4-2-17　修剪片体操作

• 投影方向

☑垂直于面：通过曲面法向投影选定的曲线或边。

☑垂直于曲线平面：将选定的曲线或边投影到曲面上，该曲面将修剪为垂直于这些曲线或边的平面。

☑沿矢量：用于将投影方向定义为沿矢量。

• 区域：用于选择在修剪曲面时将保留或舍弃的区域，当"保留"勾选时，鼠标单击位置侧目标体被保留，如图 4-2-17(b) 所示。

4.2.9 通过曲线网格

【通过曲线网格】

通过一个方向的截面网格和另一个方向的引导线创建体，此时直纹形状匹配曲线网格，其执行方法有：

① 执行下拉菜单"插入"—"网格曲面"—"通过曲线网格"命令；

② 特征工具条—"曲面"—"更多"—"通过曲线网格" ⊞ 命令按钮。

"通过曲线网格"命令对话框如图 4-2-18 所示，部分选项说明如下。

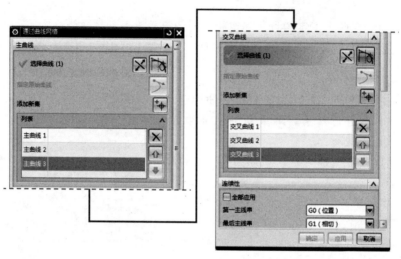

图 4-2-18 "通过曲线网格"命令对话框

• 主曲线：用于选择包含曲线、边或点的主截面集，需要注意的是，至少选择两个主集。多个主曲线时必须以连续顺序进行选择，同时要求鼠标点选时位置相对应，指向相同。如图 4-2-19 所示，主曲线有三条。

• 交叉曲线：用于选择包含曲线或边的横截面集，如图 4-2-19 所示，交叉曲线有三条。

• 连续性：用于在第一主截面和/或最后主截面，以及第一横截面与最后横截面处选择约束面，并指定连续性。

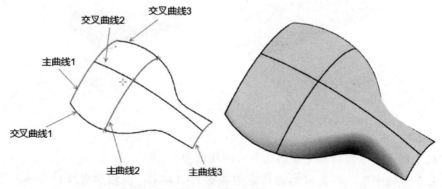

图 4-2-19 "通过曲线网格"效果

注意：　主曲线和交叉曲线串选择时都有方向性，注意箭头方向要一致。

任务实施

【任务42素材】

第一步：新建文件。

打开 UG NX 软件，单击新建 □ 图标，弹出"新建"对话框，在"模板"列表中选择"模型"，输入名称为"吊钩"，单击"确定"按钮，进入建模环境。

第二步：创建吊钩线架。

① 进入草图界面。单击"⬚"图标，选择 XY 平面为草图平面，绘制吊钩一半轮廓，如图 4-2-20 所示。单击"⬚"图标，完成草图绘制。

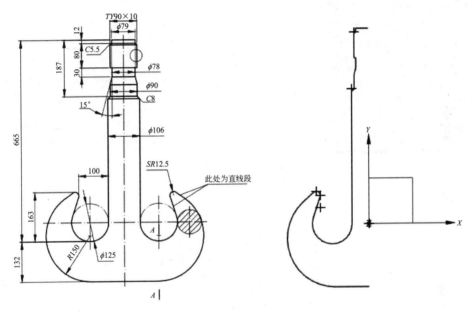

图 4-2-20　吊钩半轮廓显示

② 镜像草图。单击"菜单"—"插入"—"草图曲线"—"镜像曲线⬚"图标，将草图镜像，如图 4-2-21 所示。

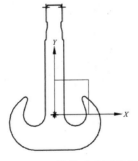

图 4-2-21　镜像后草图轮廓

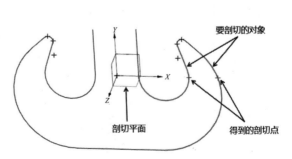

图 4-2-22　确定平面

③ 截面曲线。单击"曲线"工具条中"截面曲线" 图标，打开截面曲线对话框，类型为选定的平面，如图 4-2-22 所示。

④ 利用"曲线"工具条中"直线"和"圆弧"命令完成如图 4-2-23 所示直线和圆。

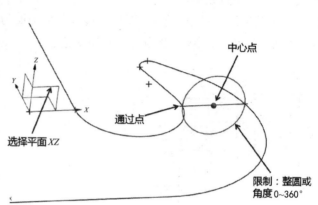

图 4-2-23　绘制直线和圆

⑤ 单击"编辑"工具条中的"变换"命令，打开变换对话框，选择对象为上一步绘制的圆和直线，选择"通过—平面镜像"选择 YZ 面作为镜像平面，点"复制"后单击"确定"完成绘制，如图 4-2-24 所示。

⑥ 创建基准平面，过 $\phi125$ 圆心创建平行 YZ 平面的基准平面 1，选择"基准平面 1"作为草图平面，绘制"截面 1"草图轮廓，如图 4-2-25 所示。

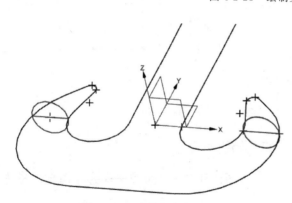

图 4-2-24　变换复制轮廓线

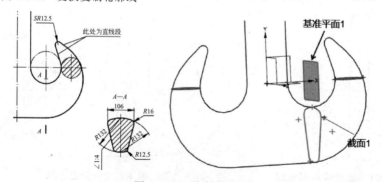

图 4-2-25　绘制截面 1

⑦ 单击"派生曲线"中的"复合曲线"命令，将"草图截面1"转化为空间曲线如图4-2-26所示，将转化后的截面1做"变换"复制，方法同步骤（5），结果如图4-2-27所示。

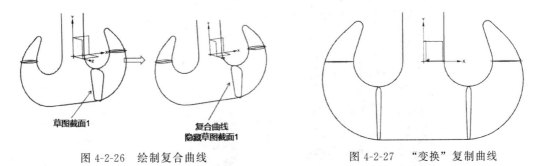

图 4-2-26　绘制复合曲线　　　　　　图 4-2-27　"变换"复制曲线

⑧ 完成吊钩线架，如图 4-2-28 所示。

第三步：创建吊钩曲面

① 单击"特征"工具条中的"球"命令，打开"球"命令对话框，球类型选择"圆弧"，拾取圆弧对象"曲线1"，生成球体如图4-2-29所示。

② 单击"曲线"工具条中的"直线"图标，打开"直线"话框，绘制如图4-2-30所示"直线1"。

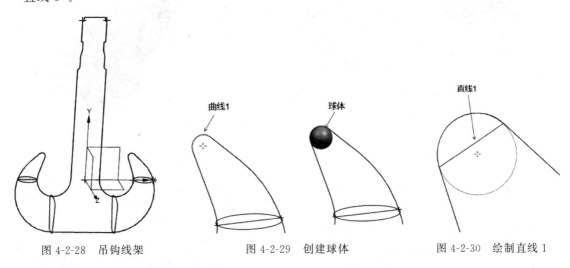

图 4-2-28　吊钩线架　　　　　图 4-2-29　创建球体　　　　图 4-2-30　绘制直线 1

③ 单击"特征"工具条中的"拉伸"图标，打开拉伸对话框，在"拉伸"对话框中设置选择曲线为"直线1"，布尔运算为"自动判断"，"开始"距离−40，"结束"距离为40，体类型为片体，具体如图4-2-31所示。

④ 单击"曲面"工具条中的"修剪体" 图标，打开"修剪体"对话框，选择目标体、工具体、方向如图4-2-32所示，完成修剪体后，隐藏拉伸曲面。

⑤ 单击"曲面"工具条中的"通过曲线网格" 图标，打开通过曲线网格对话框，选择主曲线、交叉曲线，连续性为G1，设置体类型为片体。得到"通过曲线网格"曲面如图4-2-33所示。

165

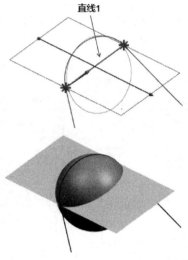

图 4-2-31　拉伸片体

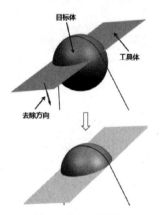

图 4-2-32　修剪体

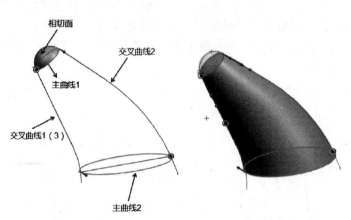

图 4-2-33　"通过曲线网格"创建曲面

⑥ 同上步操作，完成如图所示曲面创建，方法单击"曲面"工具条中的"通过曲线网格" 图标，打开通过曲线网格对话框，选择主曲线、交叉曲线，连续性为 G1，设置体类型为片体，得到"通过曲线网格"曲面，如图 4-2-34 所示。

⑦ 单击"特征"工具条中的"旋转" 图标，打开旋转对话框，在"旋转"对话框中利用单条曲线选择表区域驱动为"直线1"，旋转轴为"Y"轴，布尔运算为"自动判断"，"开始"角度 0，"结束"角度 360°，

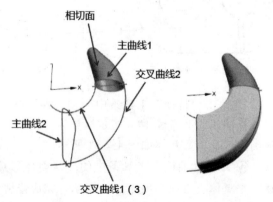

图 4-2-34　创建"通过曲线网格"曲面

体类型为"片体"，单击"确定"完成旋转曲面创建，具体如图 4-2-35 所示。

⑧ 单击"曲线"工具条中"相交曲线" 命令，旋转曲面 1 与基准平面 YZ 面相交，得到如图 4-2-36 所示相交曲线。

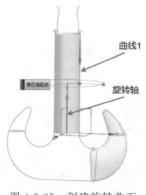

图 4-2-35　创建旋转曲面

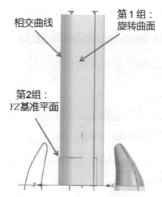

图 4-2-36　绘制相交曲线

⑨ 单击"曲线"工具条中"等参数曲线"　命令，将"旋转曲面1"和通过曲线网格"曲面2"设置等参数曲线，方向 U 向，位置均匀，数量14，如图4-2-37所示。

⑩ 单击"曲线"工具条中"桥接曲线"　按钮，将曲线1与曲线2创建桥接曲线，结果如图4-2-38所示。

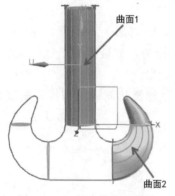

图 4-2-37　创建等参数曲线

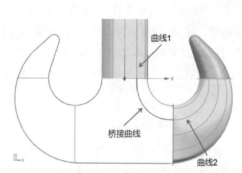

图 4-2-38　创建桥接曲线

⑪ 单击"曲面"工具条中"通过曲线网格"　命令，完成如图4-2-39所示网格曲面。

⑫ 选择"菜单"—"编辑"—"变换"命令，将右侧曲面1通过镜像平面 YZ 平面复制到曲面2，再将曲面1和曲面2通过 XY 平面镜像到另一侧，如图4-2-40所示。

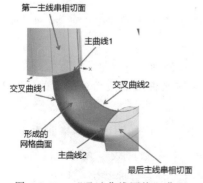

图 4-2-39　"通过曲线网格"曲面

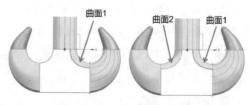

图 4-2-40　"变换"复制曲面

⑬ 单击"曲面"工具条中"通过曲线组" 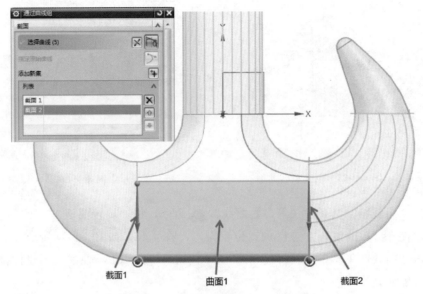 按钮,完成如图 4-2-41 所示曲面造型曲面 1。

图 4-2-41　"通过曲线组"创建曲面

⑭ 单击"曲线"工具条中"等参数曲线" 按钮,将曲面 1、曲面 2、曲面 3 分别设置等参数曲线,曲面 1 和曲面 2 参数:方向 V 向,位置均匀,数量 4,曲面 3 参数:方向 V 向,位置均匀,数量 6,如图 4-2-42 所示。

⑮ 单击"曲线"工具条中"桥接曲线" 按钮,创建桥接曲线 1 和桥接曲线 2,结果如图 4-2-43 所示。

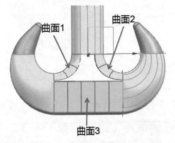

图 4-2-42　绘制"等参数曲线"

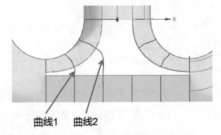

图 4-2-43　绘制"桥接曲线"

⑯ 单击"曲面"工具条中"通过曲线网格" 按钮,完成如图 4-2-44 所示网格曲面 1 和曲面 2,注意连续性设置及平面的选择。

⑰ 单击"曲线"工具条中"等参数曲线" 按钮,将曲面 1、曲面 2 设置等参数曲线,曲面 1 和曲面 2 参数:方向 U 向,位置均匀,数量 3。等参数曲线完成后单击"曲线"工具条中"桥接曲线" 按钮,创建桥接曲线 1,结果如图 4-2-45 所示。

⑱ 单击"曲面"工具条中"通过曲线网格" 按钮,完成如图所示网格曲面 1 创建,注意连续性设置及平面的选择。单击"曲线"工具条中"等参数曲线" 按钮,将曲面 1 设置等参数曲线,参数为:方向 U 向,位置均匀,数量 3。等参数曲线完成后单击"曲线"工具条中"桥接曲线" 按钮,创建桥接曲线 1,结果如图 4-2-46 所示。

168

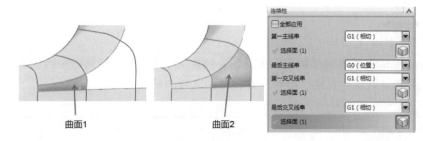

图 4-2-44　创建 2 个"通过曲线网格"曲面

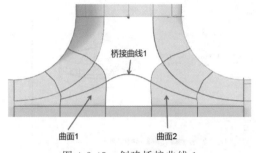

图 4-2-45　创建桥接曲线 1

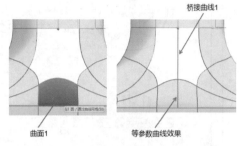

图 4-2-46　创建曲面 1 及等参数曲线

⑲ 依据上面方法继续完成曲面创建，直至封闭并完成曲面变化，使图形完整，如图 4-2-47 所示。

⑳ 单击"特征"工具条中的"旋转" 图标，打开旋转对话框，在"旋转"对话框中利用单条曲线选择表区域驱动为"直线 1"，旋转轴为 Y 轴，布尔运算为"自动判断"，"开始"角度 0，"结束"角度 360°，体类型为片体，单击"确定"完成旋转曲面创建，如图 4-2-48 所示。

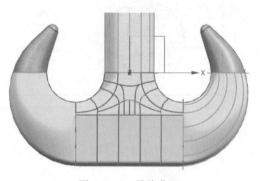

图 4-2-47　吊钩曲面

㉑ 将空间曲线全部隐藏，完成吊钩曲面创建。通过"缝合"，将曲面实体化，效果如图 4-2-49 所示。

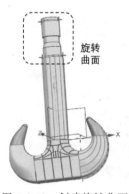

图 4-2-48　创建旋转曲面

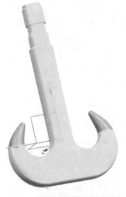

图 4-2-49　吊钩曲面

图 4-2-50 所示为风扇轮（第四届全国数控技能大赛样题）。根据图中的尺寸要求进行实体创建。其主要包括拉伸、孔、旋转、管、螺旋、阵列特征等。

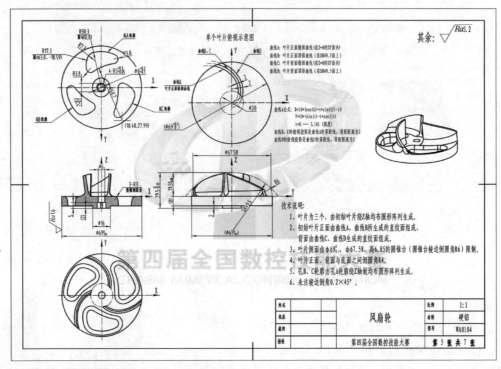

图 4-2-50　风扇轮工程图

零件建模思路及注意事项，如表 4-2-3 所示。

表 4-2-3　风扇轮建模流程

设计步骤	实体特征图	注意事项
1	创建拉伸	① 选择"拉伸" 命令； ② 绘制草图：φ69 和 φ6 同心圆； ③ 限制：开始"值"距离"0"，结束"值"距离"8"； ④ "布尔"选择"无"； ⑤ 其他参数系统默认； ⑥ 单击"确定"按钮，完成创建

续表

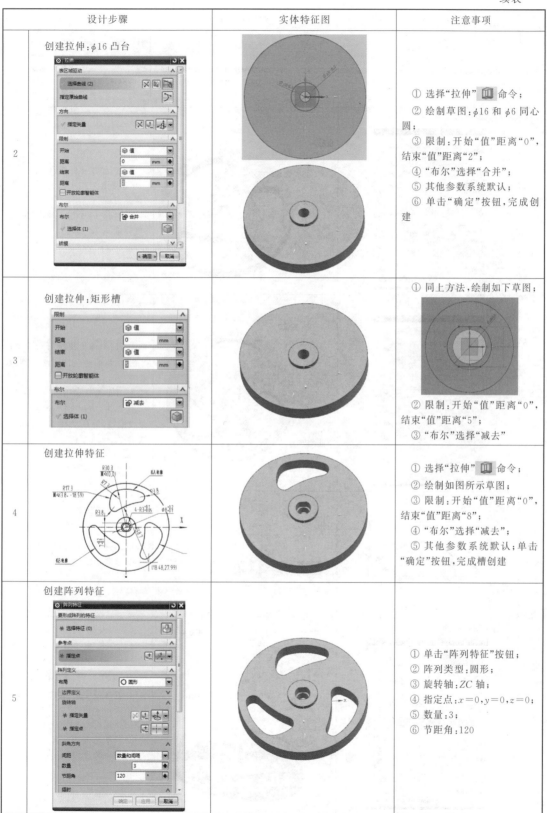

设计步骤	实体特征图	注意事项
2　创建拉伸：φ16 凸台		① 选择"拉伸" 📖 命令； ② 绘制草图：φ16 和 φ6 同心圆； ③ 限制：开始"值"距离"0"，结束"值"距离"2"； ④ "布尔"选择"合并"； ⑤ 其他参数系统默认； ⑥ 单击"确定"按钮，完成创建
3　创建拉伸：矩形槽		① 同上方法，绘制如下草图； ② 限制：开始"值"距离"0"，结束"值"距离"5"； ③ "布尔"选择"减去"
4　创建拉伸特征		① 选择"拉伸" 📖 命令； ② 绘制如图所示草图； ③ 限制：开始"值"距离"0"，结束"值"距离"8"； ④ "布尔"选择"减去"； ⑤ 其他参数系统默认；单击"确定"按钮，完成槽创建
5　创建阵列特征		① 单击"阵列特征"按钮； ② 阵列类型：圆形； ③ 旋转轴：ZC 轴； ④ 指定点：$x=0$，$y=0$，$z=0$； ⑤ 数量：3； ⑥ 节距角：120

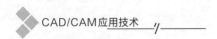

续表

设计步骤		实体特征图	注意事项

6 创建表达式

名称	公式	值	单位	量纲	类型
t	1	1	mm	长度	数字
xt	10*(cos(180*t)+t*pi ()*sin(180*t))-10	-20	mm	长度	数字
yt	10*(sin(180*t)-t*pi ()*cos(180*t))	31.41592654	mm	长度	数字
zt	0	0	mm	长度	数字

7 创建规律曲线 A

曲线A

① 选择"规律曲线"命令；
② 规律类型：X、Y、Z 均为"根据方程"；
③ 单击"应用"并"确定"完成"规律曲线 A"创建

8 创建曲线 B(C)和 曲线 D

曲线D

曲线B(C)

① 选择"偏置曲线"命令；
② 选择曲线 A，"距离"2，"副本数"2；
③ 其他参数采用系统默认；
④ 单击"应用"并"确定"完成曲线偏置，得到曲线 B(C)和曲线 D

9 绘制草图

① 选择 XZ 面为草绘平面；
② 按要求绘制 $SR49.5$ 圆弧

10 创建旋转曲面

① 选择"旋转"命令；
② 表区域驱动：$R49.5$ 圆弧；
③ 指定矢量：ZC；
④ 指定点：$x=0,y=0,z=0$；
⑤ 开始角度：0；
⑥ 结束角度：180

设计步骤	实体特征图	注意事项
11 投影曲线 		将新生成的两条等距曲线投影到 $SR49.5$ 圆弧面上
12 直纹面	① 选择曲线 A、曲线 B 生成叶片正面的直纹面 ② 选择曲线 C、曲线 D 生成叶片背面的直纹面	
13 绘制 $\phi 20$ 边线		
14 旋转曲面		① 选择"旋转" 命令; ② 表区域驱动:$\phi 20$ 边线及高 6.85 圆锥台; ③ 指定矢量:ZC; ④ 指定点:$x=0,y=0,z=0$; ⑤ 开始角度:0; ⑥ 结束角度:180

CAD/CAM应用技术

续表

设计步骤	实体特征图	注意事项
15 修剪片体	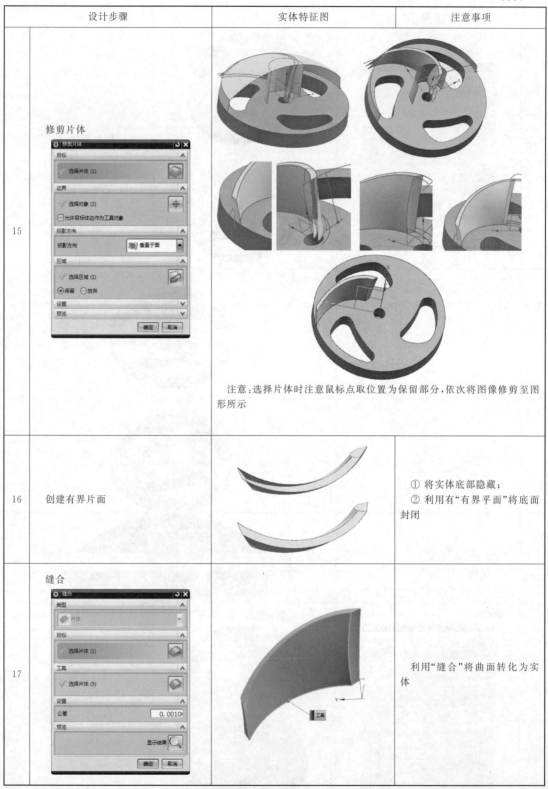 注意:选择片体时注意鼠标点取位置为保留部分,依次将图像修剪至图形所示	
16 创建有界片面		① 将实体底部隐藏; ② 利用有"有界平面"将底面封闭
17 缝合		利用"缝合"将曲面转化为实体

174

设计步骤	实体特征图	注意事项
18	布尔运算：合并		目标体：底部实体 工具体：新建叶片部分
19	倒圆角		叶片正面、背面与底面之间倒圆角 $R4$
20	阵列面		① 选择"阵列面"命令； ② "布局"圆形，"旋转轴"矢量 ZC，点 0，0，0； ③ 间距：数量和间隔，数量为 3，节距角为 120
21	倒圆角 $R3$ 边倒角		① $3×R3$ 整圈倒圆角； ② 为柱棱边倒角 $0.2×45°$
22	全部完成		

技能小结

　　1. 空间线架的建模是曲面建模的基础。在曲面建模过程中，建模方法和建模顺序呈多样化。在设计过程中，要灵活使用多种建模方法，力求设计过程的简单。

　　2. 通过曲线网格创建曲面时，主曲线和交叉曲线串在选择时都有方向性，注意箭头方向要一致。

　　3. 曲线或曲面中的"连续性"，对产生效果影响较大，要通过不断实践，掌握其中的使用规律。

巩固提升

　　自主完成如图 4-2-51 所示雨伞的设计，可以根据产品功能在结构上进行个性化创新与设计。

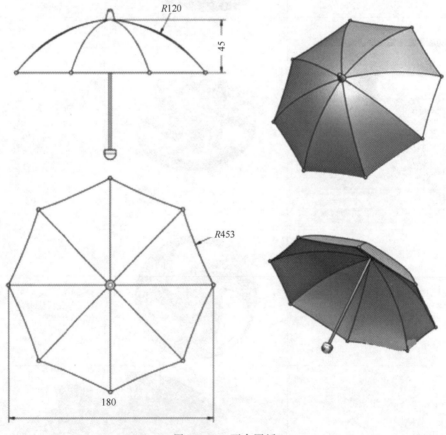

图 4-2-51　雨伞图纸

項目5

装配设计

装配模块是将零件（部件）进行组装，从而形成一个装配体。在 UG NX 中，主要是通过添加约束来确定零件（部件）间的位置关系，从而完成装配体的装配。

学习目标

 知识目标

① 掌握装配导航器的使用方法；
② 掌握装配约束相关命令的使用方法；
③ 掌握装配的一般过程；
④ 掌握爆炸图生成方法。

技能目标

① 灵活应用装配约束类型，能对组件进行装配，满足组件自由度要求；
② 会根据产品结构特点，生成爆炸视图。

职业素养目标

通过产品装配，培养分析问题、解决问题的能力，形成严谨、敬业的工作作风。

任务 5.1 机械传动手臂装配

 任务描述

本任务主要进行机械传动手臂的装配工作。机械传动手臂主要由底座、传动臂及连接螺

177

钉组成。装配后效果图如图 5-1-1 所示。

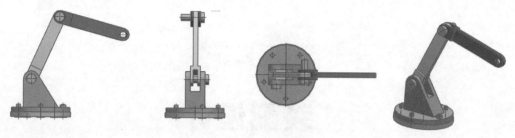

图 5-1-1　机械传动手臂装配图

【知识点学习】

5.1.1　添加组件

添加组件的作用是通过选择已加载的部件或从本地磁盘中选择部件文件将组件添加到装配。

其执行方式是：进入建模环境，选择"装配"选项卡，在"组件"工具条下，单击"添加组件" 🗋⁺ 按钮，弹出"添加组件"对话框，如图 5-1-2所示。

（1）要放置的部件

① 选择部件：可以从"图形窗口""装配导航器""已加载的部件列表"或"最近访问的部件列表"中选择要添加到工作部件中的一个或多个部件。

② 已加载的部件：已经打开或加载到软件中的零部件，自动收集在此列表框中，通过选择列表中的部件来进行装配。

③ 打开：从本地磁盘中选取装配时所需要的零部件。

④ 数量：在对话框内输入数字确定重复添加的零部件个数。

【添加组件】

图 5-1-2　"添加组件"对话框

（2）位置

① 组件锚点：列出可能的锚点，"绝对坐标系"下，坐标原点即为组件的绝对原点。

② 装配位置：用于选择组件锚点在装配中的初始放置位置，有如下 4 种方法。

☑绝对坐标系-工作部件：把零部件放到当前工作部件的绝对原点上。

☑绝对坐标系-显示部件：把零部件放到显示装配的绝对原点上。

☑工作坐标系：把零部件放到工作坐标系中。

☑对齐：通过选择零部件的位置来确定坐标系。

（3）放置

① 移动：用于通过点对话框或坐标系操控器指定部件的方向。

② 约束：用于通过装配约束放置部件。使用此项目时，对话框变化如图5-1-3所示。

（4）设置

① 分散组件：勾选此项目后，添加的多个组件分散放置在各个位置，以使组件不发生重叠。

② 启用预览窗口：勾选此项目后，将打开组件的预览窗口，如图5-1-4所示，可以在此窗口选择添加组件上的约束对象。

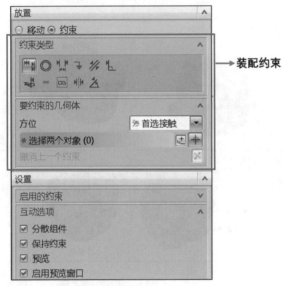

图 5-1-3 "添加组件"对话框变化图

图 5-1-4 "组件预览"窗口

5.1.2 新建组件

通过选择几何体并将其保存为组件，单击此命令后，会弹出"新组件文件"对话框，选择对应的条件后，即可进行实体建模。

5.1.3 装配约束

装配约束是约定两个零部件的放置方式和位置，零部件间的约束可以由一个或多个约束组成，通过约束限制零部件间的自由度，从而确定零部件的位置。零部件间的自由度被完全限制，称为完全约束，如果自由度没有被完全限制，称为欠约束。其执行方法是：在"装配"环境下，"组件位置"工具条中，选择"装配约束"命令，弹出"装配约束"对话框，如图5-1-5所示。

不同的约束类型，创建条件各不相同，应根据组件之间的装配关系进行灵活使用。下面对各约束类型的使

图 5-1-5 "装配约束"对话框

179

用进行说明。

【接触对齐】

（1）接触对齐

接触对齐是最常用的约束，用于约束两个组件彼此接触或对齐，用法和说明见表 5-1-1。

表 5-1-1　"接触对齐"约束类型的使用和功能说明

类型	含义	图解说明
接触	约束两个对象接触	分别选取"平面1"和"平面2"
对齐	约束两个对象对齐	分别选取"平面1"和"平面2"　效果图
自动判断中心/轴	约束两个对象同轴	分别选取"曲面1"和"曲面2"　效果图

（2）同心

约束两条圆边或椭圆边以使中心重合并使边的平面共面，如图 5-1-6 所示。

【同心】

【距离】

（3）距离

距离约束类型用于指定两个对象之间的 3D 距离，如图 5-1-7 所示。

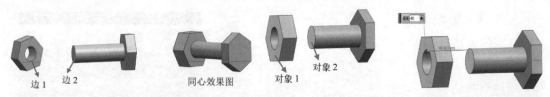

图 5-1-6　"同心"约束示意图　　　图 5-1-7　"距离"约束示意图

（4）角度

角度约束类型用于指定两个对象之间的角度，如图 5-1-8 所示。

（5）对齐/锁定

对齐不同对象中的两个轴，同时防止绕公共轴旋转，如图 5-1-9 所示。

【角度】

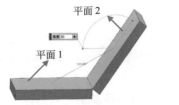

平面 2

平面 1

角度 60

图 5-1-8 "角度"约束示意图

通常,当需要将螺栓完全约束在孔中时,这将作为约束条件之一。

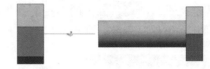

图 5-1-9 "对齐"约束示意图

(6) 胶合

胶合约束将组件"焊接"在一起,使它们作为刚体移动。

【中心】

(7) 中心

使一对对象之间的一个或两个对象居中,或使一对对象沿另一个对象居中,其子类型如下。

① 1 对 2:在后两个所选对象之间使第一个所选对象居中。

② 2 对 1:使两个所选对象沿第三个所选对象居中。

③ 2 对 2:使两个所选对象在两个其他所选对象之间居中。

(8) 适合窗口(配合) =

约束半径相同的两个对象,例如圆边或椭圆边,圆柱面或球面。

(9) 固定

将对象固定在其当前位置。

(10) 平行

将两个对象的方向矢量定义为相互平行。

(11) 垂直

将两个对象的方向矢量定义为相互垂直。

【平行】 【垂直】

> **说明:** 通常情况下需要使用一个或多个约束类型才能完成零部件间的约束。

5.1.4 移动组件

在装配中移动并有选择地复制一个或多个组件,对话框如图 5-1-10 所示。

【移动组件】

(1) 要移动的组件

用于选择一个或多个要移动的组件。

(2) 变换

变换下的"运动"下拉列表给出了指定所选组件的多种移动方式,部分说明如下。

① 距离 :用于定义选定组件的移动距离。

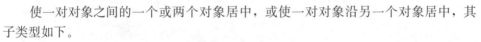

② 角度 ✗：用于沿着指定矢量按一定角度移动组件。

③ 点到点 ✗：用于将组件从选定点移到目标点。

④ 动态 ✗：用于通过拖动、使用图形窗口中的屏显输入框或通过点对话框来重定位组件，这种操作方式较为常用。

⑤ 根据约束 ✗：用于通过创建移动组件的约束来移动组件。

5.1.5 阵列组件

【阵列组件】

在零部件实体绘制中有特征阵列命令，在装配环境中也可以通过"阵列组件"对零部件进行阵列。阵列的布局有线性、圆形和参考 3 种方式。在装配环境下点击"阵列组件"命令，弹出"阵列组件"对话框，如图 5-1-11 所示。

图 5-1-10 "移动组件"对话框

图 5-1-11 "阵列组件"对话框

（1）要形成阵列的组件

用于选择要阵列的组件。

（2）阵列定义

此项目下阵列布局的方式有三种。

① 线性阵列。线性阵列是根据装配过程中使用的约束创建阵列，因此只有存在"接触""距离"这类约束类型时才能实现零部件的线性阵列，如图 5-1-12 所示。"线性阵列"操作过程见表 5-1-2。

② 圆形阵列。零部件的圆形阵列是根据装配过程中自动判断中心/轴的约束来创建的，因此只有存在这类约束类型时才能实现零部件的圆形阵列，如图 5-1-13 所示，"圆形阵列"使用说明见表 5-1-3。

图 5-1-12 "阵列组件"对话框中选择"线性"

图 5-1-13 "阵列组件"对话框中选择"圆形"

表 5-1-2　"线性阵列"操作过程说明

命令	操作步骤	图解及说明
线性阵列	选择组件： 选择右图组件 1 为阵列对象	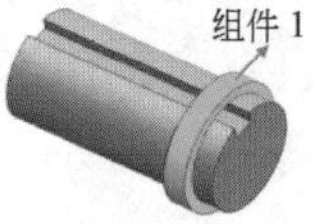 组件 1
	指定矢量： 选取组件边线 1，方向如图示	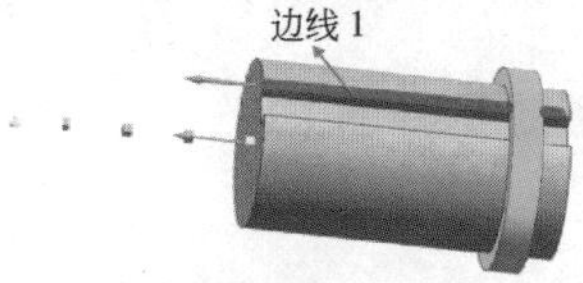 边线 1
	输入数量"4"，节距"20"，单击"确定"完成线性阵列，效果如右图所示	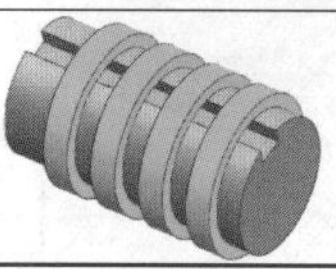

表 5-1-3　"圆形阵列"使用说明

命令	创建条件	图解及说明
圆形阵列	选择部件 1	 部件 1
	指定矢量选择 Z 轴，指定点选择原点	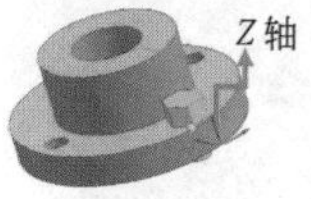 Z 轴
	输入数量"4"，输入节距角"90°"	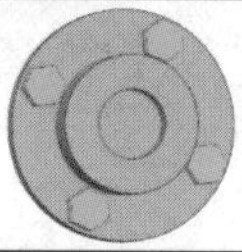

③ 参考阵列。零部件的"参考阵列"是以装配过程中某一零件的特征阵列为参考，进行零部件的阵列。如图 5-1-14 所示，"参考阵列"功能说明见表 5-1-4。

表 5-1-4　"参考阵列"功能说明

命令	创建条件	图解及说明
参考阵列	选择组件 1	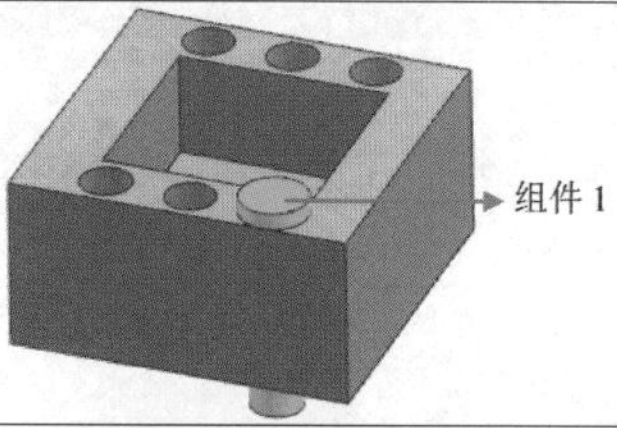 组件 1
	组件 2 的通孔必须是通过阵列特征来创建的，然后会自动生成命令	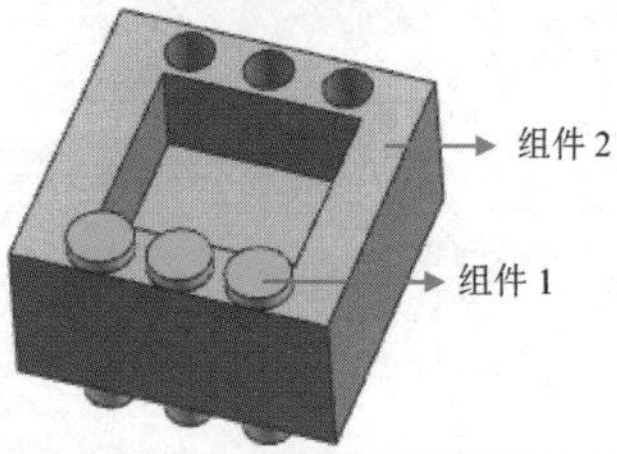 组件 2 组件 1

5.1.6　重用库导航器

使用重用库导航器访问可重用对象和组件，并将其用于模型或装配。机械产品设计中，行业标准件和部件族可重用添加到装配中，访问 NX 机械零件库，主要包括：轴承、螺栓、螺母、螺钉、销等，如图 5-1-15 所示。

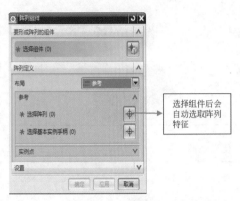

图 5-1-14　"阵列组件"对话框中选择"参考"　　　　　　　图 5-1-15　重用库

🔄 **任务实施**

【任务5.1 素材】

打开 UG NX 12.0 软件，单击新建 📄 图标，弹出"新建"对话框，在"模型"列表中选择"装配"，输入名称为"机械手臂"，单击"确定"按钮，进入装配环境，如图 5-1-16 所示。

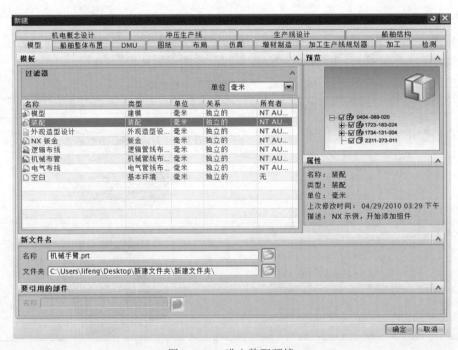

图 5-1-16　进入装配环境

① 单击"装配"工具条中的 ![添加]，打开"添加组件"对话框，在对话框中单击 ![] 按钮，在弹出的"部件名"对话框中选择所有装配需要的文件，单击 OK 按钮，都加载到装配环境中，如图 5-1-17 所示。

图 5-1-17 加载组件

② 在"添加组件"对话框中，在"装配位置"下选择 绝对坐标系 - 工作部件▼，按照图纸要求，把所需的组件同时添加到装配环境下，如图 5-1-18 所示。

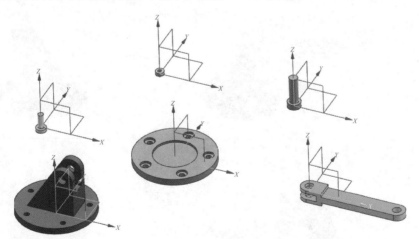

图 5-1-18 添加组件到绘图区

③ 添加各组件间的装配约束，见表 5-1-5。

表 5-1-5　装配约束过程

步骤	约束过程	效果图
1	固定 选择组件"支架",将组件固定	
2	接触对齐——接触 分别选择"面1""面2" 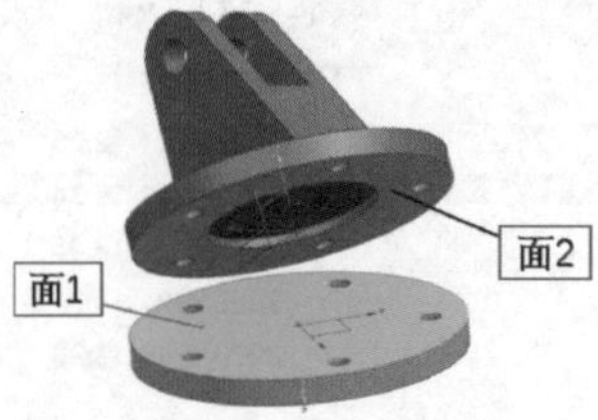 接触对齐——自动判断中心/轴 分别选择"孔1"边界和"孔2"边界,单击"应用"。 重复命令,分别选择"孔3"边界和"孔4"边界,单击"确定",完成约束 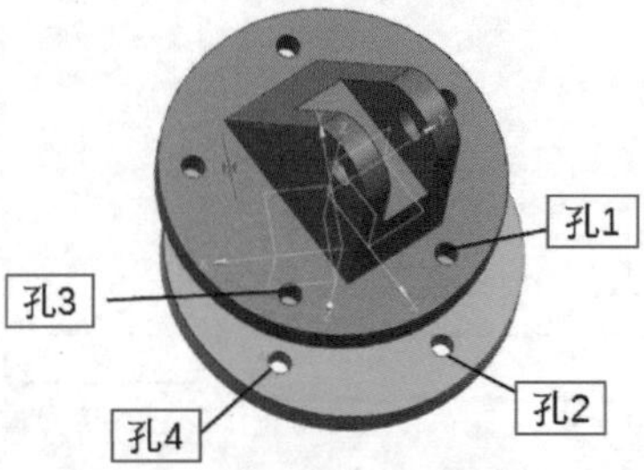	
3	中心约束——"2对2": ① 依次选择"面1""面2""面3"和"面4",单击"应用"。 ② 选择接触对齐——自动判断中心/轴,分别选择"孔1"边界和"孔2"边界,单击"确定" 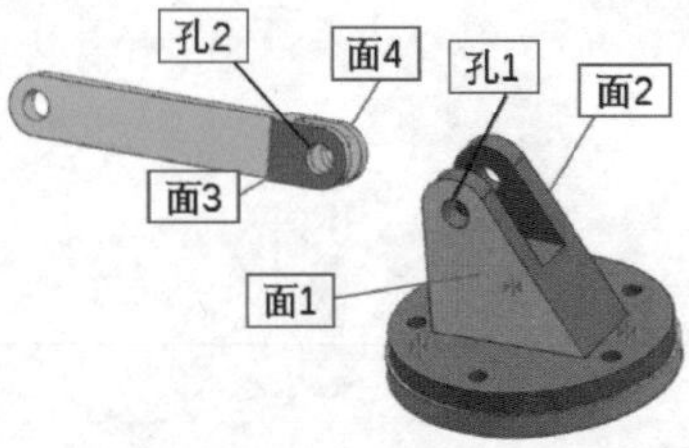	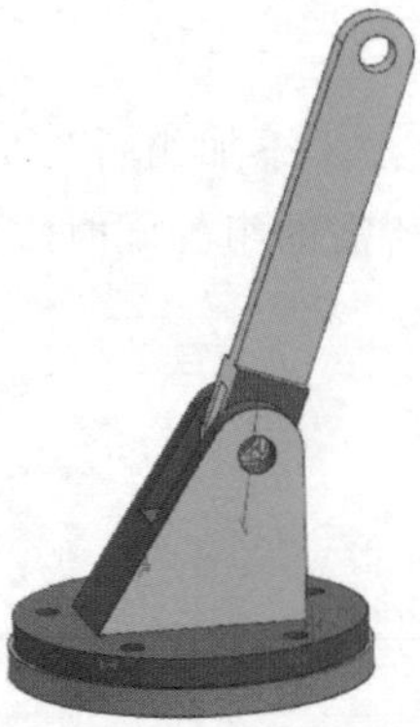
4	① 接触对齐——接触,分别选择"面1""面2",单击"应用"。 ② 接触对齐——自动判断中心/轴,分别选择"孔1"边界、"圆柱面1",单击"确定" 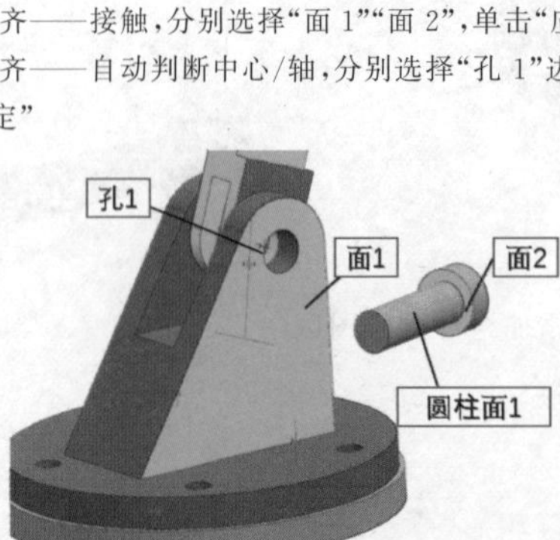	

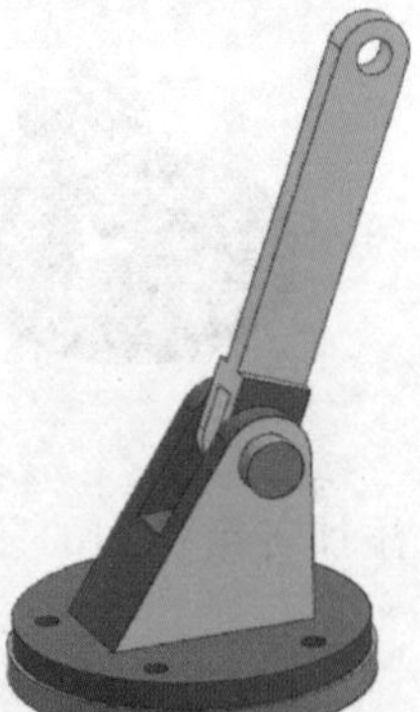

186

步骤	约束过程	效果图
5	再次添加"手臂"和"销钉"各一个,装配约束方法同上,不再赘述	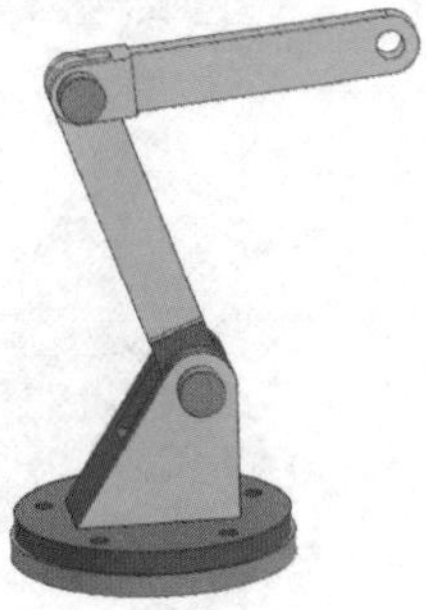
6	① 接触对齐——接触,分别选择"面 1""面 2",单击"应用"。 ② 接触对齐——自动判断中心/轴,分别选择"孔 1"边界和"圆柱面 1",单击"确定"。 ③ 螺母采用同样的方法进行装配 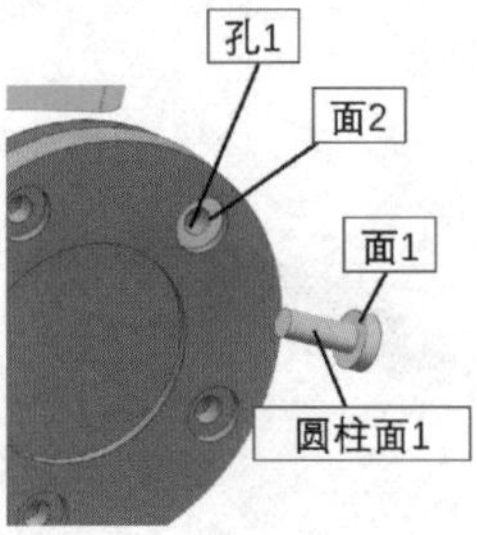 	
7	阵列组件: 选择组件"螺杆"和组件"螺母"为阵列对象;阵型布局:圆形;数量:5;节距角:72 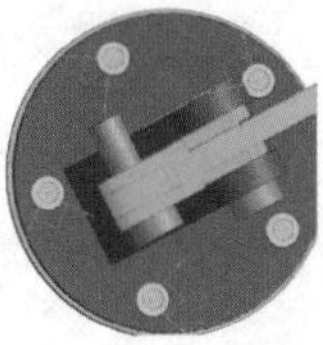 	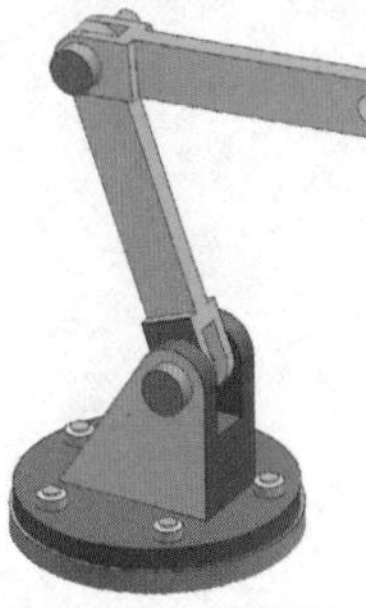

技能小结

1. 在使用装配约束"接触对齐"—"自动判断中心/轴"时,选择对象可以是中心轴线,圆柱/孔边界,也可以是圆柱表面。通常选择圆柱面可以提高制图效率。

2. 在约束后的零件上单击右键,选择"显示自由度"命令,可以显示组件当前的自由度,如图 5-1-19 所示。用户可以根据显示,确定是否需要进行约束的修改。

3. 在装配导航器下,"约束"节点处单击右键,可以通过勾选"在图形窗口中显示约束"项目,使添加的约束在绘图区显示,如图 5-1-20 所示。

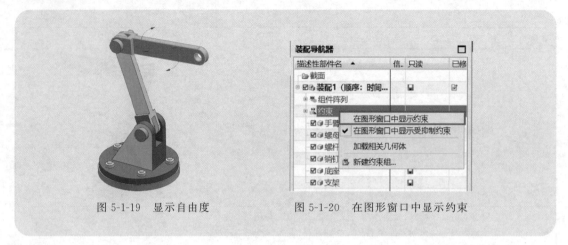

图 5-1-19　显示自由度　　　　图 5-1-20　在图形窗口中显示约束

　巩固提升

打开素材"5-1气阀"，按图 5-1-21 进行装配练习。

【5-1气阀
素材】

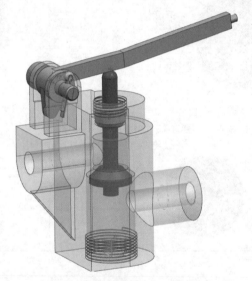

图 5-1-21　巩固与提升习题

任务 5.2　千斤顶装配爆炸图

　任务描述

本任务主要完成千斤顶装配、干涉检查及爆炸图的生成，完成效果图如图 5-2-1 所示。

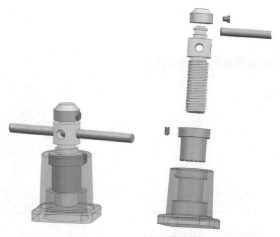

图 5-2-1　千斤顶爆炸图

知识点学习

爆炸图是指在同一环境下，把装配体的零部件拆分开，使各个零部件之间有一定的距离，方便观察各个零部件，能清晰地反映装配体的结构。在装配环境下，单击![]按钮，系统会打开"爆炸图"工具栏，如图 5-2-2 所示。

5.2.1　新建爆炸图

新建爆炸图命令用于在工作视图中新建爆炸，可在其中重定位组件以生成爆炸图。执行方法是：单击图 5-2-2 "爆炸图"工具栏 "新建爆炸"按钮，打开如图 5-2-3 所示对话框，在"名称"输入栏输入爆炸图名称后单击"确定"按钮，系统会新建一个爆炸图。

【新建爆炸图】

图 5-2-2　"爆炸图"工具栏

图 5-2-3　"新建爆炸"对话框

说明：

①"新建爆炸"对话框中"Explosion"是系统自定义的名称，用户可以根据需要进行修改。

②一个模型可以有多个爆炸图，系统默认名会以"Explosion＋数字"的方式进行定义。

③通过"工作视图选择"Explosion 1 下拉列表，选择要显示在工作视图中的爆炸图，用户可以方便地在各爆炸图以及无爆炸图状态之间切换。

5.2.2　编辑爆炸

重定位当前爆炸中选定的组件。该命令用于编辑爆炸图中组件的位置，可

【编辑爆炸】

以对指定组件进行自由移动和指定距离。

"编辑爆炸"对话框如图5-2-4所示。

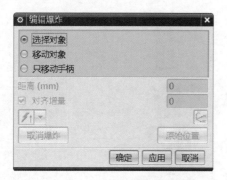

图5-2-4　"编辑爆炸"对话框

图5-2-5　拖动手柄调整组件位置

对话框部分选项说明如下。

① 选择对象：选择要爆炸的组件。

② 移动对象：用于移动选定的组件。此时，在选定组件上出现拖动手柄，可以通过拖动手柄来移动组件，如图5-2-5所示。选择此项目后，对话框中"距离""对齐增量"及"自动判断矢量"被激活，可以通过输入距离和指定矢量的方法调整组件位置。

③ 只移动手柄：用于移动拖动手柄而不移动任何其他对象。

④ 距离/角度：设置距离或角度以重新定位所选组件。

⑤ 对齐增量：选中此复选框，可以在拖动手柄时，对其移动的距离或旋转的角度设置捕捉增量。

⑥ 取消爆炸：将选定的组件移回其未爆炸的位置。

⑦ 原始位置：将所选组件移回它在装配中的原始位置。

5.2.3　自动爆炸组件

自动爆炸组件命令可以指定一个或多个组件按照设定的距离自动生成爆炸图。其对话框如图5-2-6所示。

图5-2-6　"自动爆炸组件"对话框

5.2.4　抑制组件和取消抑制组件

抑制组件是指在当前显示中移去组件，使其不执行装配操作。抑制组件并不是删除组件，组件的数据仍然在装配中存在，可在装配导航器中看到，只是不执行一些装配功能。可以在装配导航器中选取组件单击右键，在弹出的菜单栏中选择"抑制组件"命令，弹出如图5-2-7所示的对话框。各选项说明如下。

① 始终抑制：用于指定组件的抑制状态，使组件处于一直不显示的状态。

② 从不抑制：用于指定组件处于可进行操作状态。

③ 由表达式抑制：激活后可通过指定的表达式指定组件抑制状态。

5.2.5　对象干涉检查

装配完成后，通常使用"简单干涉"命令进行对象干涉检查，确定两个体是否相交，如果组件之间相互干涉，那在实际生产中是一定装配不上的。执行对象干涉检查命令方式如下。

【干涉检查】

选择"菜单"—"分析"—"简单干涉"命令,单击命令后,弹出如图 5-2-8 所示的对话框。

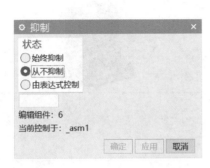

图 5-2-7 "抑制"对话框

图 5-2-8 "简单干涉"命令对话框

① 第一体、第二体:用于选择要检查的实体。

② 高亮显示的面对:用加亮表面的方式显示给用户干涉的表面,选择实体后,高亮显示发生干涉的面。

任务实施

打开 UG NX 12.0 软件,单击新建 图标,弹出"新建"对话框,在"模型"列表中选择"装配",输入名称为"千斤顶",单击"确定"按钮,进入装配环境。

【任务5.2 素材】

单击"装配"工具条中的"添加组件"按钮,打开添加组件对话框,在对话框中单击 按钮,在弹出的"部件名"对话框中选择所有装配需要的文件,其他选项设置如图 5-2-9 所示,单击"确定"按钮,将所有组件加载到装配环境中,如图 5-2-10 所示。

图 5-2-9 "添加组件"对话框设置

图 5-2-10 加载所有组件

对所有组件添加装配约束,并进行干涉检查,如出现干涉需修改实体建模。最后进行爆炸图生成。详细过程见表 5-2-1。

表 5-2-1　详细过程

添加装配约束		
	任务操作过程	效果图
1	固定约束 选择组件"底座",添加固定约束	
2	① 接触对齐——自动判断中心/轴,分别选择"面1"和"面2",单击"应用" 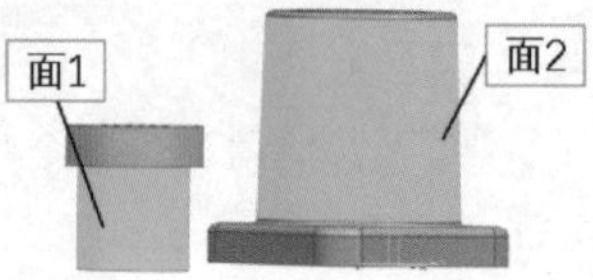 ② 接触对齐——接触,分别选择"面1""面2",单击"应用" 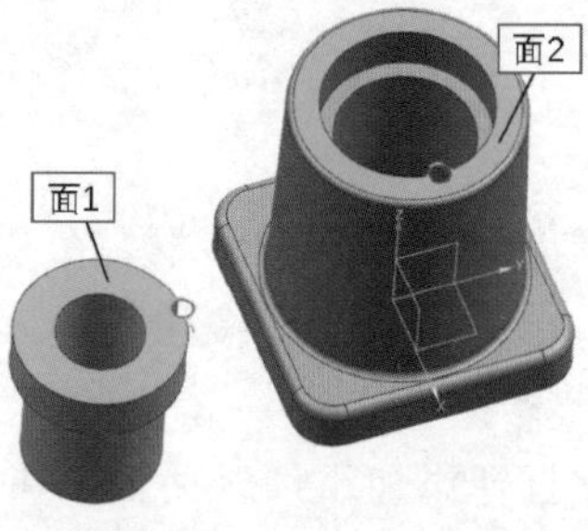 ③ 接触对齐——自动判断中心/轴,分别选择"面1"和"面2",单击"应用" 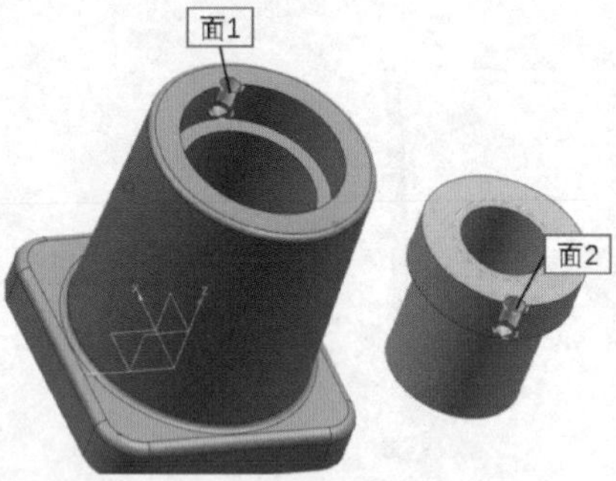 	 (接触约束方向不对时要换向)
3	接触对齐——自动判断中心/轴,分别选择"面1"和"面2",单击"应用" 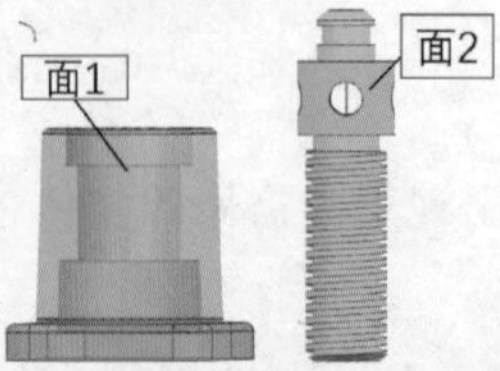 	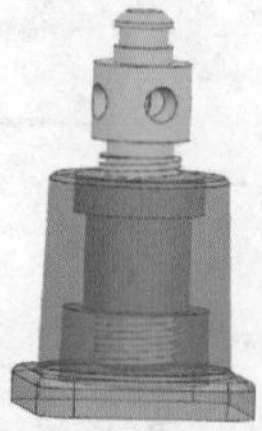 组件位置可以通过"移动组件"进行调整

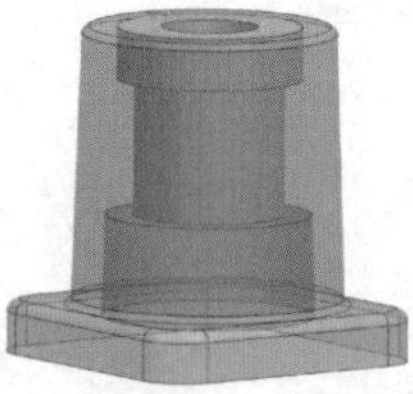

添加装配约束		
	任务操作过程	效果图
4	① 接触对齐——接触,分别选择"面 1""面 2",单击"应用"。 ② 接触对齐——自动判断中心/轴,分别选择"面 3"和"面 4"的两个外圆表面,单击"应用" 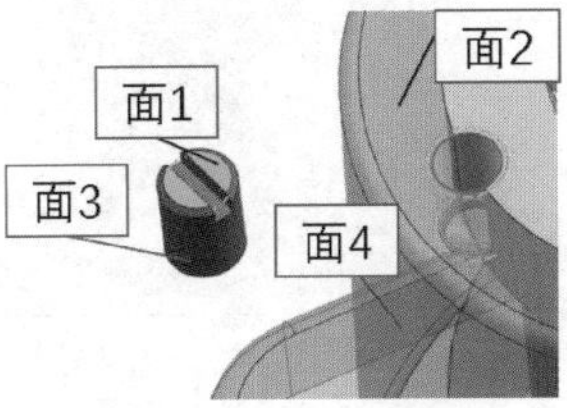 面1 面2 面3 面4	
5	① 接触对齐——接触,分别选择"面 1""面 2",单击"应用"。 ② 接触对齐——自动判断中心/轴,分别选择"面 3"和"面 4"的两个外圆表面,单击"应用" 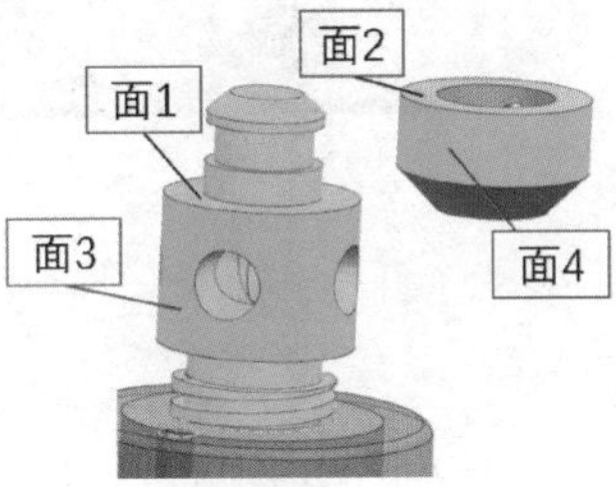 面2 面1 面3 面4	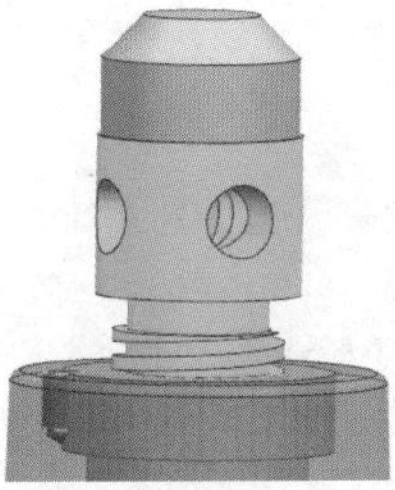
6	① 接触对齐——接触,分别选择"面 1""面 2",单击"应用"。 ② 接触对齐——自动判断中心/轴,分别选择"面 3"和"面 4"的两个外圆表面,单击"应用" 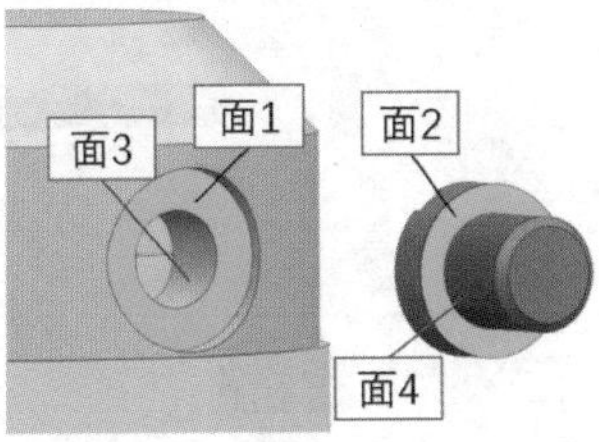 面3 面1 面2 面4	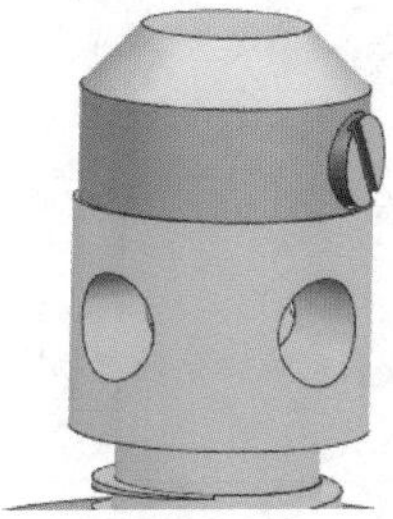
7	接触对齐——自动判断中心/轴,分别选择"面 1""面 2",单击"应用" 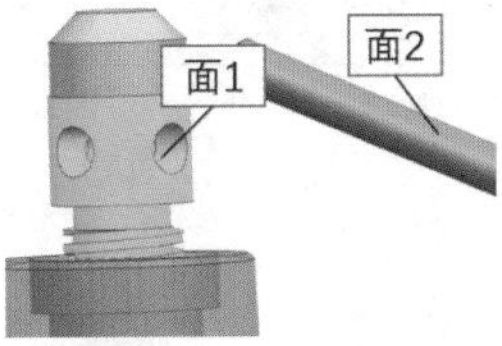 面1 面2	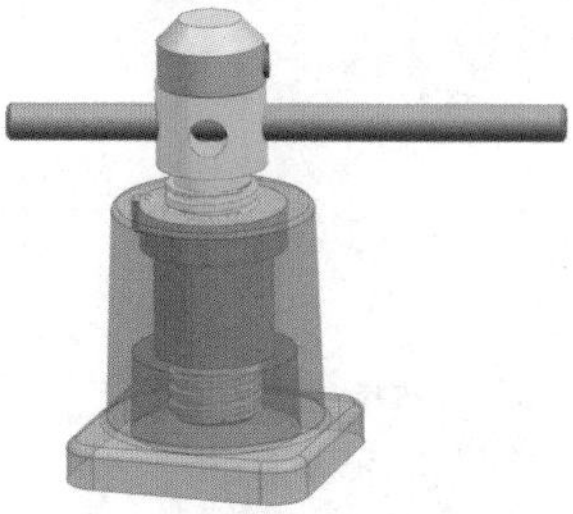

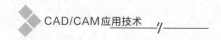

续表

对象干涉检查	
任务操作过程	效果图
千斤顶装配完成之后,单击"菜单"命令,在下拉菜单中选择"分析",再单击"简单干涉"命令,弹出"简单干涉"对话框,选择如右图所示的两个组件,单击"应用"按钮,显示检查结果。按照此方法,可以依次对存在装配约束的两个体进行干涉检查	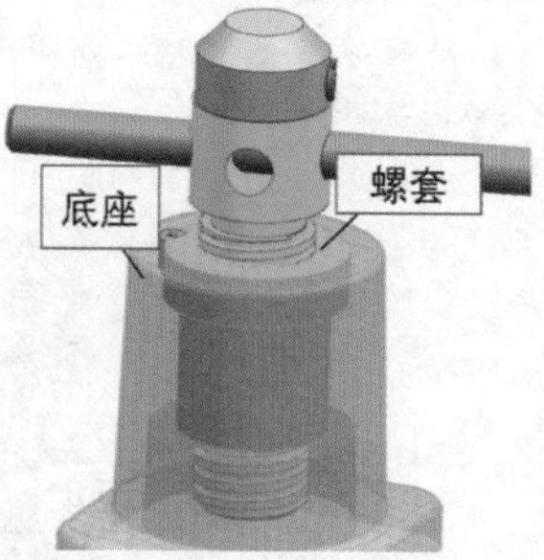 底座 螺套

生成爆炸视图		
	任务操作过程	效果图
1	新建爆炸图	在装配环境中单击"爆炸图",在弹出的工具栏中单击"新建爆炸",接受系统默认名称后单击"确定",完成爆炸图的创建
2	单击"编辑爆炸","选择对象"选取"顶垫""螺钉""横杠""螺杆",单击鼠标中键,切换到"移动对象",显示拖拽手柄,单击 Z 轴方向的箭头,"距离"文本框被激活,输入距离值310,点击"确定"完成操作	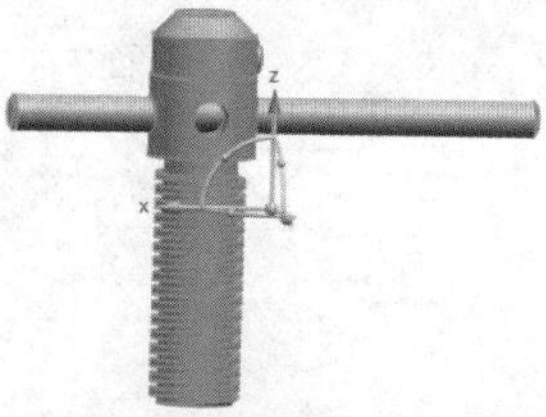
3	单击"编辑爆炸","选择对象"条件下选取"螺钉",单击鼠标中键,切换到"移动对象",显示拖拽手柄,单击 Z 轴方向的箭头,"距离"文本框被激活,输入距离值50,点击"确定"完成操作	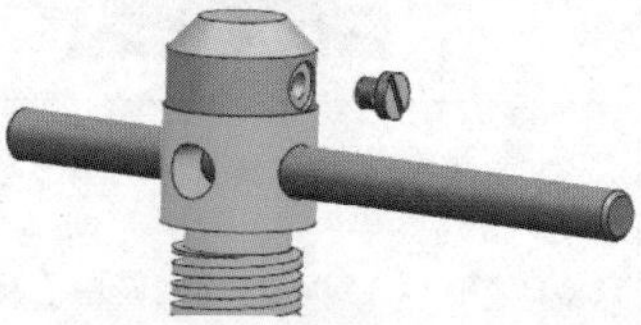
4	方法同上,选择"横杠" 距离:−200 (矢量方向选择要符合实际情况,以下步骤相同)	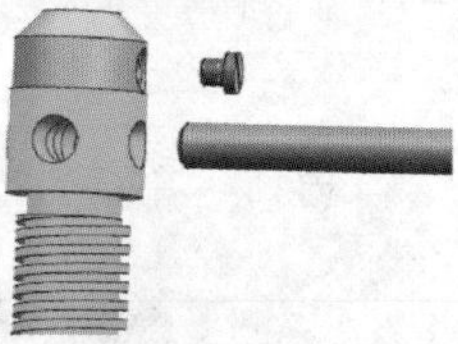
5	方法同上,选择"顶垫" 距离:−40	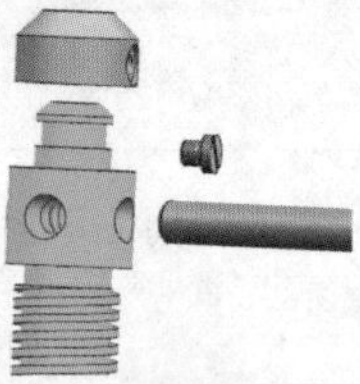
6	方法同上,选择"螺钉""螺套" 距离:120	

续表

生成爆炸视图	
任务操作过程	效果图
7　方法同上,选择"螺钉" 距离:-30 完成爆炸视图	

✎ 技能小结

1. 爆炸图编辑，可以采用拖拽手柄的方法实现组件位置的调整。

2. 爆炸图是一个用户命名的视图，后续可以生成爆炸工程图。

3. 对于复杂产品，不建议使用一次性调入所有组件的方法，应遵从由部分到整体的思路进行装配。

💡 巩固提升

打开素材"5-2装配"文件，进行产品装配，进行干涉检查后，完成爆炸图生成。爆炸效果图如图5-2-11所示。

【5-2装配素材】

【装配约束练习素材】

图 5-2-11　巩固与提升习题

项目6

工程图设计

在产品的设计和制造等过程中，工程图是各部门之间沟通的工具。使用 UG NX 12.0 的制图功能采用投影三维实体模型来创建二维工程图，因此，三维模型修改后，二维工程图会随之发生相应变化。

学习目标

知识目标

① 掌握工程图基本视图、投影视图、剖视图、局剖视图等视图的创建方法；
② 掌握工程图尺寸标注方法；
③ 掌握装配工程图明细表、标注符号的创建；
④ 掌握爆炸图出图方法。

技能目标

① 会根据图纸要求进行工程图绘制；
② 能根据产品结构特点进行科学合理的视图表达及视图布局。

职业素养目标

培养遵守机械工程制图行业标准的意识，规范成图。

任务 6.1 直角支架工程图设计

任务描述

本任务是完成图 6-1-1 所示直角固定支架零件图，视图表达包括主视图、俯视图、左视图和轴测图。其中，主视图采用局剖视图，左视图采用全剖视图。

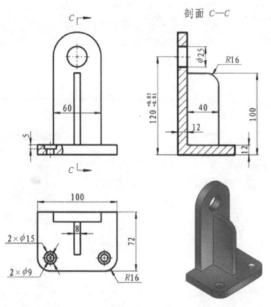

图 6-1-1　直角固定支架零件图

知识点学习

6.1.1　工程图模块

进入工程图模块的方法有两种，具体如下：

【进入工程图模块】

① 打开 UG NX 12.0，单击"新建"按钮。在弹出的"新建"对话框中，选择"图纸"选项卡，在"关系"下拉菜单选择"全部"，根据实际需要选择图纸，在"名称"输入栏输入文件名称，单击"确定"按钮，进入工程图环境，如图 6-1-2 所示。

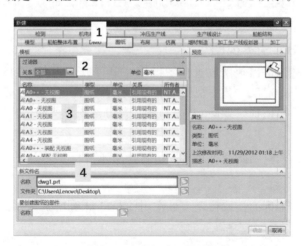

图 6-1-2　"新建"对话框

② 打开已有的模型文件，进入建模环境，选择"应用模块"选项卡，在工具栏中选择"制图"按钮，进入工程图环境，如图 6-1-3 所示。

图 6-1-3　建模环境下进入制图环境

> **注意：** 进入建模环境后，可以使用 Ctrl＋Shift＋D 组合键快速进入工程制图环境。

【创建图纸页】

6.1.2　图纸页

创建图纸页是进行工程制图的第一步。只有完成本项目的设置，工程制图环境工具栏其他功能按钮才被激活。

在制图环境下，单击"新建图纸页" 按钮，弹出"工作表"对话框，如图 6-1-4 所示，对话框中部分选项说明如下。

（1）大小

① 使用模板：选择此选项，在该对话框中选择所需的模板即可。

② 标准尺寸：选择此选项，可以在对话框设置标准图纸的大小和比例。

③ 定制尺寸：选择此选项，通过此对话框可以自定义设置图纸的大小和比例。

图 6-1-4　"工作表"对话框

（2）设置

① 投影：指定第一角投影或第三角投影；按照国标，应选择毫米和第一角投影。

② 始终启动视图创建：此项勾选后，可以选择在单击"确定"按钮后，系统启动"视图创建向导"或是"基本视图命令"。通常用户希望按照自己的方式布局时，常常不会使用此项目。

【基本视图】

6.1.3　基本视图

基本视图可以独立放置在图纸中，也可以成为其他视图的父视图。在工程制图环境下，启动"基本视图"的方法是：单击"主页"选项卡—"基本视图"命令，弹出对话框，如图 6-1-5 所示，部分选项说明如下。

（1）部件

用于加载部件、显示已加载部件和最近访问的部件。

（2）视图原点

用于定义视图在图形区的摆放位置。最常用的是"自动判断"，用鼠标在图形区点击确定原点位置。

（3）模型视图

① 要使用的模型视图：在此项目下拉菜单中，可以选择用于定义视图的方向，例如仰视图、前视图和右视图等。

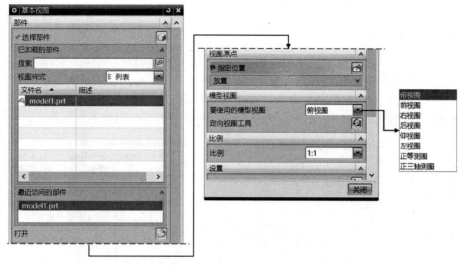

图 6-1-5　"基本视图"对话框

② 定向视图工具：单击右侧按钮，系统弹出"定向视图工具"对话框，如图 6-1-6 所示，通过该对话框并配合"定向视图"窗口，如图 6-1-7 所示，可以创建自定义的视图方向。

图 6-1-6　"定向视图工具"对话框

图 6-1-7　"定向视图"窗口

6.1.4　投影视图

投影视图的作用是从工作区现有的视图进行投影得到视图。启动"投影视图"的方法有：在完成"基本视图"设置后，单击鼠标旋转基本视图后，系统会立即启动"投影视图"命令；

【投影视图】

单击"主页"选项卡"视图"组中的"投影视图"按钮，打开"投影视图"对话框，如图 6-1-8 所示。

（1）父视图

用于在绘图工作区选择一个视图作为基本视图（即父视图），并从它投影产生新的视图。

（2）铰链线

矢量选项：包括自动判断和已定义。

☑自动判断：为视图自动判断铰链线和投影方向。

☑已定义：为视图手工定义铰链线和投影方向。

☑反转投影方向：镜像铰链线的投影箭头。

说明："反转投影方向"是常用项，当自动判断的投影方向不满足投影需求时，使用此选项来变换投影方向。

6.1.5　剖视图

剖视图命令的执行的方法是：单击"主页"选项卡"视图"组中的"剖视图"按钮，打开"剖视图"对话框，如图 6-1-9 所示，对话框中的部分选项说明如下。

【剖视图】

图 6-1-8　"投影视图"对话框

图 6-1-9　"剖视图"对话框

（1）截面线

① 定义：用于定义截面线方式，包括"动态"和"选择现有的"两种。

☑动态：根据创建方法，系统会自动创线，将其放置到适当位置即可。

☑选择现有的：使用此选项时，用户需要使用"剖切线"命令（见本节知识点 6.1.6）提前绘制截面线，根据截面线创建剖视图。

② 方法：选择创建剖视图的类型，包括简单剖/阶梯剖、半剖、旋转和点到点四种。

（2）设置

☑非剖切：在视图中选择不剖切的组件或实体，做不剖处理。

☑隐藏的组件：在视图中选择要隐藏的组件或实体，使其不可见。

其他选项参看基本视图和投影视图，这里不再赘述。

【剖切线】

6.1.6　剖切线

剖切线命令的执行方法：单击"主页"选项卡"视图"组中的"投影视图"按钮，打开"截面线"对话框，如图 6-1-10 所示。

其中，类型包括两种，说明如下。

图 6-1-10　"截面线"对话框

☑独立的：创建基于草图的独立剖切线。此方法较为常用。

☑派生的：创建派生自 PMI 切割平面符号的截面线。

创建剖切线的方法如下：

① 选择父视图，如图 6-1-11 所示，系统自动进入"草图绘制"环境，工具栏变化如图 6-1-12 所示。

图 6-1-11　选择父视图

图 6-1-12　草图绘制"剖切线"工具条

② 绘制如图 6-1-13 所示截面线，单击"完成"退出草图环境，回到主对话框，确定后完成绘制，如图 6-1-14 所示。

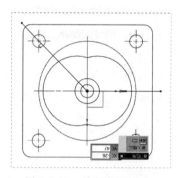

图 6-1-13　绘制截面线

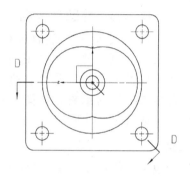

图 6-1-14　剖切线效果图

6.1.7　局部剖视图

局部剖视图命令的执行方法：单击"主页"选项卡"视图"组中的"局部剖"按钮，打开"局部剖"对话框，如图 6-1-15 所示，此时，用户可以选择"创建"（激活局部剖视图创建步骤）、"编辑"（修改现有的局部剖视图）和"删除"（从主视图中移除局部剖），以决定下一步工作任务。

【局部剖视图】

当选择"创建"选项，即新建局部剖视图时，需要用户在工作区选择创建局部剖视图的父视图，此时，对话框如图 6-1-16 所示。

图 6-1-15　"局部剖"对话框

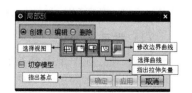

图 6-1-16　创建"局部剖"对话框

创建"局部剖"对话框中的选项说明如下。

① 选择视图：用于选择要进行局部剖切的视图。

② 指出基点：用于确定剖切区域位置的参考点，该点可通过"捕捉点"工具栏指定。

③ 指出拉伸矢量：用于指定剖切拉伸去除材料的方向，可用矢量构造器指定。

④ 选择曲线：用于定义局部剖切视图剖切边界的封闭曲线。

> **说明：** 定义局部剖切视图剖切边界需要在创建局部剖视图之前完成。剖切边界的绘制方法如下：
>
> ① 在部件导航器中用鼠标右键单击要剖视的视图（或在视图边界处单击鼠标右键），在弹出的快捷菜单中选择"活动草图视图"命令；
>
> ② 在工具栏的"草图"区域单击"艺术样条"按钮，绘制封闭的样条曲线，样条曲线作为剖切边界要完全包含局部剖切轮廓，点击"确定"，完成边界线绘制。

⑤ 修改边界曲线：用于修改剖切边界点，必要时可用于修改剖切区域。

⑥ 切穿模型：选中该复选框，则剖切时完全穿透模型。

6.1.8 局部放大图

【局部放大图】

局部放大图命令的执行方法：单击"主页"选项卡"视图"组中的"局部放大图"按钮，打开"局部放大图"对话框，如图 6-1-17 所示，对话框部分选项说明如下。

（1）类型

对话框中包含 3 种放大视图的创建类型。

① 圆形：局部放大视图的边界为圆形。

② 按拐角绘制矩形：按对角点的方法创建矩形边界。

③ 按中心和拐角绘制矩形：以局部放大图的中心点及一个角点创建矩形边界。

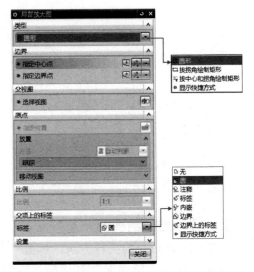

图 6-1-17　"局部放大图"对话框

（2）父视图

选择一个视图作为局部放大图的父视图。

（3）比例

用于设置局部放大图的比例尺。

6.1.9 断开视图

【断开视图】

断开视图命令的执行方法：单击"主页"选项卡"视图"组中的"断开视图"按钮，打开"断开视图"对话框，如图 6-1-18 所示，对话框部分选项说明如下。

（1）类型

① 常规：在图纸上创建有两条断裂线的断开视图，如图 6-1-19 所示。

② 单侧：在图纸上创建具有一条断裂线的断开视图，如图 6-1-20 所示。

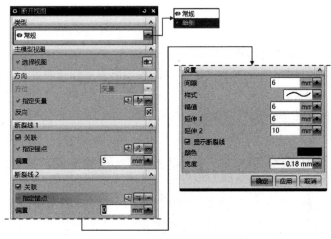

图 6-1-18　"断开视图"对话框

（2）主模型视图

选择要断开的视图。

（3）断裂线 1、断裂线 2

① 关联：将断开位置锚点与图纸的特征点关联。

② 指定锚点：鼠标单击指定断开位置的锚点，如图 6-1-19 所示。

③ 偏置：设置锚点与断裂线之间的距离，如图 6-1-20 所示。

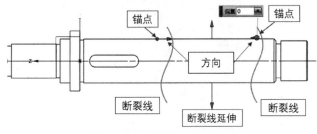

图 6-1-19　"常规"断开视图

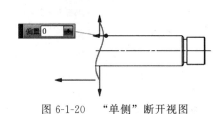

图 6-1-20　"单侧"断开视图

（4）设置

用于设置断裂线相关参数。

6.1.10　视图相关编辑

视图相关编辑执行方法：

① 单击"主页"选项卡"视图"组中的"编辑视图"下的"视图相关编辑"按钮；

② 将鼠标靠近视图边界，单击右键，在立即菜单中选择"视图相关编辑"命令。

【视图相关编辑】

执行上述方式后，弹出如图 6-1-21 所示的"视图相关编辑"对话框，部分选项说明如下。

（1）添加编辑

① 擦除对象：擦除选择的对象，如曲线、边等。

图 6-1-21　"视图相关编辑"对话框

擦除并不是删除，只是使被擦除的对象不可见而已，使用"删除擦除"按钮可使被擦除的对象重新显示。

② 编辑完整对象：在选定的视图编辑对象的显示方式，包括颜色、线型和线宽。

③ 编辑着色对象：用于控制制图视图中对象的局部着色和透明度。

④ 编辑对象段：编辑部分对象的显示方式，用法与编辑整个对象相似。选择编辑对象后，可选择一个或两个边界，则只编辑边界内的部分。

（2）删除编辑

① 删除擦除：恢复被擦除的对象。单击该按钮，已被擦除的对象将高亮显示，选择要恢复显示的对象即可恢复显示。

② 删除选定的编辑：恢复部分编辑对象在原视图中的显示方式。

③ 删除全部的编辑：恢复所有编辑对象在原视图中的显示方式。

6.1.11 中心线

在 UG 工程图，可以生成如图 6-1-22 所示多种中心线。执行方法是：单击"主页"选项卡"注释"组中，找到中心线命令按钮，如图 6-1-22 所示，所有命令在按钮的下拉列表中，因此，工具条上显示最近一次使用的命令图标。下面对常用的中心线进行说明。

图 6-1-22　中心线命令列表

图 6-1-23　"中心标记"对话框

（1）中心标记

通常情况下，中心标记是为整圆或圆弧创建中心线。其对话框如图 6-1-23 所示，部分选项说明如下。

① 位置

☑选择对象：选择有效的几何对象，可以选择点或圆弧。

☑创建多个中心标记：未勾选此项时，当多个圆弧中心共线时，则绘制一条穿过圆弧中心的直线，如图 6-1-24（a）所示。选中此复选框，则创建多个独立的中心标记，如图 6-1-24（b）所示。

② 继承　选择中心标记：选择要修改的中心标记。

③ 设置

☑单独设置延伸：勾选此复选框，关闭延伸输入框，分别调整中心线的长度。

☑显示为中心点：勾选此复选框，中心标记符号为一个点，如图 6-1-25 所示。

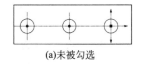
(a)未被勾选

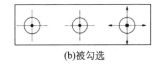
(b)被勾选

图 6-1-24 "创建多个中心标记"复选

图 6-1-25 勾选"显示为中心点"效果图

（2）2D 中心线

此命令可以在两条边、两条曲线或两个点之间创建 2D 中心线。"2D 中心线"对话框如图 6-1-26 所示。对话框中的部分选项说明如下。

类型：分为从曲线与根据点两种。

① 从曲线：从选定的曲线创建中心线。分别选择"第 1 侧"对象和"第 2 侧"对象后，自动生成中心线如图 6-1-27 所示。

② 根据点：根据选定的点创建中心线。分别选择"第 1 点"和"第 2 点"后，自动生成中心线如图 6-1-28 所示。

图 6-1-26 "2D 中心线"对话框

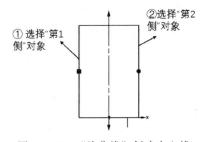

图 6-1-27 "从曲线"创建中心线

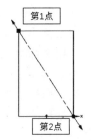

图 6-1-28 "根据点"创建中心线

6.1.12 尺寸标注

UG 标注的尺寸来自实体模型的建模尺寸，与工程图的比例无关。因此改变实体中某个尺寸参数，工程图中的标注尺寸会随着自动更新。软件的"主页"选项卡"尺寸"组中提供了多种尺寸标注功能，如图 6-1-29 所示。

执行快速尺寸标注方式后，会弹出"快速尺寸"对话框，如图 6-1-30 所示。

图 6-1-29 "尺寸标注"的使用

图 6-1-30 "快速尺寸"对话框

"快速尺寸"对话框中的"驱动-方法"选项说明如下。部分选项效果如图 6-1-31 所示。

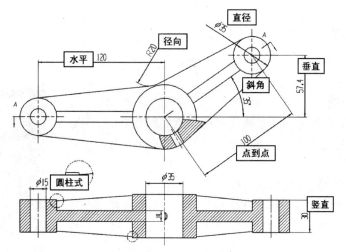

图 6-1-31   "驱动-方法"各选项示意图

① 自动判断：系统自动判断选择使用尺寸标注类型来进行尺寸的标注。

② 水平：标注工程图中所选对象间的水平尺寸。

③ 竖直：标注工程图中所选对象间的垂直尺寸。

④ 垂直：用来标注工程图中所选点到直线（或中心线）的垂直尺寸。

⑤ 圆柱式：用来标注工程图中所选圆柱对象之间的尺寸。

⑥ 斜角：用来标注工程图中所选两直线之间的角度。

⑦ 径向：用来标注工程图中所选圆或圆弧的半径或直径尺寸。

⑧ 直径：用来标注工程图中所选圆或圆弧的直径尺寸。

⑨ 点到点：用来标注工程图中所选两点的直线尺寸距离尺寸。

说明： 在选择标注尺寸对象后，会伴随铰链线与光标移动，此时，鼠标在绘图区停下不动，会立刻出现"尺寸编程"对话框，其内容及说明如图 6-1-32 所示。

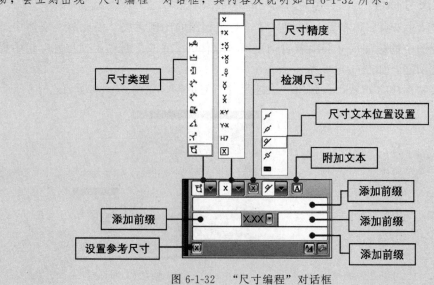

图 6-1-32   "尺寸编程"对话框

【6-1-1 直角
支架素材】

任务实施

打开素材模型文件"6-1-1 直角支架",点击"应用模块"选项卡工具栏下"制图"命令,进入制图环境,进行零件工程图制作,操作步骤见表 6-1-1。

表 6-1-1 直角支架工程图绘制过程

步骤		操作过程/图例
1	新建图纸页	单击"新建图纸页"命令,打开"工作表"对话框,设置参数: 大小:标准尺寸; 选择"A2——420×594"
2	创建基本视图	选择"基本视图"命令,弹出"基本视图"对话框,在"模型视图"下选择"俯视图",鼠标移动到绘图区,单击左键放置视图,完成基本视图创建,系统启动"投影视图"对话框 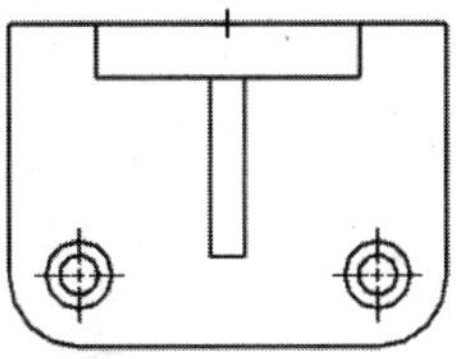
3	创建主视图	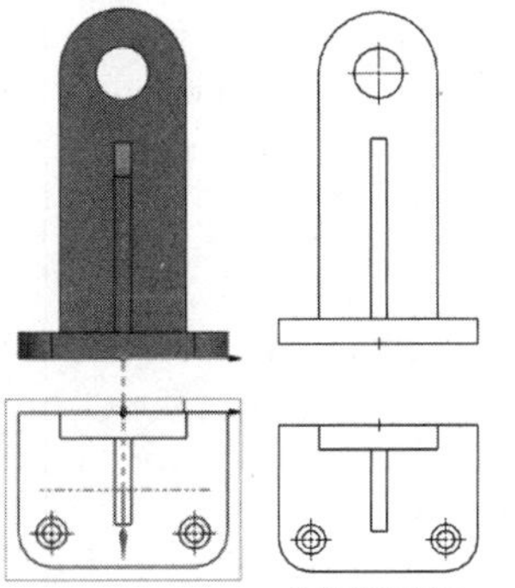 铰链线如图所示,矢量方向发生错误时,选择"反转投影方向"按钮,保证两视图的投影关系后,单击左键放置投影视图 未放置前　　放置投影视图
4	创建全剖的左视图	选择"剖视图"命令,对话框设置如下: 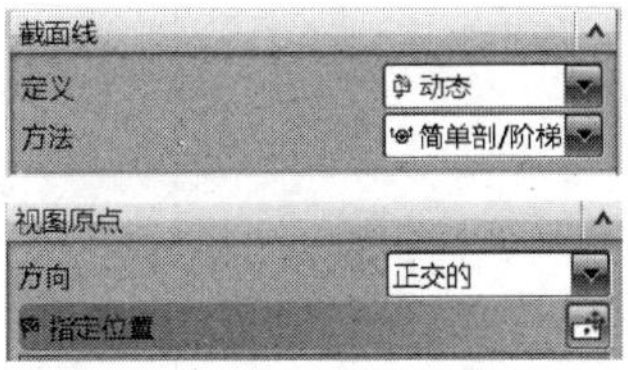 截面线 定义　动态 方法　简单剖/阶梯 视图原点 方向　正交的 指定位置 鼠标左键单击选择圆的中心放置截面线,移动鼠标,检查截面线投影方向(矢量方向发生错误时,选择"反转投影方向"按钮),如图(a)所示,单击左键放置全剖视图,效果图如图(b)所示 选择圆的中心,放置截面线 (a) (b) 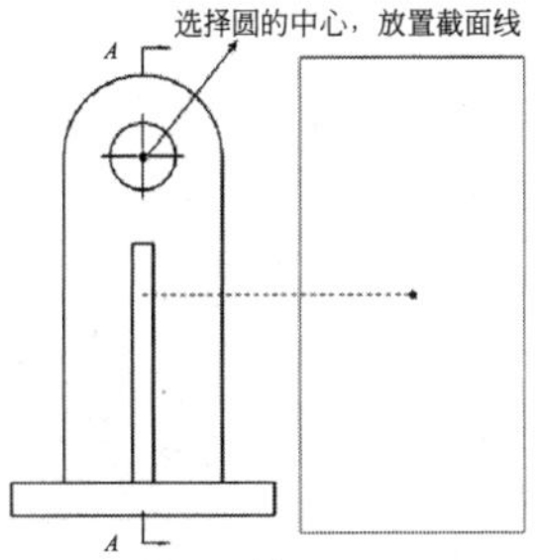 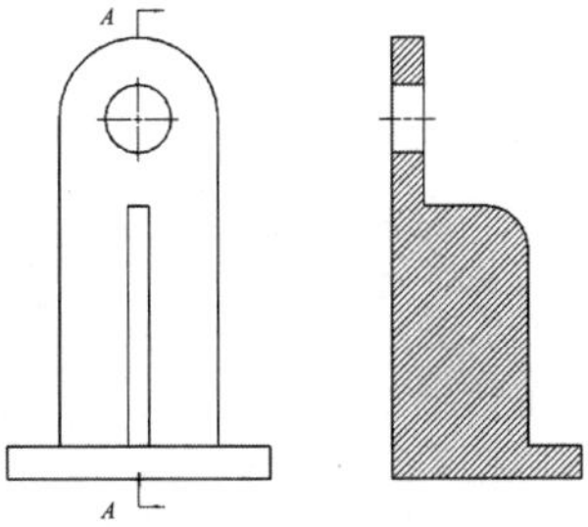

步骤		操作过程/图例
5	创建局部剖视图	绘制边界线。 ① 鼠标靠近主视图边界处单击鼠标右键,在弹出的快捷菜单中选择"活动草图视图"命令,如图(a)所示。 ② 在工具栏的"草图"区域单击"艺术样条"按钮,绘制封闭的样条曲线,点击"确定",完成边界线绘制,在工具栏中,选择"完成草图",如图(b)所示 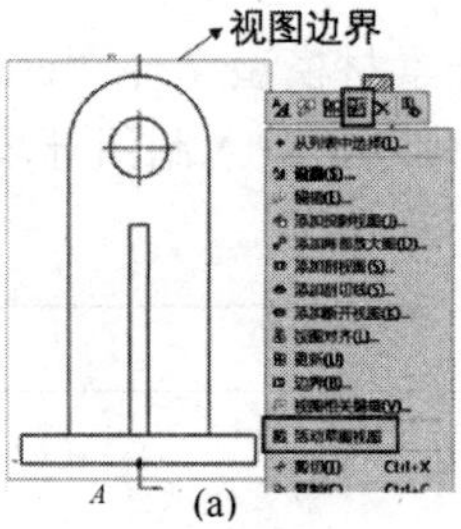 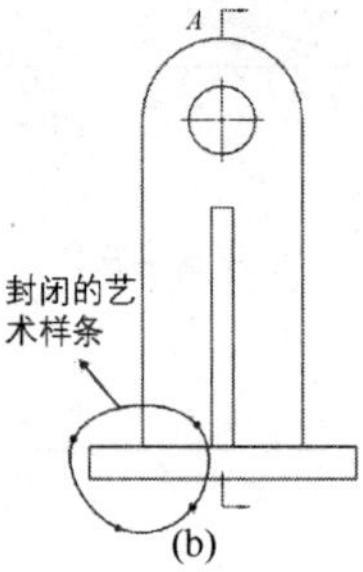
		选择"局剖视图"命令,打开"局剖视图"对话框: ① 左键单击选择"主视图"进行创建局剖视图。 ② 选择如图(a)所示圆心位置作为基点,矢量方向如图示,单击鼠标中键切换到下一步"选择曲线"。 ③ 选择绘制的样条曲线,此时边界无须修改,单击"确定",完成剖视图,如图(b)所示 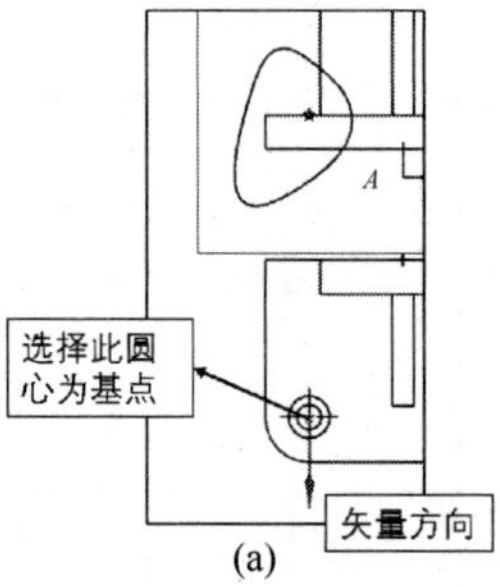 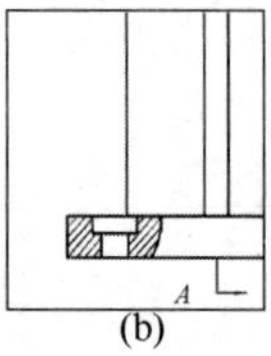
6	编辑全剖视图	将鼠标靠近全剖的左视图边界,单击右键,在立即菜单中选择"视图相关编辑"命令,打开"视图相关编辑"对话框,选择"擦除对象",弹出"类选择"对话框,左键选择剖面线,单击"确定",完成如图示效果 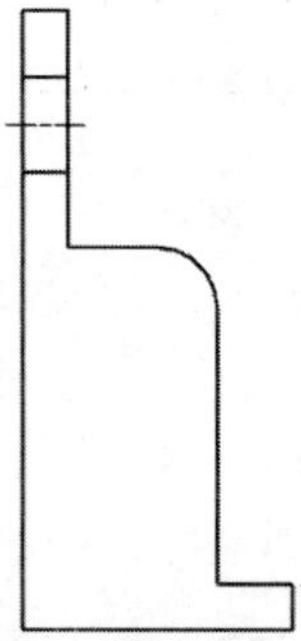

续表

步骤		操作过程/图例
7	绘制左视图轮廓线	① 鼠标靠近左视图边界处单击鼠标右键,在弹出的快捷菜单中选择"活动草图视图"命令。 ② 在工具栏的"草图"区域单击"直线"命令,绘制轮廓曲线,如右图所示,在工具栏中,选择"完成草图",如右图所示 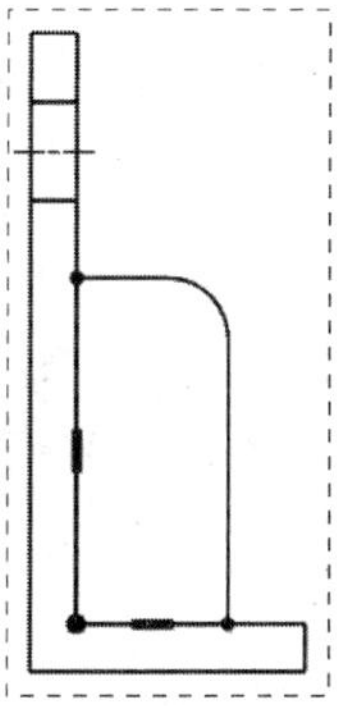
8	创建剖面线	选择"剖面线"命令。打开"剖面线"对话框,鼠标单击选择如右图示两个封闭区域,单击"确定",完成剖面线填充 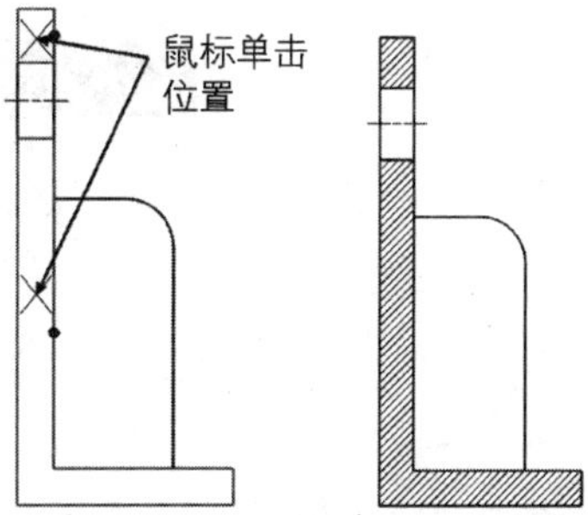
9	创建轴测图	选择"基本视图"命令,弹出"基本视图"对话框,在"模型视图"下选择"正等测图",鼠标移动到绘图区,单击左键放置视图,完成基本视图放置,单击"关闭"。 说明:双击正轴测图边界,打开"设置"对话框,选择"着色","渲染样式"选择"完全着色",会产生右图示的着色效果 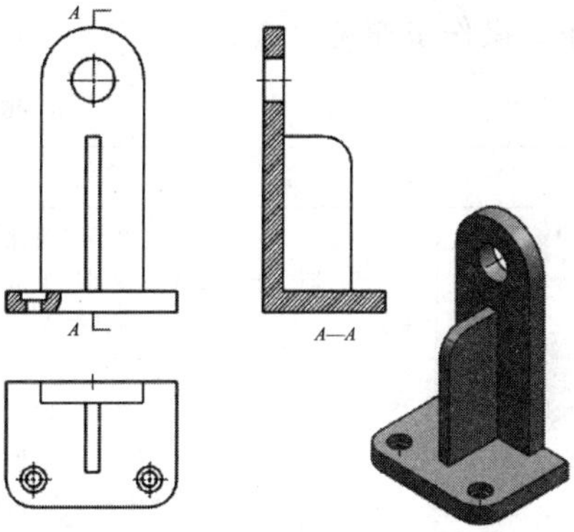
10	尺寸标注	根据图纸要求,进行尺寸标注。完成情况如右图示 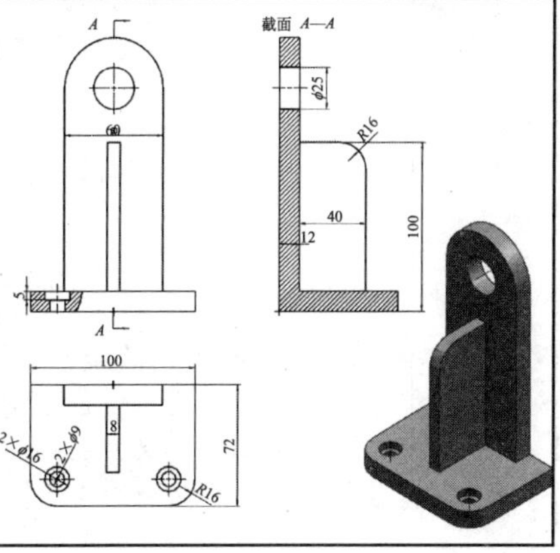

进阶训练

打开素材模型文件"6-1-1进阶练习",如图6-1-33所示。

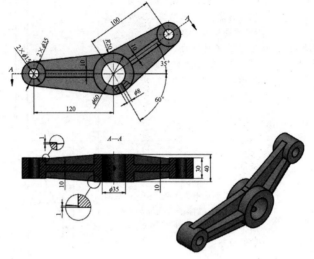

图6-1-33　工程图进阶训练图

点击"应用模块"选项卡工具栏下"制图"命令,进入制图环境,进行零件工程图制作,操作步骤见表6-1-2。

表6-1-2　进阶训练操作过程

步骤		操作过程/图例	
1	新建图纸页	单击"新建图纸页"命令,打开"工作表"对话框,设置参数。 大小:标准尺寸; 选择"A2——420×594"	
2	创建基本视图	选择"基本视图"命令,弹出"基本视图"对话框,在"模型视图"下选择"俯视图",鼠标移动到绘图区,单击左键放置视图,完成基本视图创建,系统启动"投影视图"对话框	
3	绘制剖切线	打开"剖切线"命令: ① 选择基本视图为父视图,系统自动进入"草图绘制"环境,绘制如图所示截面线。 ② 单击"完成"退出草图环境,回到主对话框,确定后完成绘制	

步骤		操作过程/图例
4	创建剖视图	选择"剖视图"命令,"截面线"定义方法选择"选择现有的";选择上一步绘制的截面线,铰链线垂直放置,生成剖视图如图所示 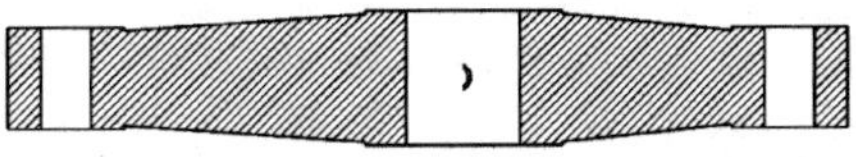
5	擦除剖面线	将鼠标靠近剖视图边界,单击右键,在立即菜单中选择"视图相关编辑"命令。选择"擦除对象",选择剖面线,"确定"后将剖面线擦除,如图所示 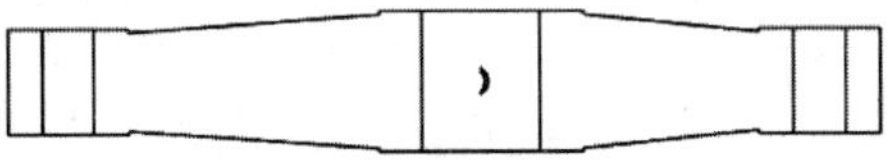
6	绘制轮廓曲线	① 鼠标靠近左视图边界处单击鼠标右键,在弹出的快捷菜单中选择"活动草图视图"命令。 ② 在工具栏的"草图"区域单击"直线"命令,绘制轮廓曲线,在工具栏中,选择"完成草图",如图所示 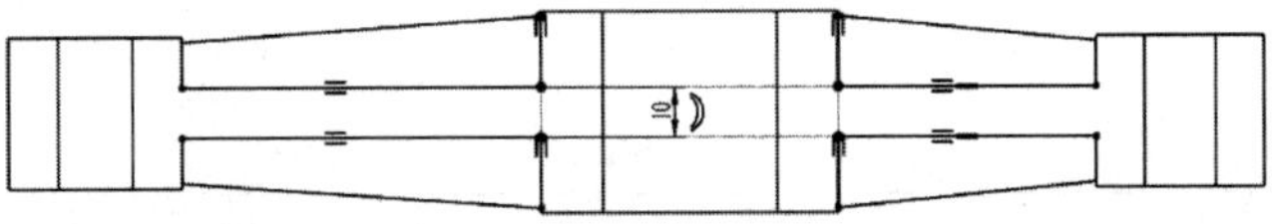
7	填充剖面线	选择"剖面线"命令,打开"剖面线"对话框,鼠标单击选择如图示红色标记处的封闭区域,单击"确定",完成剖面线填充 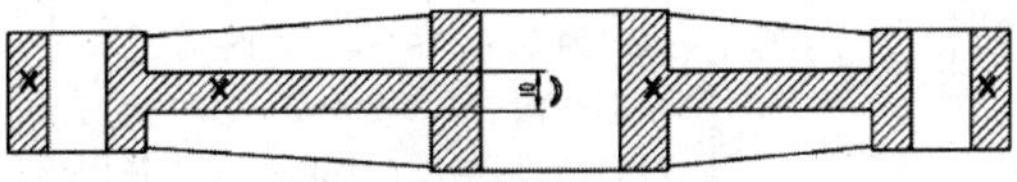
8	绘制局部剖视图的边界线	绘制边界线。 ① 鼠标靠近主视图边界处单击鼠标右键,在弹出的快捷菜单中选择"活动草图视图"命令。 ② 在工具栏的"草图"区域单击"艺术样条"按钮,绘制封闭的样条曲线,单击"确定",完成边界线绘制,在工具栏中,选择"完成草图",如右图示 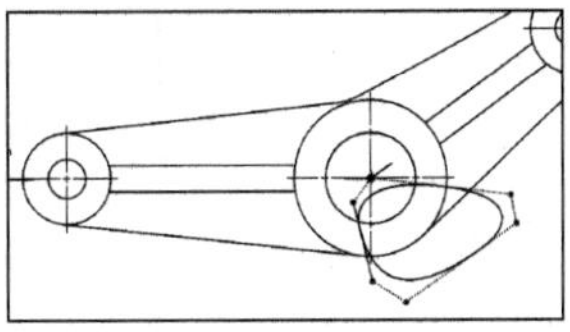
9	创建局部剖视图	选择"局剖视图"命令,打开"局剖视图"对话框: ① 左键单击选择"主视图"创建局部剖视图。 ② 选择如图(a)所示圆点标记位置作为基点,矢量方向如图示,单击鼠标中键切换到下一步"选择曲线"。(选择基点时请把"控制点"捕捉对象打开。) ③ 选择上一步绘制的样条曲线,此时边界无须修改,单击"确定",完成剖视图,如图(b)所示 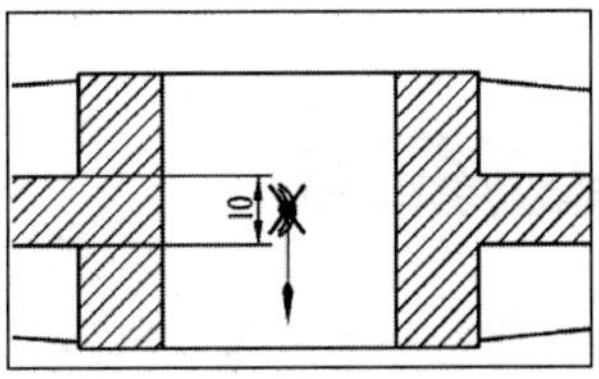 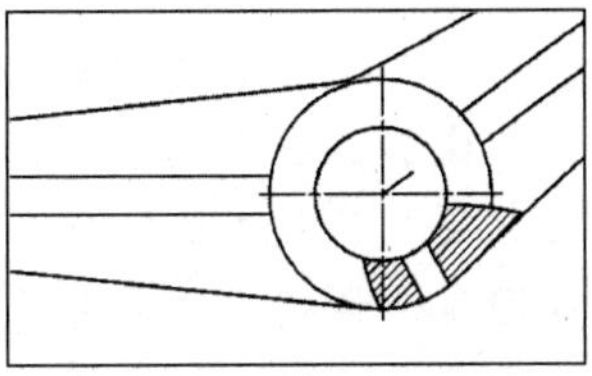

211

CAD/CAM应用技术

续表

步骤		操作过程/图例
10	创建局部放大图	单击"局部放大图"按钮,打开"局部放大图"对话框。 ① 在剖视图,单击左键选择标记位置; ② 类型——"圆形"; ③ 比例——"2∶1"。 两处放大图方法相同 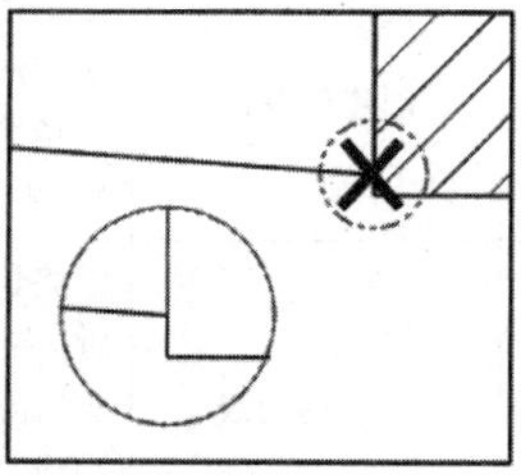 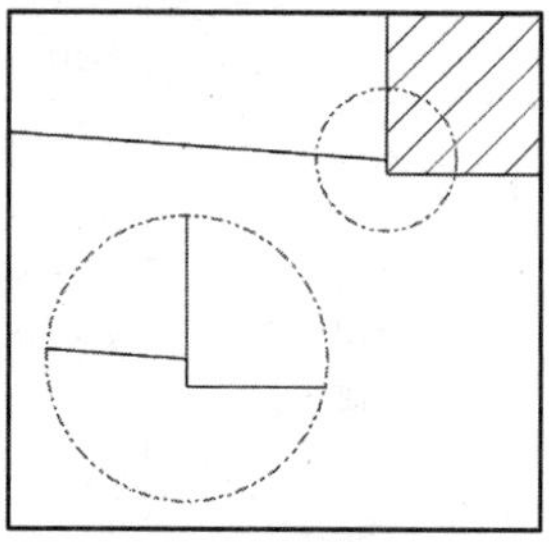
11	创建轴测图	 选择"基本视图"命令,弹出"基本视图"对话框,在"模型视图"下选择"定向视图工具"按钮,打开的"定向视图"窗口,如图(a)所示,调整视图角度达到图纸要求,鼠标移动到绘图区,单击左键放置视图,完成视图放置,单击"关闭"。 说明:双击新放置的视图边界,打开"设置"对话框,选择"着色","渲染样式"选择"完全着色",会产生如图(b)所示的着色效果 (a) 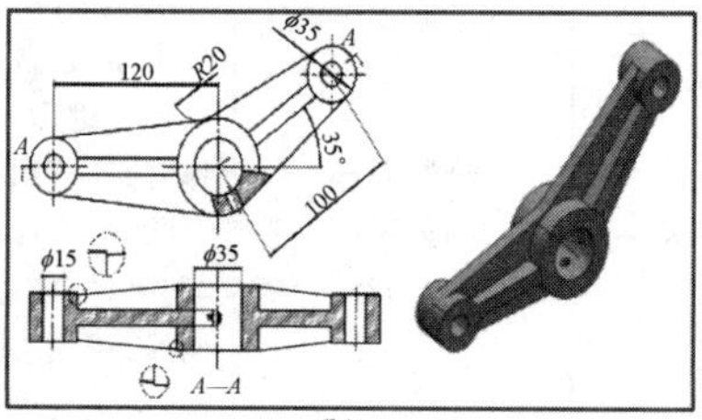 (b)

说明:请读者按照图纸要求自行进行尺寸标注的绘制。

技能小结

1.若要编辑剖视图截面线,可以双击截面线,打开"设置对话框"进行剖面线间距、角度等的相关设置。

2.在视图视角不符合要求时,可以使用"定向视图工具"按钮,在"定向视图"窗口中通过旋转视图来调整视图视角。

3.在放置的视图边界单击右键,在"设置"对话框"公共"—"着色"选项中可以修改视图显示样式为"完全着色"。

4.在工程图中不想显示的线可以对其进行隐藏操作。

212

巩固提升

打开"6-1 巩固练习"文件，生成如图 6-1-34 所示工程图。

【6-1 巩固
练习素材】

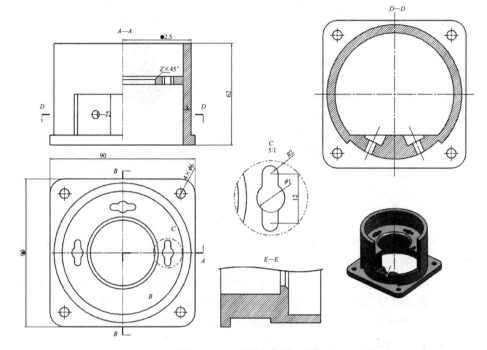

图 6-1-34　巩固与提升习题

任务 6.2　千斤顶装配工程图

　任务描述

如图 6-2-1 所示，完成千斤顶装配工程图的创建，主要任务包括俯视图、主视图（作剖视图处理）、爆炸视图、明细表、标题栏。

📱　知识点学习

【插入爆炸
视图（一）】

【插入爆炸
视图（二）】

6.2.1　爆炸视图

通常情况下，在装配工程图中需要插入装配的爆炸视图以表达零件的位置关系。在工程图中插入爆炸视图的步骤是：

① 在主模型文件中，完成装配体的爆炸视图，并摆放好视角。

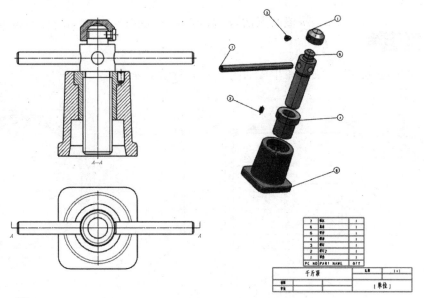

图 6-2-1　千斤顶装配工程图

　　② 选择"菜单"—"视图"—"操作"—"另存为",打开"保存工作视图"对话框。如图 6-2-2 所示。

　　③ 在对话框"名称"输入栏,输入视图名称"BAO"后,单击"确定"按钮。

　　④ 进入工程制图环境,选择"基本视图"命令,在"模型视图"中选择名为"BAO"的视图,在绘图区单击左键,即完成爆炸图的插入。

6.2.2　PMI 剖视图

【PMI剖视图】

　　在模型中创建剖切并在 3D 剖视图中显示结果。执行方法:在"应用模块"选项卡,选择"PMI"按钮,在功能区会显示"PMI"选项卡,在"PMI"选项卡下的工具栏,选择"剖视图(原)"命令(如果没有此项,请自行定制),打开如图 6-2-3"剖视图(原)"对话框。

图 6-2-2　"保存工作视图"对话框

图 6-2-4　"表格注释"对话框

图 6-2-3　"剖视图(原)"对话框

① 要剖切的对象　选择剖切对象，可以选择单一的实体模型，也可以选择装配模型文件中的实体模型。

② 刀　此处同"拉伸"命令的使用，用于创建剖切刀具。

③ 设置　设置剖切后的相关参数，包括外观、剖视图名等。

6.2.3　表格注释

此命令用于创建和编辑信息表格。执行表格注释命令方法是：单击"主页"选项卡"表"组中的"表格注释"按钮。弹出如图 6-2-4 所示的"表格注释"对话框，选项说明如下。

【表格注释】

① 原点　用于为表格注释指定位置。

② 表大小

列数：设置竖直列数。

行数：设置水平行数。

列宽：为所有水平列设置统一宽度。

说明： 当标题栏中所填写的内容较多而插入的表格不够时，需要插入行或列。以插入行为例，其方法是：在表格中选中一行，单击右键，弹出立即菜单，选择"插入"—"行上方（或行下方）"如图 6-2-5 所示，插入新行完成。插入列的方法相同，不再赘述。

图 6-2-5　插入"行"

同时可以进行合并单元格操作，方法是：选择合并的单元格后，单击右键，弹出立即菜单，选择"合并单元格"命令即可。

6.2.4　零件明细表

零件明细表是直接从装配导航器中列出的组件派生而来的，执行方法是：单击"主页"选项卡"表"组中的"零件明细表"按钮，然后，滑移鼠标将表格拖动到所需位置，放置零件明细表，如图 6-2-6 所示。

【零件明细表】

8	螺塞	1
7	密封圈	1
6	螺母	1
5	阀杆	1
4	堵头	1
3	垫圈	1
2	扳手	1
1	阀体	1
PC NO	PART NAME	QTY

图 6-2-6　零件明细表

PC NO	PART NAME	QTY

图 6-2-7　零件明细表内容不显示

说明： 在生成零件明细表时，常常会遇到如图 6-2-7 所示的情况，零件明细表内容不显示，只显示首行。解决方法是：在"部件导航器"中，找到"零件明细表"级，单击右键，选择"编辑级别"命令，打开如图 6-2-8 所示对话框，单击"主模型"按钮，即会显示如图 6-2-6 所示的完整明细表。

图 6-2-8　"编辑级别"对话框

6.2.5　自动符号标注

【自动符号标注】

自动符号标注执行方法是：单击"主页"选项卡"表"组中的"自动符号标注"按钮，打开如图 6-2-9(a) 所示对话框，然后在视图中选择已创建好的明细表，单击"确定"按钮。打开如图 6-2-9(b) 所示的"零件明细表自动符号标注"对话框，选择零件序号生成的视图后，单击"确定"，完成零件序号的创建。

6.2.6　符号标注

【符号标注】

用于在图纸上创建和编辑标识符号。执行方法是：单击"主页"选项卡"注释"组中的"符号标注"按钮。弹出"符号标注"对话框，如图 6-2-10 所示，部分选项说明如下。

(a)

(b)

图 6-2-9　"零件明细表自动符号标注"对话框

图 6-2-10　"符号标注"对话框

- 类型　指定标注符号类型。包括圆、分割圆、顶角朝下三角形、顶角朝上三角形、正方形、下划线等 11 种类型。常用的是下划线和圆。
- 文本　将文本添加到标注符号。

任务实施

打开素材装配文件"6-2-1 千斤顶"，点击"应用模块"选项卡工具栏下"制图"命令，进入制图环境，进行零件工程图制作，操作步骤见表 6-2-1。

【6-2-1 千斤顶素材】

表 6-2-1　千斤顶装配工程图过程

步骤		操作过程/图例
1	新建图纸页	单击"新建图纸页"命令，打开"工作表"对话框，设置参数： 大小：标准尺寸； 选择"A0——841×1189"

步骤		操作过程/图例
2	创建基本视图	选择"基本视图"命令,弹出"基本视图"对话框。 在"模型视图"下选择"俯视图",鼠标移动到绘图区,单击左键放置视图,完成基本视图创建,系统启动"投影视图"对话框,选择"关闭" 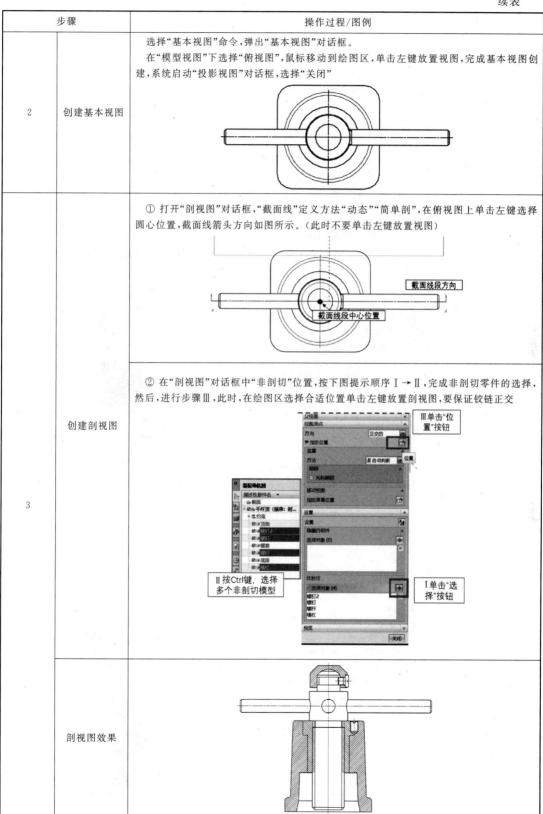
3	创建剖视图	① 打开"剖视图"对话框,"截面线"定义方法"动态""简单剖",在俯视图上单击左键选择圆心位置,截面线箭头方向如图所示。(此时不要单击左键放置视图) ② 在"剖视图"对话框中"非剖切"位置,按下图提示顺序Ⅰ→Ⅱ,完成非剖切零件的选择,然后,进行步骤Ⅲ,此时,在绘图区选择合适位置单击左键放置剖视图,要保证铰链正交
	剖视图效果	

步骤		操作过程/图例
4	编辑剖面线	① 将鼠标靠近主视图边界,单击右键,在立即菜单中选择"视图相关编辑"命令,打开"视图相关编辑"对话框,选择"擦除对象",弹出"类选择"对话框,左键选择"螺套"剖面线,单击"确定"。 ② 选择"剖面线"命令,打开"剖面线"对话框,鼠标单击选择"螺套"封闭区域(红色标记处),单击"确定",完成剖面线填充
5	插入爆炸视图	① 进入装配环境,完成装配体的爆炸视图,并摆放好视角。 ② 选择"菜单"—"视图"—"操作"—"另存为",打开"保存工作视图"对话框。 ③ 在对话框"名称"输入栏,输入视图名称"爆炸图",比例"1:2",单击"确定"按钮。 ④ 返回工程制图环境,选择"基本视图"命令,在"模型视图"中选择名为"爆炸图"的视图,在绘图区单击左键,即完成爆炸图的插入
6	创建明细表	单击"主页"选项卡"表"组中的"零件明细表"按钮,然后,滑移鼠标将表格拖动到所需位置,放置零件明细表

7	横杠	1
6	底座	1
5	螺杆	1
4	螺套	1
3	螺钉	1
2	螺钉2	1
1	顶垫	1
PC NO	PART NAME	QTY

7	创建零件序号	① 选择"自动符号标注"按钮,打开对话框。 ② 选择上一步已创建好的明细表,单击"确定"按钮。 ③ 弹出"零件明细表自动符号标注"对话框后,选择爆炸视图,生成零件序号。 说明:序号位置可以用鼠标拖拽的方法调整

续表

步骤		操作过程/图例
8	创建标题栏	① 单击"表格注释"按钮后,在绘图区适当位置,单击左键放置表格。 ② 通过"合并单元格"、删除(或增加)单元,完成如图所示结构的表格。 ③ 双击上图✖标记单元格,激活输入框,输入"千斤顶",然后单击任意有文字输入的单元格,完成文字输入,如下图所示。 ④ 鼠标在任意单元格处单击右键,在立即菜单中选择"设置",打开"设置"话框,调整文字位置及大小,完成效果图如下图所示
	完成效果图	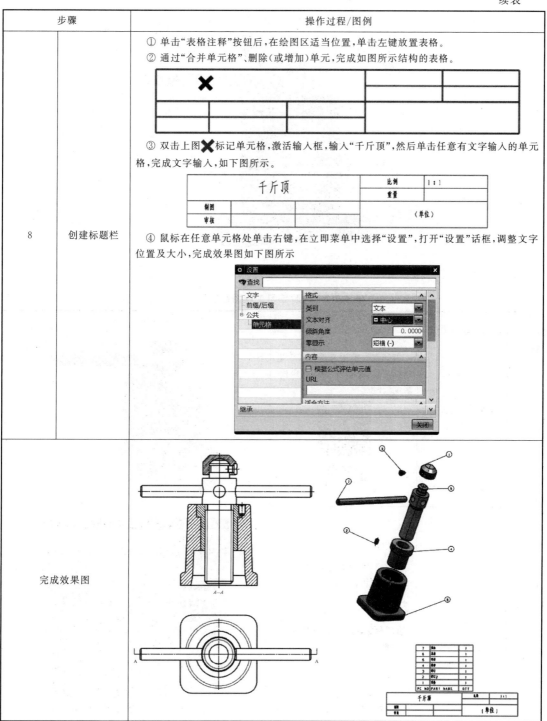

进阶训练

本训练任务是完成如图 6-2-11 所示折角阀的装配工程图。绘制过程见表 6-2-2。

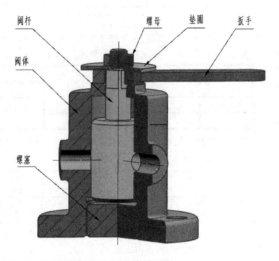

图 6-2-11　进阶练习图

表 6-2-2　进阶练习工程图绘制过程

	操作过程		效果图/参数图
1	打开文件,进入建模环境	打开素材模型文件"6-2-1 进阶练习",如右图,进入"建模-装配"环境 【6-2-1 进阶练习素材】	
2	创建 PMI 剖视图	在"应用模块"选项卡,选择"PMI"按钮,在功能区会显示"PMI"选项卡,在"PMI"选项卡下的工具栏,选择"剖视图(原)"命令,打开"剖视图(原)"对话框。 单击"绘制截面"按钮,打开"创建草图"对话框,选择阀体底面为基准平面,进入草绘环境	

操作过程		效果图/参数图
2	创建 PMI 剖视图	绘制截面轮廓如图所示。 退出草图环境 ① 返回剖视图对话框,进行参数设置: "限制"—"结束"值为 104; 矢量方向选择"Z 轴正方向"。 ② 单击选择"要剖切的对象": 在部件导航器中,按 Ctrl 键,选择如图示所有零件。 ③ 单击"确定",完成剖视图,如右图所示
3		点击"应用模块"选项卡工具栏下"制图"命令,进入制图环境,进行零件工程图制作
4	新建图纸页	单击"新建图纸页"命令,打开"工作表"对话框,设置参数。 大小:标准尺寸; 选择"A2—420×594"
5	创建基本视图	① 选择"基本视图"命令,弹出"基本视图"对话框,在"模型视图"下选择"SECTION OF TRIMETRIC",如图所示。 ② 选择"定向视图工具"按钮,在"定向视图"窗口中调整视角。 ③ 鼠标移动到绘图区,单击左键放置视图,完成视图创建 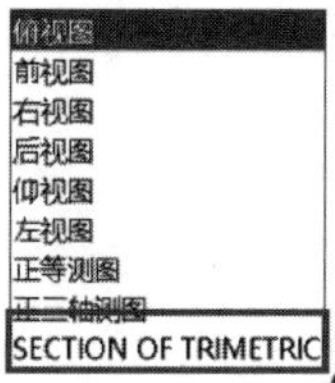 

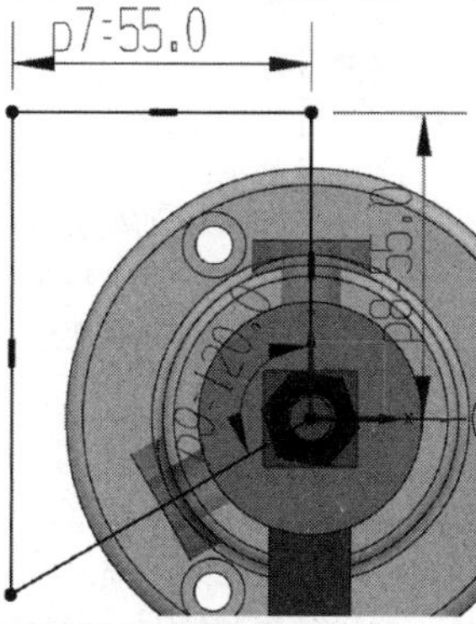

221

		操作过程	效果图/参数图

| 6 | 创建明细表 | 单击"主页"选项卡"表"组中的"零件明细表"按钮,然后,滑移鼠标将表格拖动到所需位置,放置零件明细表 | 效果图 |

效果图(明细表):

6	螺塞	1
5	螺母	1
4	垫圈	1
3	扳手	1
2	阀杆	1
1	阀体	1
PC NO	PART NAME	QTY

| 7 | 创建零件标注 | 单击"主页"选项卡"注释"组中"符号标注"按钮,按图示步骤,选择类型为"下划线";在"文本"框中输入"螺母";单击"选择终止对象"按钮,在螺母上单击左键,最后,移动鼠标在合适位置上单击放置符号标注。 | |

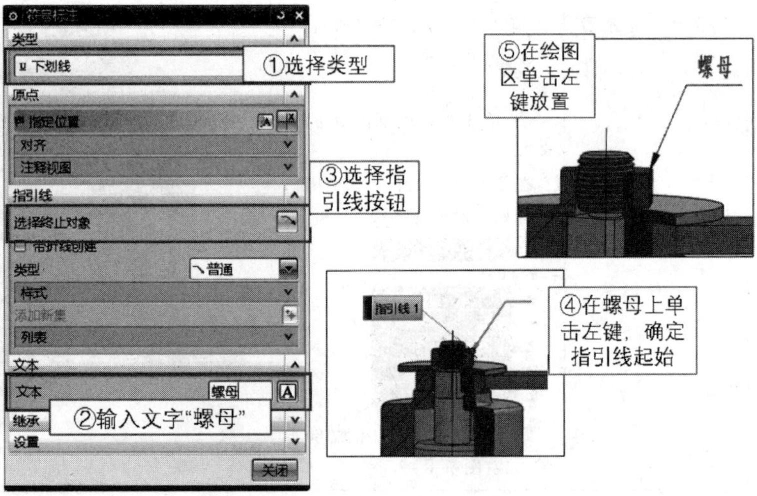

①选择类型
③选择指引线按钮
②输入文字"螺母"
⑤在绘图区单击左键放置 螺母
④在螺母上单击左键,确定指引线起始

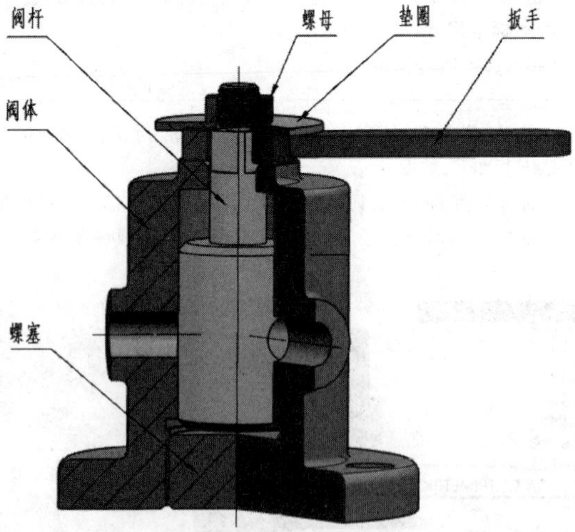

同样的方法,完成全部标注

阀杆 螺母 垫圈 扳手
阀体
螺塞

技能小结

　　1.爆炸视图的插入可以在"基本视图中"选择"正三轴测图"。

　　2.剖视图（原）的使用类似拉伸命令的操作。

　　3.对"表格注释"生成的表格进行选择行与列时，注意光标的选择位置，选择行时，必须将光标靠近所选行的最左端或最右端。同理，选择列时，将光标靠近所选列的最上端或最下端，否则不能被选中。

巩固提升

　　打开素材"6-2 巩固提升练习素材"文件，进行装配工程图出图（图 6-2-12），并插入爆炸视图。

【6-2 巩固提升
练习素材】

图 6-2-12　巩固与提升习题

CAM数控加工

UG NX 12.0 的数控加工模块为用户提供了方便、实用的数控加工功能，通过本项目学习，可以掌握数控铣削、多轴加工、数控车削的 CAM 加工操作的一般流程与基本操作。

UG NX 12.0 数控加工一般流程如下。

① 零件实体建模。

② 进入加工环境。

③ 工艺规划。

④ CAM 操作，包括创建程序、几何体、刀具等。

⑤ 创建刀具路径文件，进行加工仿真。

⑥ 利用后处理器生成 NC 代码。

学习目标

知识目标

① 掌握数控铣削加工操作方法；

② 掌握多轴加工操作方法；

③ 掌握数控车削加工操作方法。

技能目标

① 分析图纸，正确规划加工方案，选择加工方法；

② 可以根据零件特点，进行加工参数设置，保证加工精度，提高工作效率。

职业素养目标

培养在机床操作、CAM 加工过程中严谨细致的工作作风和精益求精的工匠精神。

任务 7.1　底座数控加工

 任务描述

本任务是完成底座的数控加工，图纸如图 7-1-1 所示。底座加工部位主要包括方形外轮廓、圆柱外轮廓、平面、球面及孔。在加工过程中需要翻面加工。因篇幅有限，只介绍型面的加工方法，并未进行粗精加工的划分。

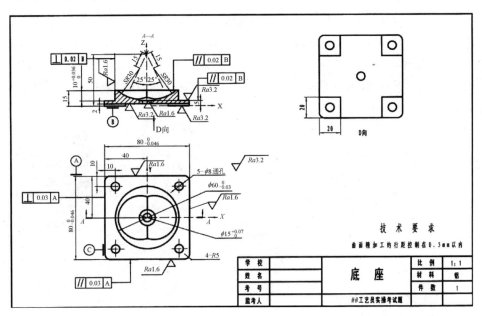

图 7-1-1　底座图纸

知识点学习

7.1.1　加工环境

通常情况，打开 UG NX 软件后，打开模型文件，然后选择"应用"选项卡，在工具栏，选择"加工"命令按钮；或者，使用快捷键"Ctrl＋Alt＋M"快速进入加工环境。此时打开"加工环境"对话框，如图 7-1-2 所示。

在"加工环境"对话框中，列有所有 CAM 操作模板类型。用户须在此指定一种操作模板类型后进入加工环境。进入加工环境后，可以随时改选其他 CAM 操作模板类型。

【进入加工环境】

图 7-1-2　"加工环境"对话框

更改其他CAM操作模板类型的方法是：打开"菜单"下拉列表，选择"工具"—"工序导航器"—"删除组装"命令，在系统弹出的"组装删除确认"对话框中单击"确定"按钮，此时系统再次弹出"加工环境"对话框，可以重新进行CAM操作模板类型的选择。

7.1.2 工序导航器组

工序导航器组是一种图形化的用户界面，包括程序顺序视图、几何视图、机床视图、加工方法视图四个用来创建和管理NC程序的分级视图。每个视图都根据视图主题（工序在程序中的顺序、所用刀具、加工的几何体或所用的加工方法）组织相同的工序集。

【工序导航器组】

工序导航器组各命令通常位于"上边框条"，如图7-1-3所示。

（1）程序顺序视图

顺序视图按刀具路径的执行顺序列出当前零件的所有工序，显示每个工序所属的程序组和每个工序在机床上的执行顺序，如图7-1-4（a）所示。在工序导航器中任意选择某一对象后单击右键，弹出如图7-1-4（b）所示的快捷菜单，可以通过编辑、剪切、复制、删除和重命名等操作来管理复杂的编程刀路，还可以创建刀具、操作、几何体、程序组和方法。

图7-1-3　工序导航器组　　　图7-1-4　工序导航器-程序顺序视图

（2）机床视图

机床视图用切削刀具来组织各个操作，列出了当前创建的各种刀具以及使用这些刀具的操作名称，如图7-1-5所示。

（3）几何视图

几何视图是以几何体为主线来显示加工操作的，该视图列出了创建的几何体和坐标系，以及使用这些几何体和坐标系的操作名称，如图7-1-6所示。

（4）加工方法视图

加工方法视图根据加工方法（粗加工、精加工、半精加工、钻加工）将操作进行分组并显示使用这些加工方法的操作名称，如图7-1-7所示。

工序导航器 - 机床		□
名称	刀轨	刀具
GENERIC_MACHINE		
□□ 未用项		
□□ D16R0.8		
✓△ CAVITY_M...	✓	D16R0.8
□□ D10		
✓△ FLOOR_W...	✓	D10
□ B16		

图 7-1-5　工序导航器-机床视图

工序导航器 - 几何		□
名称	刀轨	刀具
GEOMETRY		
□ 未用项		
□ MCS_MILL		
□ WORKPIECE		
△ CAVITY_M...	✓	D16R0.8
△ CAVITY_M...	✓	D16R0.8
△ FIXED_CO...	✓	B16
□ MCS_MILL_COPY		
□ WORKPIECE_C...		
△ CAVITY_M...	✓	D16R0.8
△ CAVITY_M...	✓	D16R0.8

图 7-1-6　工序导航器-几何视图

工序导航器 - 加工方法		□
名称	刀轨	刀具
METHOD		
□ 未用项		
□ MILL_ROUGH		
△ CAVITY_MILL	✓	D16R0.8
□ MILL_SEMI_FINIS...		
△ CAVITY_MILL	✓	D16R0.8
□ MILL_FINISH		
△ FIXED_CONT...	✓	B16
△ DRILL_METHOD		

图 7-1-7　工序导航器-加工方法视图

7.1.3　CAM 基础操作

(1) 创建程序

【CAM基础操作】

"程序"导航器可以看成是对加工操作进行分类存放的文件夹。例如，一个复杂零件的所有加工操作需要在不同的机床上完成，将在同一机床上加工的操作放置在同一个程序组，就可以直接选取这些操作所在的父节点程序组进行后处理；或者将操作按照刀具进行划分，将一次装夹下一把刀具加工不同表面的操作放置在同一个程序组。

创建程序执行方法："刀片组"工具条，单击选择　按钮，打开"创建程序"对话框，如图 7-1-8 所示。在"类型"下拉列表中提供了多种加工模板。

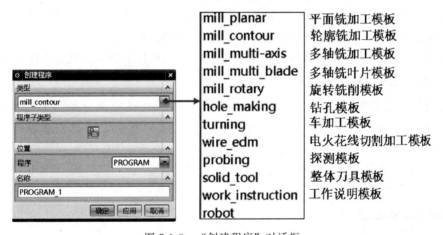

图 7-1-8　"创建程序"对话框

(2) 创建几何体

创建几何体主要是定义要加工的几何对象，包括部件几何体、毛坯几何体、切削区域、检查几何体、修剪几何体和指定零件几何体在数控机床上的机床坐标系（MCS）。

"创建几何体"执行方法："刀片组"工具条，单击选择"创建几何体"　按钮，打开"创建几何体"对话框，如图 7-1-9 所示。

① 几何体子类型：MCS（机床坐标系）、WORKPIECE（工件几何体）、MILL_AREA（切削区域几何体）、MILL_BND（边界几何体）、MILL_TEXT（文字加工几何体）、MILL_GEOM（铣削几何体）。具体说明如下。

MCS（机床坐标系）：使用此选项可以建立 MCS（机床坐标系）和 RCS（参考坐标

图 7-1-9　"创建几何体"对话框

系）、设置安全距离和下限平面以及避让参数等。

WORKPIECE（工件几何体）：用于定义部件几何体、毛坯几何体、检查几何体和部件的偏置。它通常位于 MCS＿MILL 父级组下，只关联 MCS＿MILL 中指定的坐标系、安全平面、下限平面和避让等。

MILL＿AREA（切削区域几何体）：使用此按钮可以定义部件、检查、切削区域、壁和修剪等几何体。切削区域可以在操作对话框中指定。

MILL＿BND（边界几何体）：使用此按钮可以指定部件边界、毛坯边界、检查边界、修剪边界和底平面几何体。在某些需要指定加工边界的操作，如表面区域铣削、3D 轮廓加工和清根切削等操作中会用到此按钮。

MILL＿TEXT（文字加工几何体）：指定"平面文本"和"曲面文本"工序中的雕刻文本。

MILL＿GEOM（铣削几何体）：通过选择模型中的体、面、曲线和切削区域来定义部件几何体、毛坯几何体、检查几何体，还可以定义零件的偏置、材料，存储当前的视图布局与层。

② 位置

GEOMETRY：几何体中的最高节点，由系统自动产生。

MCS＿MILL：选择加工模板后系统自动生成，一般是工件几何体的父节点。

NONE：未用项。当选择此选项时，表示没有任何要加工的对象。

WORKPIECE：选择加工模板后，系统在 MCS＿MILL 下自动生成的工件几何体。

（3）创建 MCS（机床坐标系）

在创建加工操作前，应首先创建机床坐标系，并检查机床坐标系与参考坐标系的位置和方向是否正确，要尽可能地将参考坐标系、机床坐标系、绝对坐标系统一到同一位置。

创建 MCS 的执行方法是：在"创建几何体"对话框中选择"MCS"，单击"确定"，打开"MCS"对话框，如图 7-1-10 所示。

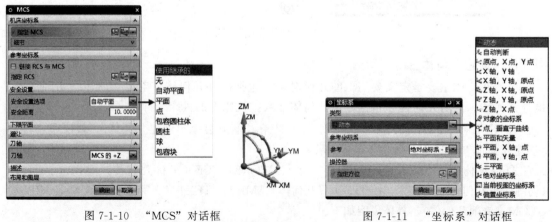

图 7-1-10　"MCS"对话框　　　　　　图 7-1-11　"坐标系"对话框

① 机床坐标系 机床坐标系即加工坐标系，它是所有刀路轨迹输出点坐标值的基准，刀路轨迹中所有点的数据都是根据机床坐标系生成的。

单击此区域中的"坐标系对话框" ⬛ 按钮，系统弹出"坐标系"对话框，如图 7-1-11 所示，在坐标系类型中提供了多种坐标系建立方法，可以根据实际情况选择类型创建坐标系。

> **注意：** 在一个零件的加工工艺中，可以创建多个机床坐标系，但在每个工序中只能选择一个机床坐标系。系统默认的机床坐标系定位在绝对坐标系的位置上。

② 参考坐标系

☑链接 RCS 与 MCS：被选中时，即指定当前的参考坐标系为机床坐标系，此时指定 RCS 选项将不可用；取消选中时，可以对参考坐标系的参数进行设置，其设置类型同上图 7-1-11。

> **注意：** 参考坐标系主要用于确定所有刀具轨迹以外的数据，如安全平面、对话框中指定的起刀点、刀轴矢量以及其他矢量数据等。系统默认的参考坐标系定位在绝对坐标系上。

③ 安全设置 在此处进行安全平面的设置。安全设置选项下拉菜单中，常用的设置方法如下。

☑使用继承的：选择此选项，安全设置将继承上一级的设置，可以单击此区域中的"显示"按钮，显示出继承的安全平面。

☑无：选择此选项，表示不进行安全平面的设置。

☑自动平面：选择此选项，可以在"安全距离"文本框中设置安全平面的距离。

☑平面：选择此选项，可以单击此区域中的按钮，在系统弹出的"平面"对话框中，通过建立新平面或选择已知平面作为参考平面，设置安全平面。

> **说明：** 在设置机床坐标系时，该对话框中的设置可以采用系统的默认值。

(4) 创建 WORKPIECE（工件几何体）

"工件"几何体对话框如图 7-1-12 所示，说明如下。

① 几何体

a.指定部件 🖾：单击此按钮，在弹出的"部件几何体"对话框中可以定义加工完成后的几何体，即最终的零件，它可以控制刀具的切削深度和活动范围。

b.指定毛坯：单击此按钮，在弹出的"毛坯几何体"对话框中可以定义将要加工的原材料。毛坯类型如图 7-1-13 所示，其主要类型说明如下。

☑几何体：允许在图形窗口中选择几何体来定义毛坯。

☑部件的偏置：根据与整个部件四周的偏置距离定义毛坯几何体。使用此选项可为毛坯定义一个统一的余量厚度。

☑包容块：定义部件周围的块，三个维度上可以单独设置偏置值，如图 7-1-14 所示。

☑包容圆柱：定义部件周围的圆柱体，如图 7-1-15 所示。

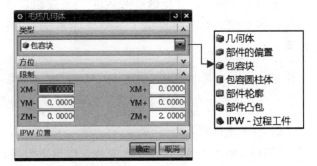

图 7-1-12　"工件"几何体对话框　　　　　　图 7-1-13　"毛坯几何体"对话框

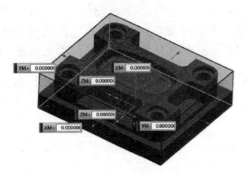

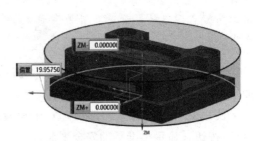

图 7-1-14　毛坯几何体——包容块　　　　图 7-1-15　毛坯几何体——包容圆柱

☑部件轮廓：定义从部件轮廓拉伸出的毛坯。

☑部件凸包：定义从部件轮廓的简化版本拉伸出的毛坯。使用此选项可为包含复杂部件轮廓的部件定义毛坯。

☑ IPW-过程工件：允许定义为上一个工序所产生的 IPW 的毛坯。

c. 指定检查：单击此按钮，在弹出的"检查几何体"对话框中可以定义刀具在切削过程中要避让的几何体，比如夹具和其他已加工过的重要表面。

> **说明：** 当部件几何体、毛坯几何体或检查几何体被定义后，其后的按钮 ⬆ 将高亮度显示，此时单击此按钮，已定义的几何体对象将以不同的颜色高亮度显示。

② 偏置　部件偏置：用于设置在零件实体模型上增加或减去指定的厚度值。正的偏置值在零件上增加指定的厚度，负的偏置值在零件上减去指定的厚度。

(5) 创建切削区域几何体

切削区域几何体对话框如图 7-1-16 所示，部分选项说明如下。

① 几何体

指定检查：选择或编辑检查几何体，用于检查几何体是否为在切削加工过程中要避让的几何体，如夹具或重要加工平面。

指定切削区域：选择或编辑切削区域几何体，使用该按钮可以指定具体要加工的区域，可以是零件几何的部分区域；如果不指定，系统将认为是整个零件的所有区域。如图 7-1-17

所示，打开"切削区域"对话框，可以通过选择"面"的方法，选择指定的加工区域，如图 7-1-18 所示。

图 7-1-16　切削区域几何体对话框

图 7-1-17　指定切削区域对话框

选择具体加工的切削区域

图 7-1-18　"面"选择指定切削区域

指定壁：选择或编辑壁几何体，通过设置侧壁几何体来替换工件余量，表示除了加工面以外的全局工件余量。

指定修剪边界：选择或编辑修剪边界，使用该按钮可以进一步控制需要加工的区域，一般通过设定剪切侧来实现。

② 偏置

部件偏置：用于在已指定的部件几何体的基础上进行法向的偏置。

修剪偏置：用于对已指定的修剪边界进行偏置。

（6）创建刀具

在创建工序前，必须设置合理的刀具参数或从刀具库中选取合适的刀具。

创建刀具命令执行方法："刀片组"工具条，单击选择 按钮，打开"创建刀具"对话框，如图 7-1-19（a）如图所示，选择加工类型后，确定刀具子类型，在"名称"输入框输入刀具名，单击"确定"按钮后，打开如图 7-1-19（b）所示对话框，进行刀具参数设置。

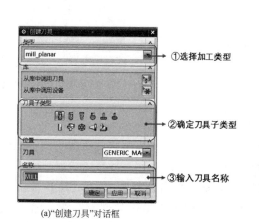

①选择加工类型

②确定刀具子类型

③输入刀具名称

(a)"创建刀具"对话框

(b)刀具参数设置对话框

图 7-1-19　创建刀具

"创建刀具"对话框中刀具子类型的说明如下。

（端铣刀）：应用较广，可以用于平面加工、曲面加工等多种场合。

（倒斜铣刀）：带有倒斜角的端铣刀。

（球头铣刀）：多用于曲面以及圆角处的加工。

（球形铣刀）：多用于曲面以及圆角处的加工。

（T形键槽铣刀）：多用于键槽加工。

（鼓形铣刀）：多用于变斜角类零件的加工。

（螺纹刀）：用于铣螺纹。

（用户自定义铣刀）：用于创建用户特制的铣刀。

（刀库）：用于刀具的管理，可将每把刀具设定一个唯一的刀号。

（刀座）：用于装夹刀具。

（动力头）：给刀具提供动力。

(7) 创建加工方法

在零件加工过程中，通常需要经过粗加工、半精加工、精加工三个步骤，而它们的主要差异在于加工后残留在工件上的余量以及表面粗糙度。

创建加工方法的执行方法："刀片组"工具条，单击选择 按钮，打开"创建方法"对话框，按图7-1-20顺序完成后，单击"确定"按钮后，打开"铣削方法"参数设置对话框，如图7-1-21所示，其中部分项目说明如下。

① 余量　用于为当前所创建的加工方法指定零件余量。

② 公差　内公差：用于设置切削过程中刀具穿透曲面的最大量。

外公差：用于设置切削过程中刀具避免接触曲面的最大量。

图7-1-20　"创建方法"对话框

图7-1-21　"铣削方法"参数设置对话框

(8) 创建工序

每个加工工序所产生的加工刀具路径、参数形态及适用状态有所不同，所以用户需要根据零件图样及工艺技术状况，选择合理的加工工序。

创建工序的执行方法："刀片组"工具条，单击选择 按钮，打开"创建工序"对话框，如图7-1-22和图7-1-23所示，工序子类型因工序操作类型而变化。图7-1-22是平面铣加工工序对话框，图7-1-23是轮廓铣加工工序对话框。

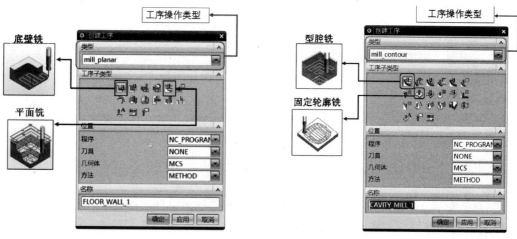

图 7-1-22　"创建工序"对话框—平面铣　　　图 7-1-23　"创建工序"对话框—轮廓铣

对于各工序子类型会在后面进行详细讲解，这里不做过多说明。

7.1.4　底壁铣

底壁铣是平面铣子类型中比较常用的铣削方式之一，用来对零件进行粗加工，也可以进行精加工。它通过选择加工平面来指定加工区域，通常选用端铣刀进行底面壁铣削，其对话框如图 7-1-24 所示。

【底壁铣】

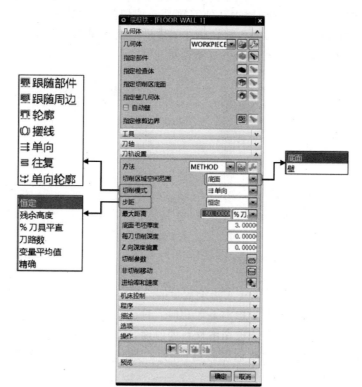

图 7-1-24　"底壁铣"对话框

图 7-1-24 所示的"底壁铣"对话框中的各按钮说明如下。

（1）几何体

① 🔲 新建：用于创建新的几何体。

② 🔧 编辑：用于对部件几何体进行编辑。

③ ⬛ 选择或编辑检查几何体：检查几何体是否为在切削加工过程中需要避让的几何体，如夹具或重要的加工平面。

④ 🔲 指定切削区底面：指定部件几何体中需要加工的区域，该区域可以是部件几何体中的几个重要部分，也可以是整个部件几何体。

⑤ 🔲 指定壁几何体：通过设置侧壁几何体来替换工件余量，表示除了加工面以外的全局工件余量。

⑥ 自动壁（复选框）：可从与所选切削区域面相邻的面中自动查找壁。

要打开自动壁识别功能，必须使用指定切削区底面选项来定义部件体上的加工底面，并且必须将部件体选为部件几何体。

（2）刀轨设置——切削模式

"切削模式"的类型对加工效率和加工质量有着重要影响，介绍如下。

① 跟随部件。通过对所有指定的部件几何体进行偏置产生仿形轮廓的刀轨。跟随部件相对于跟随周边而言，将不考虑毛坯几何体的偏置。缺点是抬刀次数、空走刀较多。如图7-1-25所示为跟随部件刀具路径示意图。

② 跟随周边。"跟随周边"产生一系列同心封闭的环形刀轨，这些刀轨的形状是通过偏移切削区的外轮廓获得的。"跟随周边"的刀轨是连续切削的刀轨，像"往复"一样没有空切，因此有较高的切削效率，切削稳定性和加工质量。跟随周边切削方式适用于各种零件的粗加工。如图7-1-26所示为跟随周边刀具路径示意图。

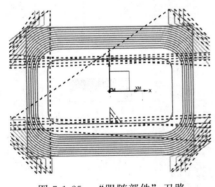

图 7-1-25　"跟随部件"刀路

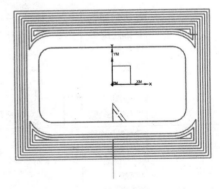

图 7-1-26　"跟随周边"刀路

③ 轮廓。"轮廓加工"产生单一或指定数量的绕切削区轮廓的刀轨，目的是实现对侧面或轮廓的精加工。轮廓加工不需要指定毛坯几何，只需要指定零件几何，但是如果是多刀切削，需要指定毛坯距离来告知系统被切削材料的厚度，以便系统确定相邻两刀间的距离。选择轮廓加工切削模式，刀轨设置对话框将增加附加刀路选项。如图7-1-27所示为附加刀路的轮廓加工刀具路径示例。

④ 摆线。摆线采用滚动切削方式，可以避免因大吃刀量导致的断刀现象，大多数的切削方式会在岛屿间的狭窄区域产生吃刀过大的现象，使用摆线加工切削方式可以避免此现象发生。如图7-1-28所示为摆线刀具路径示例。

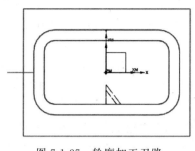

图 7-1-27 轮廓加工刀路

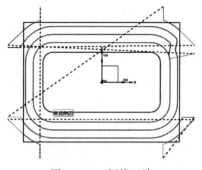

图 7-1-28 摆线刀路

⑤ 单向。单向切削产生一系列单向的平行线性刀轨，因此回程是快速横越运动。单向基本能够维持单纯顺铣或逆铣。如图 7-1-29 所示为单向刀具路径示例。

⑥ 往复。往复式切削产生一系列平行连续的线性往复刀轨，因此切削效率较高。这种切削方法顺铣和逆铣并存。改变操作的顺铣和逆铣选项不影响其切削行为。但是如果启用操作的壁面清理，会影响壁面清理刀轨的方向以维持壁面清理是纯粹的顺铣或逆铣。如图 7-1-30 所示为往复刀具路径示例。

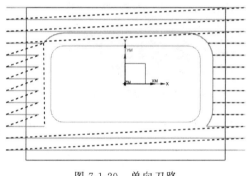

图 7-1-29 单向刀路

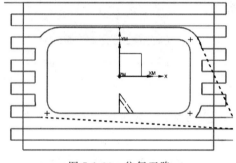

图 7-1-30 往复刀路

⑦ 单向轮廓。单向轮廓产生一系列单向的平行线性刀轨，因此回程是快速横越运动，在两段连续刀轨之间跨越的刀轨是切削壁面的刀轨，因此使用该方式，轮廓周边将不留残余，壁面的加工质量比往复和单向都要好些。单向轮廓能够始终严格维持单纯的顺铣或逆铣。如图 7-1-31 所示为单向轮廓刀具路径示例。

(3) 刀轨设置——步距

步距用于指定相邻两刀切削路径之间的横向距离，它是一个关系到刀具切削负荷、加工效率

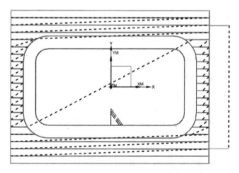

图 7-1-31 单向轮廓刀路

和零件的表面质量的重要参数。步距越大，走刀数量就越少，加工时间越短。但是球头刀或刀尖圆角较大的刀具会导致加工后残余高度增加，影响表面粗糙度。通常，粗加工采用较大的步距值，精加工取小值。

① 恒定。恒定指定相邻两刀切削路径之间的横向距离为常量。如果指定的距离不能把

切削区域均匀分开，系统则自动缩小指定的距离值，并保持固定不变。

② 残余高度。残余高度通过指定相邻两刀切削路径刀痕间残余波峰高度值，以便系统自动计算步距值。系统保证残余材料高度不超过指定的值。这种方法特别适用于使用球头刀进行加工时步距的计算。

③ 刀具平直百分比（刀具直径百分比）。刀具平直百分比以刀具直径与"平面直径百分比（刀具直径百分比）"参数指定的百分比的乘积作为步距值。使用这种方式时，系统将自动平分切削区域，相对于恒定的方式而言，残余量较小。

④ 多重变量。多重变量对于"跟随部件""跟随周边""轮廓加工"和"标准驱动"4种切削模式有效。通过设置刀路数及其对应的距离（步距）来设定多个步距值，如图7-1-32所示。

⑤ 变量平均值。变量平均值通过指定相邻两刀具路径的最大与最小横向距离值，系统自动确定实际使用的横向距离值。对于"单向""往复""单向轮廓"3种切削模式，指定最大和最小两个步距值，系统根据切削区的总宽度在这两个值之间取一个使刀轨数量最少的数值作为实际的步距值，对话框设置项目如图7-1-33所示。

图 7-1-32　"多重变量"控制步距

图 7-1-33　"变量平均值"控制步距

⑥ 刀路数。用于指定所需刀路数。根据切削区总宽度，系统会平均分配，确定实际步距。

（4）刀轨设置——切削参数

切削参数对话框如图7-1-34所示，用于设置刀具在切削加工时的一些处理方式。因切削模式不同，切削参数内容会有相应变化。

① "策略"选项卡说明。

• 切削方向：控制机床加工过程中形成"顺铣"或"逆铣"。

• 刀路方向："向外"时刀具从部件中心开始切削并向外朝周边步进，如图7-1-35(a)所示；"向内"时刀具在部件周边开始切削并朝中心向内步进，如图7-1-35(b)所示。

• 精加工刀路：为工序添加一个或多个精加工刀路。

② "余量"选项卡说明。

• 部件余量：用于定义在当前平面铣削结束时，留在零件周壁上的余量。通常在粗加工或半精加工时会留有一定的部件余量用于精加工。

• 壁余量：用于定义零件侧壁面上剩余的材料，该余量是在每个切削层上沿垂直于刀轴方向测量的，应用于所有能够进行水平测量的部件的表面上。

• 最终底面余量：用于定义当前加工操作后保留在腔底和岛屿顶部的余量。

• 毛坯余量：用于定义刀具定位点与所创建的毛坯几何体之间的距离。

• 检查余量：用于定义刀具与已创建的检查边界之间的余量。

(a)"策略"选项卡

(b)"余量"选项卡

(c)"拐角"选项卡

图 7-1-34　切削参数对话框

(a)"向外"

(b)"向内"

图 7-1-35　刀路方向示意图

- 内公差：用于定义切削零件时允许刀具切入零件的最大偏距。
- 外公差：用于定义切削零件时允许刀具离开零件的最大偏距。

③"拐角"选项卡说明。

- 凸角：用于设置刀具在零件拐角处的切削运动方式，有绕对象滚动、延伸并修剪和延伸三个选项，如图 7-1-36 所示。

(a)绕对象滚动

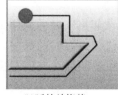

(b)延伸并修剪

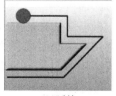

(c)延伸

图 7-1-36　刀路拐角切削运动方式示意图

• 光顺：用于添加并设置拐角处的圆弧刀路，有所有刀路、None 和所有刀路（最后一个除外）三个选项，如图 7-1-37 所示。添加圆弧拐角刀路可以减少刀具突然转向对机床的冲击，一般在实际加工中都将此参数设置为所有刀路。

(a)None   (b)所有刀路   (c)所有刀路（最后一个除外）

图 7-1-37 "光顺"刀路示意图

④"连接"选项卡。主要用来控制多个区域加工时，切削区域的加工顺序及跨空区域运动类型，对话框如图 7-1-38(a) 所示，各选项说明如下。

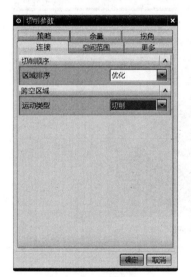
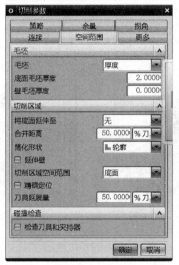

(a)"连接"选项卡   (b)"空间范围"选项卡   (c)"更多"选项卡

图 7-1-38 "切削参数"对话框

• 切削顺序

标准：根据切削区域的创建顺序来确定各切削区域的加工顺序。

优化：根据抬刀后横越运动最短的原则决定切削区域的加工顺序，效率比"标准"顺序高，系统默认为此选项。

跟随起点：将根据创建"切削区域起点"时的顺序来确定切削区域的加工顺序。

跟随预钻点：将根据创建"预钻进刀点"时的顺序来确定切削区域的加工顺序。

• 跨空区域 用于创建在跟随周边切削模式中跨空区域的刀路类型，共有三种运动方式。

跟随：刀具跟随跨空区域形状移动。

切削：在跨空区域做切削运动。

移刀：在跨空区域中移刀。

⑤ "空间范围"选项卡。"空间范围"选项卡对话框如图 7-1-38(b) 所示。部分选项说明如下。

● 毛坯　用于设置毛坯的加工类型，包括以下三种：

厚度：选择此选项后，将会激活其下的底面毛坯厚度和侧壁毛坯厚度文本框。用户可以输入相应的数值以分别确定底面和侧壁的毛坯厚度值。

毛坯几何体：选择此选项后，将会按照工件几何体或铣削几何体中已提前定义的毛坯几何体进行计算和预览。

3D IPW：选择此选项后，将会按照前面工序加工后的 IPW 进行计算和预览。

● 切削区域

将底面延伸至：用于设置刀路轨迹是否根据部件的整体外部轮廓来生成。选中"部件轮廓"选项，刀路轨迹则延伸到部件的最大外部轮廓，如图 7-1-39(a) 所示；选中"无"选项，刀路轨迹只在所选切削区域内生成，如图 7-1-39(b) 所示。

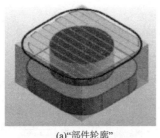

(a)"部件轮廓"　　　　　　　　(b)"无"

图 7-1-39　"将底面延伸至"选项设置示意图

合并距离：用于设置加工多个等高的平面区域时，相邻刀路轨迹之间的合并距离值。如果两条刀路轨迹之间的最小距离小于合并距离值，那么这两条刀路轨迹将合并成为一条连续的刀路轨迹，合并距离值越大，合并的范围也越大。

简化形状：用于设置刀具的走刀路线相对于加工区域轮廓的简化形状，系统提供了轮廓、凸包和最小包围盒三种走刀路线如图 7-1-40 所示。

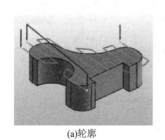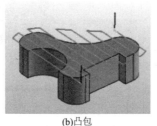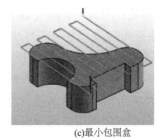

(a)轮廓　　　　　　　　(b)凸包　　　　　　　　(c)最小包围盒

图 7-1-40　"简化形状"选项三种刀路示意图

延伸壁复选框：选中此项后刀轨如图 7-1-41(a) 所示；未选中时刀轨如图 7-1-41(b) 所示。

精确定位复选框：用于设置在计算刀具路径时是否忽略刀具的尖角半径值。选中该复选框，将会精确计算刀具的位置；否则，将忽略刀具的尖角半径值，此时在倾斜的侧壁上将会留下较多的余料。

刀具延展量：用于设置刀具延展到毛坯边界外的距离，该距离可以是一个固定值，也可以是刀具直径的百分比。

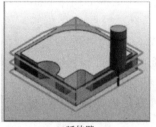

(a)延伸壁   (b)无延伸壁

图 7-1-41   "延伸壁复选框"刀路示意图

⑥"更多"选项卡。

• 壁清理   用于在切削完每一个切削层后插入一个轮廓铣轨迹来加工壁,如图 7-1-38 所示。包括四种类型,即无、在起点、在终点、自动。

无:不进行周壁的清理;

在起点:先进行沿周边壁清理加工;

在终点:在区域加工后进行周边壁清理加工;

自动:由系统自动决定加工顺序。

(5) 刀轨设置——非切削移动

非切削移动指定切削加工以外的移动方式, 对话框如图 7-1-42 所示,其中包含 6 个选项卡, 分别是进刀、退刀、起点/钻点、转移/快速、避 让和更多。下面对主要的选项卡进行说明。

①"进刀"选项卡。

• 封闭区域:用于设置部件或毛坯边界之内 区域的进刀方式。

•进刀类型:用于设置刀具在封闭区域中进 刀时切入工件的类型。

☑螺旋:刀具沿螺旋线切入工件,刀具轨迹 (刀具中心的轨迹)是一条螺旋线,此种进刀方 式可以减少切削时对刀具的冲击力。

☑沿形状斜进刀:刀具按照一定的倾斜角度 切入工件,能减少刀具的冲击力。

图 7-1-42   "非切削移动"对话框

☑插削:刀具沿直线垂直切入工件,进刀时 刀具的冲击力较大,一般不选择这种进刀方式。

☑无:没有进刀运动。

•斜坡角度:用于定义刀具斜进刀进入部件表面的角度,即刀具切入材料前的最后一段 进刀轨迹与部件表面的角度。

•高度:用于定义刀具沿形状斜进刀或螺旋进刀时的进刀点与切削点的垂直距离,即进 刀点与部件表面的垂直距离。

•高度起点:用于定义前面高度选项的计算参照。

•最大宽度:用于定义斜进刀时相邻两拐角间的最大宽度。

·最小安全距离：用于定义沿形状斜进刀或螺旋进刀时，工件内非切削区域与刀具之间的最小安全距离。

·最小斜坡长度：用于定义沿形状斜进刀或螺旋进刀时最小倾斜斜面的水平长度。

●开放区域：用于设置在部件或毛坯边界之外区域，刀具靠近工件时的进刀方式。

·进刀类型：用于设置刀具在开放区域中进刀时切入工件的类型。

☑与封闭区域相同：刀具的走刀类型与封闭区域的相同。

☑线性：刀具按照指定的线性长度以及旋转的角度等参数进行移动，刀具逼近切削点时的刀轨是一条直线或斜线。

☑线性-相对于切削：刀具相对于衔接的切削刀路呈直线移动。

☑圆弧：刀具按照指定的圆弧半径以及圆弧角度进行移动，刀具逼近切削点时的刀轨是一段圆弧。

☑点：从指定点开始移动。选取此选项后，可以用下方的"点构造器"和"自动判断点"来指定进刀开始点。

☑线性-沿矢量：指定一个矢量和一个距离来确定刀具的运动矢量、运动方向和运动距离。

☑角度-角度平面：刀具按照指定的两个角度和一个平面进行移动，其中，角度可以确定进刀的运动方向，平面可以确定进刀开始点。

☑矢量平面：刀具按照指定的一个矢量和一个平面进行移动，矢量确定进刀方向，平面确定进刀开始点。

②"退刀"选项卡。退刀选项卡如图 7-1-43 所示。通常情况下，退刀类型选择与进刀类型相同。

③"起点/钻点"选项卡。"起点/钻点"选项卡对话框如图 7-1-44 所示，各选项说明如下。

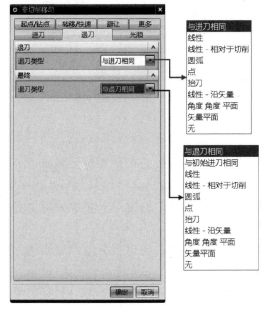

图 7-1-43　"退刀"选项卡对话框

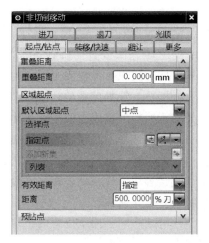

图 7-1-44　"起点/钻点"选项卡对话框

●重叠距离：用于定义进刀和退刀之间的总体重叠距离。通过数值输入，以实现将材料清理干净的目的。

●区域起点：用于设置切削运动的起点位置。

默认区域起点下拉列表：用于设置默认的区域起点的类型，包括中点和拐角两种类型。默认设置为中点选项，此时系统将在切削区域中的最长边中点进刀。

选择拐角选项，系统将在指定边界的起点开始进刀。用户可以选择多个点，并添加到列表中。

有效距离：用于设置区域起点的有效距离值。选择指定选项，超出指定距离的点将被系统忽略；选择无选项，系统将可以使用用户所指定的任何点。

距离：用于设置起点有效的距离数值。

●预钻点：用于设置在本工序中的预钻孔参数。用户可以选择多个点并添加到列表中，刀具将下降到该孔位置并开始加工。其中参数含义可参考"默认区域起点"的说明。

④"转移/快速"选项卡。"转移/快速"选项卡对话框如图7-1-45所示，其各选项说明如下。

●安全设置：用于设置加工工序的安全设置类型及参数，其下拉列表内容如下。

☑使用继承的：选择此选项，将继承上级父几何节点中的安全设置类型和参数。

☑无：选择此选项，将不使用安全平面，不建议使用此选项。

☑自动平面：选择此选项，系统自动确定一个沿 ZM 方向的安全平面，用户可根据需要设置安全距离的数值。

☑平面：选择此选项，系统根据用户指定的参考平面及指定距离建立安全平面。

☑点：选择此选项，用户需要指定一个点，刀轨的转移路径将经过该点。

☑包容圆柱体：选择此选项，系统创建一个沿 ZM 方向放置的圆柱体形状的安全几何体，此时用户可设置安全距离的数值。

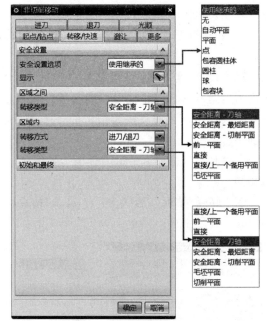

图7-1-45　"转移/快速"选项卡

☑圆柱：选择此选项，系统将依据用户指定的点、方向矢量和半径参数，创建一个无限长的圆柱体形状作为安全几何体。

☑球：选择此选项，系统将依据用户指定的点和半径参数，创建一个圆球体的安全几何体。

☑包容块：选择此选项，系统将依据用户指定的安全距离，创建一个包容部件长方体形状的安全几何体。

●区域之间：用于设置两个切削区域之间的刀具转移和快速的类型及参数。转移类型下拉列表有以下内容。

☑安全距离-刀轴：用于定义转移刀轨将沿刀轴方向返回安全几何体。

☑安全距离-最短距离：用于定义转移刀轨根据最短距离沿刀轴方向返回已经标识的安全几何体。

☑安全距离-切割平面：用于定义转移刀轨在切割平面内移动并返回安全几何体。

☑前一平面：用于定义转移刀轨将在前一个切削层内移动。

☑直接：用于定义转移刀轨将沿直线运动来连接两个位置。

☑最小安全值 Z：用于定义转移刀轨将按此最小安全值移动。

☑毛坯平面：用于定义转移刀轨将返回毛坯几何体的最高平面。

• 区域内：用于设置单个切削区域内转移刀轨的类型和参数。

· 转移方式下拉列表包括以下内容。

☑进刀/退刀：选择此选项，将按照默认的进刀和退刀生成转移刀轨。

☑抬刀和插削：选择此选项，刀具将竖直移动来产生进刀和退刀。

☑无：选择此选项，将不在区域内产生进刀和退刀。

· 转移类型：这里内容与"区域之间"基本相同，不再赘述。

(6) 刀轨设置——进给率和速度

进给率和速度的设置在数控加工中是必不可少的，对话框如图 7-1-46 所示。

进给率和速度的设置步骤如图 7-1-46 所示。除设置"主轴速度"和"进给率"外，其对话框中的主要选项说明如下。

• 表面速度（smm）：用于设置表面速度。表面速度即刀具在旋转切削时与工件的相对运动速度，与机床的主轴速度和刀具直径相关。

• 每齿进给量：刀具每个切削齿切除材料量的度量。

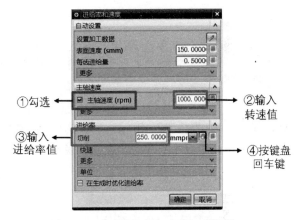

图 7-1-46 "进给率和速度"对话框

7.1.5 平面铣

平面铣是使用边界来创建几何体的平面铣削方式，既可用于粗加工，也可用于精加工零件表面和垂直于底平面的侧壁。平面铣是通过生成多层刀轨逐层切削材料来完成的，其中增加了切削层的设置。"平面铣"对话框如图 7-1-47 所示，各选项说明如下。

【平面铣】

(1) 指定部件边界

选择图示对话框中"指定部件边界"按钮，打开"部件边界"对话框，如图 7-1-48 所示，"边界-选择方法"下拉列表中共有四种方式，分别为：面、曲线、点和永久边界。这里重点讲解常用的前两种"面"和"曲线"方式。

① 当边界选择方法为"面"时，部分选项说明如下。

• 刀具侧：控制刀具在部件边界的方位。包括外侧和内侧，用于指定边界哪一侧的材料被保留。

• 平面：设置部件边界高度，一般影响切削的高度起点位置。设置方法有两种：自动和指定。"自动"即系统根据选择的面或曲线所在的平面位置指定边界高度；选择"指定"时，可以根据基准面生成方法进行构建新的平面位置从而设置边界高度。

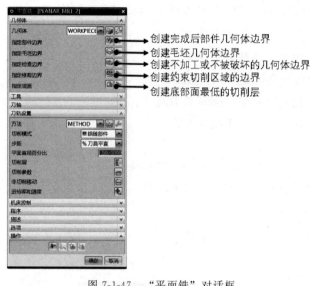

创建完成后部件几何体边界
创建毛坯几何体边界
创建不加工或不被破坏的几何体边界
创建约束切削区域的边界
创建底部面最低的切削层

图 7-1-47   "平面铣"对话框

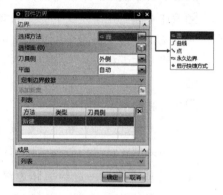

图 7-1-48   "部件边界"对话框

注意： 当"平面"选项使用"指定时"，若用户不进行平面指定，则系统默认为坐标系 XY 平面在所在位置为部件边界高度位置。

当使用"面"的方法，选择部件加工平面后，部件边界对话框有如图 7-1-49 所示的变化，其中，"刀具位置"用于控制加工过程中刀具相对部件边界的位置，主要包括如下内容。

☑相切：刀具中心与边界是相切关系；

☑开：刀具中心处于边界上。

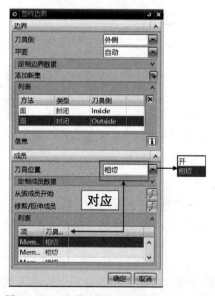

图 7-1-49   边界选择方法为"面"对话框

图 7-1-50   边界选择方法为"曲线"对话框

> **说　明：** 在对话框中鼠标左键单击选择"成员"—"列表"中的任意一项后，才会出现"刀具位置"下拉列表，用户可以更换刀具相对当前边界的位置是"相切"还是"开"。

② 当边界选择方法为"曲线"时，对话框如图 7-1-50 所示，部分选项说明如下。

边界类型：用于定义边界的类型，包括封闭和开放两种类型。

封闭：通过选择曲线或部件边界的方法创建加工区域，所选曲线或边界是封闭的。

开放：通过选择曲线或部件边界的方法创建加工区域，所选曲线或边界是开放的。

（2）指定底面

"指定底面"是在平面铣加工中必须指定的项目，用于指定底部面最低的切削层。选择图 7-1-47 所示对话框中"指定底面"按钮，打开"平面"定义对话框，如图 7-1-51 所示。其创建方法类似基准平面的建立，不再赘述。

（3）切削层

如图 7-1-52 所示的"切削层"对话框中的部分选项说明如下。

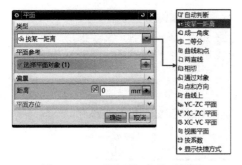

图 7-1-51　"平面"定义对话框

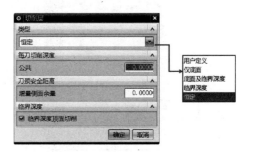

图 7-1-52　"切削层"对话框

● 类型　用于设置切削层的定义方式，共有五个选项。

☑用户定义：选择该选项，可以激活相应的参数文本框，需要用户输入具体的数值来定义切削深度参数。

☑仅底面：选择该选项，系统仅在指定底平面上生成单个切削层。

☑底面及临界深度：选择该选项，系统不仅在指定底平面上生成单个切削层，并且会在零件中的每个岛屿的顶部区域生成一条清除材料的刀轨。

☑临界深度：选择该选项，系统会在零件中的每个岛屿顶部生成切削层，同时也会在底平面上生成切削层。

☑恒定：选择该选项，系统会以恒定的深度生成多个切削层。

● 每刀切削深度　公共文本框：用于设置每个切削层允许的最大切削深度。

● 刀颈安全距离　增量侧面余量：该选项常用在多层切削的粗加工操作中，用于设置多层切削中连续层的侧面余量增加值。设置此参数后，每个切削层移除材料的范围会随着侧面余量的递增而相应减少，当切削深度较大时，设置一定的增量值可以减轻刀具压力。

● 临界深度　选择该复选框，可在每个岛屿的顶部区域额外生成一条清除材料的刀轨。

7.1.6　型腔铣

型腔铣在数控加工上应用最为广泛，主要用于粗加工以去除大量余量，可以加工直壁或者是精加工斜度不大的侧壁，也可用于清根操作。"型腔铣"对话框如图 7-1-53 所示，其部分选项说明如下。

（1）几何体

指定部件和指定毛坯：如果用户在"创建几何体"时已经指定这两项，那么这里对应的按钮为灰色，其显示按钮可用。

【型腔铣】

指定切削区域：通过指定部件上具体加工切削区域控制加工范围，如图 7-1-54 所示。当不指定此项时表示对整个部件对象各区域都进行加工。

图 7-1-53 "型腔铣"对话框

图 7-1-54 指定切削区域

（2）切削参数

打开"切削参数"设置对话框，如图 7-1-55 所示，下面对其部分项目进行说明。

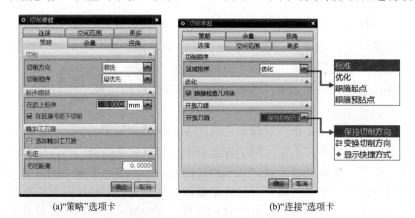

(a)"策略"选项卡　　　　　　(b)"连接"选项卡

图 7-1-55 "切削参数"对话框

①"策略"选项卡—切削顺序。"策略"选项卡对话框如图 7-1-55（a）所示。

☑层优先：每次切削完工件上所有的同一高度的切削层再进入下一层的切削。

☑深度优先：每次将一个切削区中的所有层切削完再进行下一个切削区的切削。

②"连接"选项卡。"连接"选项卡对话框如图 7-1-55(b) 所示。

● 切削顺序 切削顺序主要控制不同切削区域的加工顺序。

☑标准：根据切削区域的创建顺序来确定各切削区域的加工顺序，如图 7-1-56(a) 所示。

☑优化：根据抬刀后横越运动最短的原则决定切削区域的加工顺序，效率比"标准"顺序高，系统默认此选项，如图 7-1-56(b) 所示。

● 开放刀路 用于控制开放刀路切削方向。

☑保持切削方向：如图 7-1-57(a) 所示，使用此项目时走刀方向一致，缺点是抬刀和辅助起刀次数较多。

☑变换切削方向：如图 7-1-57(b) 所示，使用此项目时在切削区域形成往复的走刀形式，一次下刀，一次抬刀，加工效率较高。

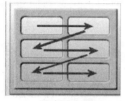 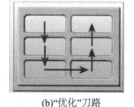

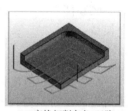

| (a)"标准"刀路 | (b)"优化"刀路 | (a)"保持切削方向"刀路 | (b)"变换切削方向"刀路 |

图 7-1-56 "切削顺序"刀路示意图　　　　图 7-1-57 开放刀路示意图

7.1.7 固定轮廓铣

固定轮廓铣削是一种用于精加工曲面区域的加工方式，其驱动方法类型有很多，对话框如图 7-1-58 所示。这里重点讲解"区域驱动"类型，其对话框如图 7-1-59 所示，部分项目说明如下。

【固定轮廓铣】

 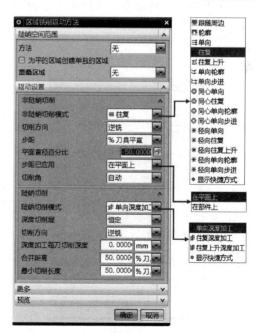

图 7-1-58 "固定轮廓铣"对话框　　　　图 7-1-59 "区域铣削驱动方法"对话框

① 陡峭空间范围：用来指定陡峭的范围。其指定方法如下。

☑无：不区分陡峭，加工整个切削区域。

☑非陡峭：只加工部件表面角度小于陡峭角的切削区域。

☑定向陡峭：只加工部件表面角度大于陡峭角的切削区域。

·为平的区域创建单独的区域：勾选该复选框，则将平面区域与其他区域分开来进行加工，否则平面区域和其他区域混在一起进行计算。

② 驱动设置

·非陡峭切削模式：此处下拉菜单中的项目如图 7-1-58 所示；用于定义非陡峭区域的走刀方式。

·步距已应用：用于定义步距的测量沿平面还是沿部件。

☑在平面上：沿垂直于刀轴的平面测量的 2D 步距，适合坡度改变不大的零件加工。

☑在部件上：沿部件表面测量的 3D 步距，适合几何体较陡峭部分的加工，使表面粗糙度保持一致。

7.1.8 钻孔

【钻孔】

当零件的孔数比较多时，使用 CAM 进行孔加工可以节省大量人工输入程序所占用的时间，提高机床的工作效率。

进入 CAM 模块后，"创建工序"下"类型"中，选择"hole_making"，打开钻孔工序模板，如图 7-1-60 所示。这里重点讲解"钻孔"工序子类型的应用，其对话框如图 7-1-61 所示，部分项目说明如下。

① 指定特征几何体：用于指定钻孔加工对象，选择孔边界或孔面即可，如图 7-1-62 所示。

② 刀轨设置

·循环：为满足不同孔的加工，设置的加工循环类型。

·切削参数："策略"选项卡控制延伸路径的距离，其对话框如图 7-1-63 所示。

图 7-1-60　钻孔工序模板

图 7-1-61　"钻孔"对话框

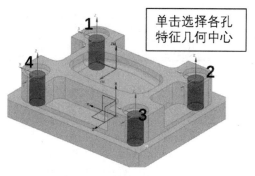

图 7-1-62　指定钻孔加工对象

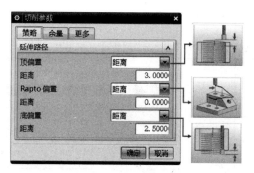

图 7-1-63　"切削参数"对话框

任务实施

　　打开 UG NX 软件，打开"任务 7.1 底座"模型文件，按"Ctrl＋ Alt ＋ M"键进入 CAM 加工模块。配置加工环境"Cam ＿ general"—"mill contour"。具体操作见表 7-1-1。

【任务7.1-任务实施】

【任务7.1 底座素材】

表 7-1-1　底座 CAM 加工操作过程

序号	步骤	操作过程	效果图/参数设置图
创建几何体（将工序导航器调整到"几何视图"）			
1	创建机床坐标系及安全平面	双击导航器中⊟ 🖵 MCS MILL 节点；打开"MCS 铣削"对话框。设置机床坐标系及安全平面如图所示	
2	创建部件几何体	双击 ⊟ 🖵 MCS_MILL　WORKPIECE 节点，打开"工件"对话框。单击"指定部件"按钮，打开"部件几何体"对话框，选择"底座"模型	

249

序号	步骤	操作过程	效果图/参数设置图
创建几何体(将工序导航器调整到"几何视图")			
3	创建毛坯几何体	单击选择"指定毛坯"按钮 打开"毛坯几何体"对话框。类型选择"包容块","限制"值如图示进行设置	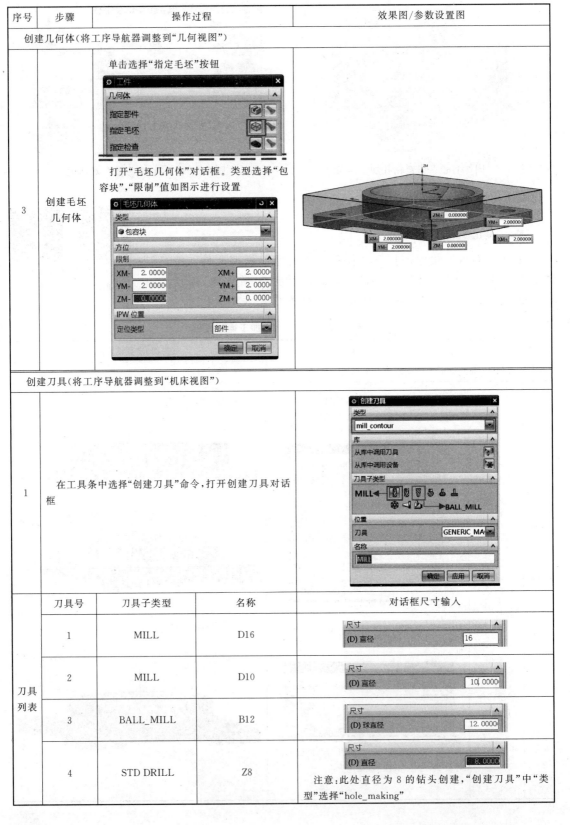
创建刀具(将工序导航器调整到"机床视图")			
1		在工具条中选择"创建刀具"命令,打开创建刀具对话框	

	刀具号	刀具子类型	名称	对话框尺寸输入
刀具列表	1	MILL	D16	尺寸 (D) 直径　16
	2	MILL	D10	尺寸 (D) 直径　10.0000
	3	BALL_MILL	B12	尺寸 (D) 球直径　12.0000
	4	STD DRILL	Z8	尺寸 (D) 直径　8.0000 注意:此处直径为8的钻头创建,"创建刀具"中"类型"选择"hole_making"

序号	步骤	操作过程	效果图/参数设置图
创建型腔铣操作（对底座上面进行开粗，去除大量余量）			
1	创建工序	在工具条中选择"创建工序"命令，打开"创建工序"对话框，选择"工序子类型"为"型腔铣"；选择"D16"刀具；单击确定，系统打开"型腔铣"对话框	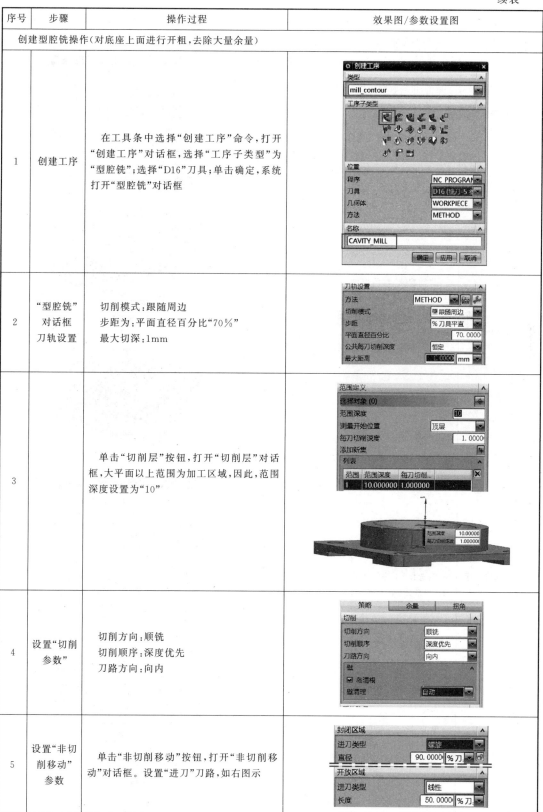
2	"型腔铣"对话框刀轨设置	切削模式：跟随周边 步距为：平面直径百分比"70%" 最大切深：1mm	
3		单击"切削层"按钮，打开"切削层"对话框，大平面以上范围为加工区域，因此，范围深度设置为"10"	
4	设置"切削参数"	切削方向：顺铣 切削顺序：深度优先 刀路方向：向内	
5	设置"非切削移动"参数	单击"非切削移动"按钮，打开"非切削移动"对话框。设置"进刀"刀路，如右图示	

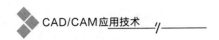

序号	步骤	操作过程	效果图/参数设置图
	创建型腔铣操作（对底座上面进行开粗，去除大量余量）		
6	设置"进给率和速度"	单击"进给率和速度"按钮，打开"进给率和速度"对话框。按右图示顺序设置完成①、②两步后按键盘"Enter"键，然后进行第③步，输入切削进给率值，按确定键返回主对话框	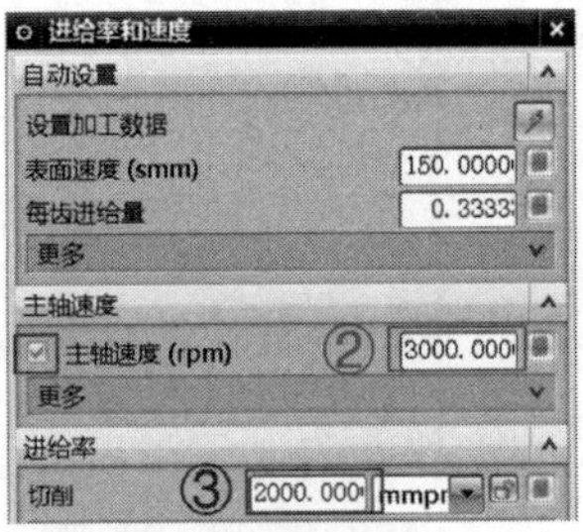
7	生成刀路轨迹并仿真	在"型腔铣"对话框中，单击"生成"按钮，生成刀路如图示  生成　确认 单击"确认"按钮，进行动态仿真，结果如图示	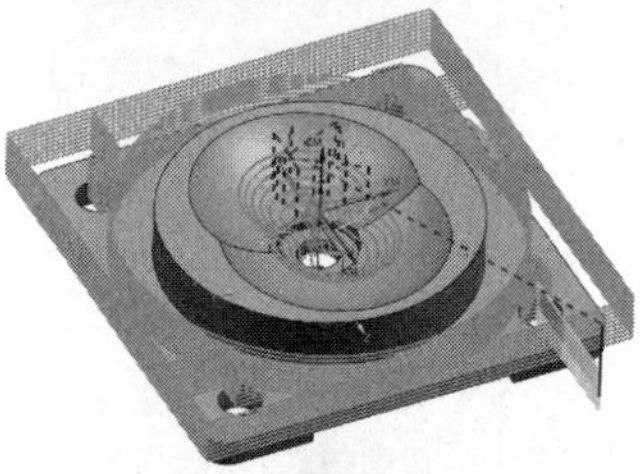 
	创建底壁铣		
1	创建工序	在工具条中选择"创建工序"命令，打开"创建工序"对话框，"类型"选择"mill_planar"；选择"工序子类型"为"底壁铣"；选择"D10"刀具；单击确定，系统打开"底壁铣"对话框	
2	指定切削区底面	单击"指定切削区底面"按钮，打开"切削区域"对话框，在模型中选择如图所示底面为切削底面；勾选"自动壁"复选框	

252

序号	步骤	操作过程	效果图/参数设置图
创建底壁铣			
3	刀轨设置	切削模式:跟随周边 步距为:平面直径百分比"50%" 最大切深:1mm	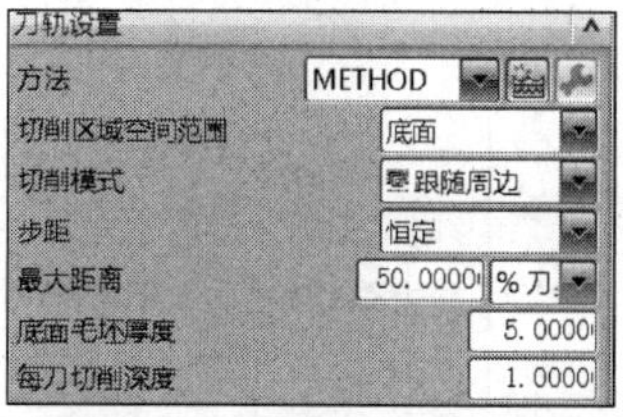 **刀轨设置** 方法　METHOD 切削区域空间范围　底面 切削模式　跟随周边 步距　恒定 最大距离　50.0000 % 刀 底面毛坯厚度　5.0000 每刀切削深度　1.0000
4	设置"非切削移动"参数	单击"非切削移动"按钮,打开"非切削移动"对话框。设置"进刀"刀路,如右图示	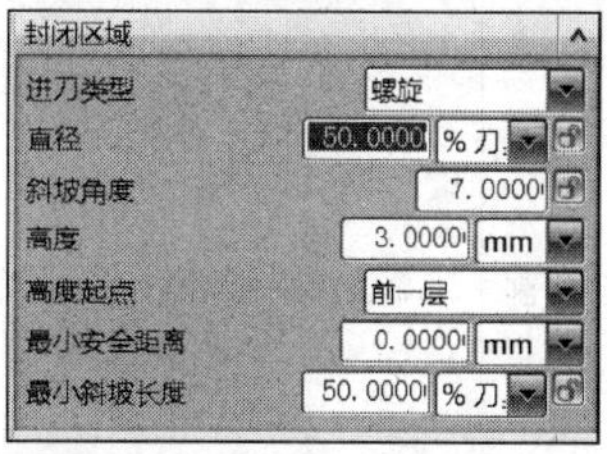 **封闭区域** 进刀类型　螺旋 直径　50.0000 % 刀 斜坡角度　7.0000 高度　3.0000 mm 高度起点　前一层 最小安全距离　0.0000 mm 最小斜坡长度　50.0000 % 刀
5	设置"进给率和速度"	单击"进给率和速度"按钮,打开"进给率和速度"对话框。设置"进给率和速度"刀路,参数值如右图所示,按确定键返回主对话框	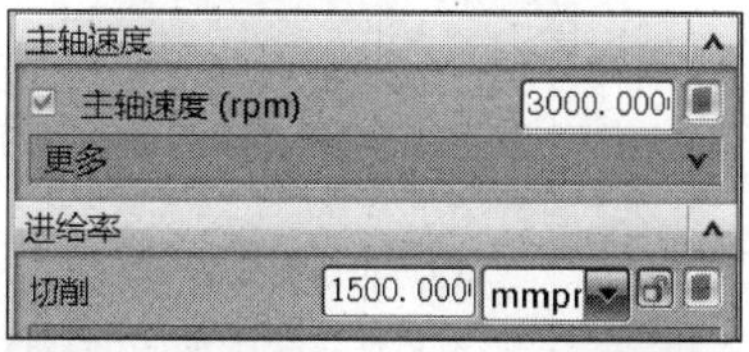 **主轴速度** ☑ 主轴速度 (rpm)　3000.000 更多 **进给率** 切削　1500.000 mmpr
6	生成刀路轨迹并仿真	在对话框中,单击"生成"按钮,生成刀路如图示。  生成　确认 单击"确认"按钮,进行动态仿真,结果如图示	
创建固定轮廓铣			
1	创建工序	在工具条中选择"创建工序"命令,打开"创建工序"对话框,选择"工序子类型"为"固定轮廓铣";选择"B12"刀具;单击"确定",系统打开"固定轮廓铣"对话框。	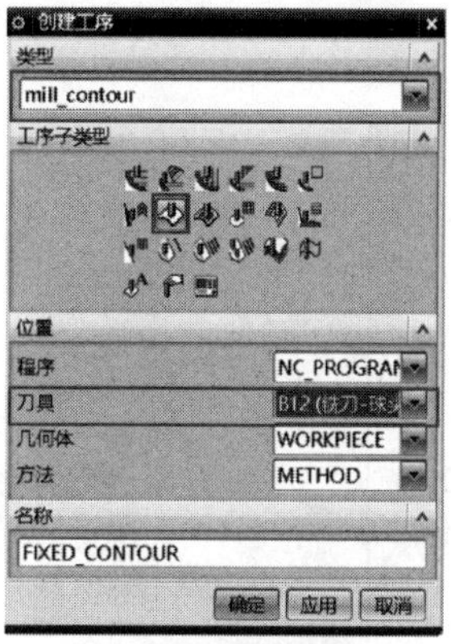 **创建工序** 类型　mill_contour 工序子类型 位置 程序　NC_PROGRAM 刀具　B12 (仿刀-球铣 几何体　WORKPIECE 方法　METHOD 名称 FIXED_CONTOUR 确定　应用　取消
2	指定切削区域	单击"指定切削区域"按钮,打开"切削区域"对话框,在模型中选择如图所示两球面为切削区域 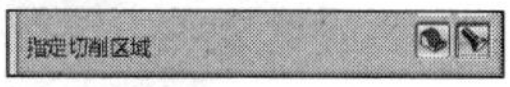 指定切削区域	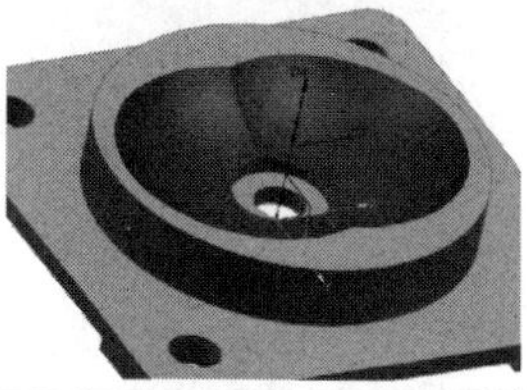

253

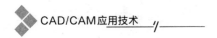
续表

序号	步骤	操作过程	效果图/参数设置图
创建固定轮廓铣			
3	设置"驱动方法"	"驱动方法"选择"区域驱动",系统弹出"区域铣削驱动方法"对话框,按右图进行驱动设置,确定后返回主对话框	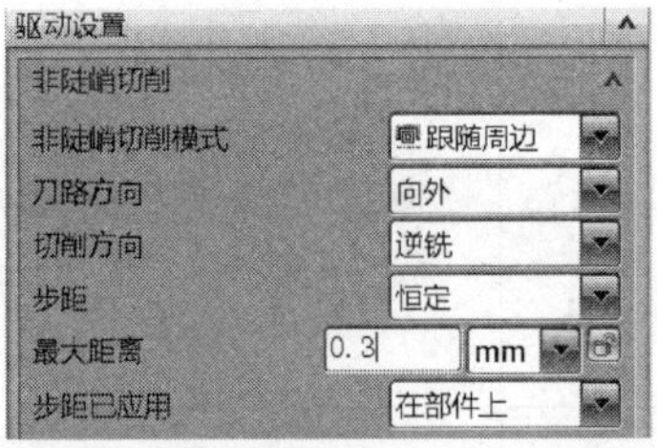 驱动设置 非陡峭切削 非陡峭切削模式　跟随周边 刀路方向　向外 切削方向　逆铣 步距　恒定 最大距离　0.3 mm 步距已应用　在部件上
4	设置"切削参数"	单击"切削参数"按钮,打开"切削参数"对话框,按右图进行"策略"选项卡的设置	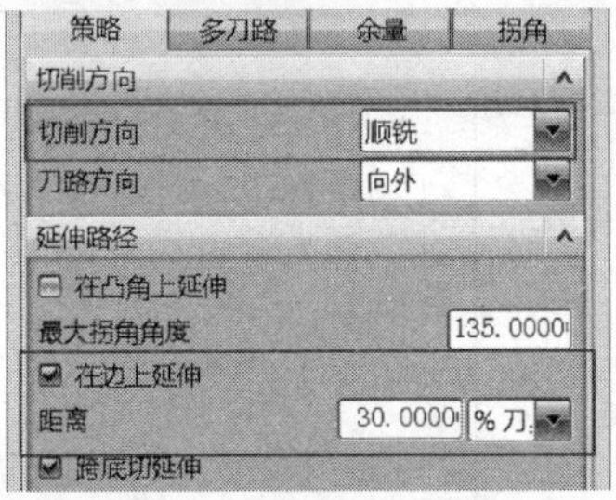 策略　多刀路　余量　拐角 切削方向 切削方向　顺铣 刀路方向　向外 延伸路径 □ 在凸角上延伸 最大拐角角度　135.0000 ☑ 在边上延伸 距离　30.0000 %刀 ☑ 跨底切延伸
5	设置"非切削移动参数"	单击"非切削移动"按钮,打开"非切削移动"对话框。设置"进刀"刀路,如右图示	 进刀　退刀　转移/快速 开放区域 进刀类型　圆弧 - 平行于刀 半径　50.0000 %刀 圆弧角度　90.0000
6	设置"进给率和速度"	单击"进给率和速度"按钮,打开"进给率和速度"对话框。设置"进给率和速度"刀路,参数值如右图所示,按确定键返回主对话框	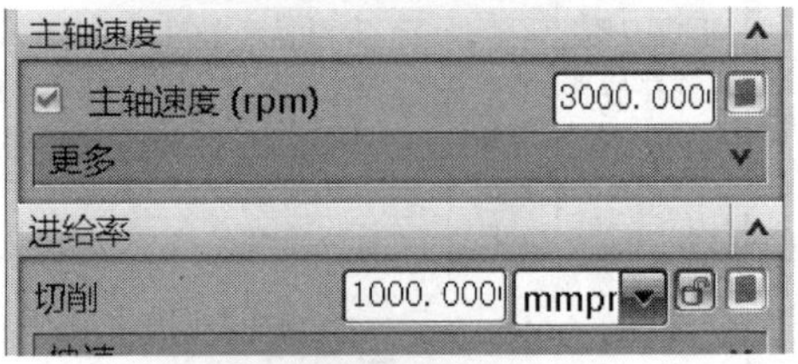 主轴速度 ☑ 主轴速度 (rpm)　3000.000 更多 进给率 切削　1000.000 mmpr
7	生成刀路轨迹并仿真	在对话框中,单击"生成"按钮,生成刀路如图示。  生成　确认 单击"确认"按钮,进行动态仿真,结果如图示	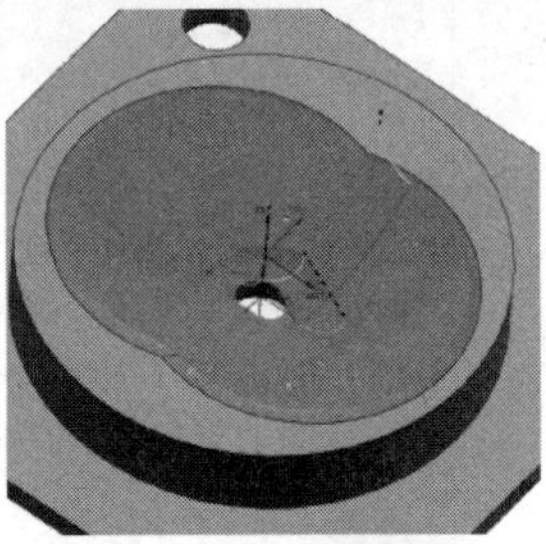 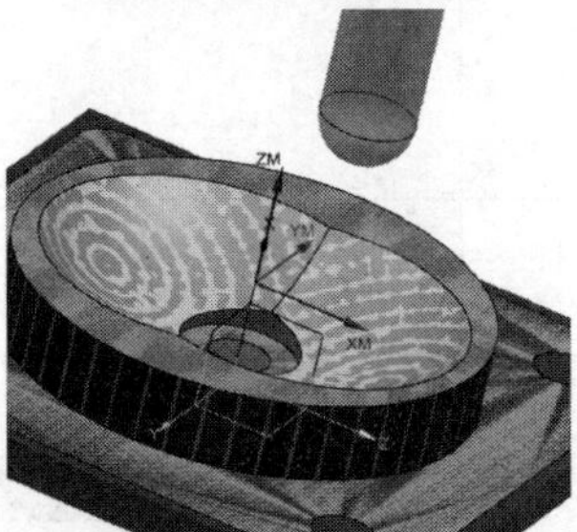

复制导航器中的父节点,如下图所示,需重新设置机床坐标,以满足翻面加工要求。

①在父节点上单击右键,选择"复制";
②再次单击右键,选择"粘贴"。

说明:复制父节点后,机床坐标系、WORKPIECE 及工序一并进行复制,可以将不用的工序删除

序号	步骤	操作过程	效果图/参数设置图
1	创建机床坐标系及安全平面	双击导航器中的 MCS_MILL_COPY 节点;打开"MCS 铣削"对话框。设置机床坐标系及安全平面如图所示	坐标系调整到反面最高平面位置处。安全平面指定在最高平面上 10mm 位置

创建平面铣(打开图层设置,将 61 图层可见,显示毛坯边界草图)

| 1 | 创建工序 | 在 copy 的父节点下,单击右键,选择"插入"—"工序"打开"创建工序"对话框,"类型"选择"mill_planar";选择"工序子类型"为"平面铣";选择"D16"刀具;单击确定,系统打开"平面铣"对话框 | |
| 2 | 指定几何体 | ① 指定部件边界　单击"指定部件边界"按钮,打开"部件边界"对话框 第1步 选择蓝色平面 第2步 选择凸台上表面 | |

255

序号	步骤	操作过程	效果图/参数设置图
2	指定几何体	② 指定毛坯边界 单击"指定毛坯边界"按钮，打开"毛坯边界"对话框。选择方法为"曲线"，选择草图矩形 ③ 指定底面 单击"指定底面"按钮，打开"平面"对话框。选择蓝色平面为加工区域底面	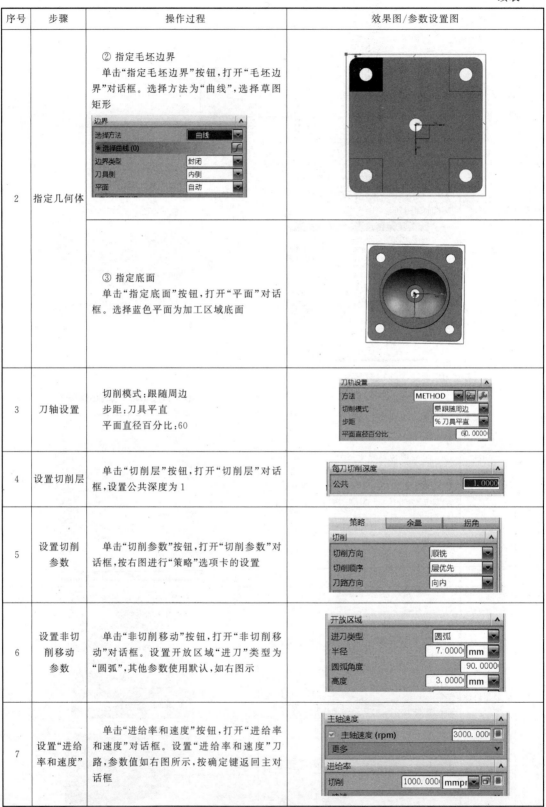
3	刀轴设置	切削模式：跟随周边 步距：刀具平直 平面直径百分比：60	
4	设置切削层	单击"切削层"按钮，打开"切削层"对话框，设置公共深度为1	
5	设置切削参数	单击"切削参数"按钮，打开"切削参数"对话框，按右图进行"策略"选项卡的设置	
6	设置非切削移动参数	单击"非切削移动"按钮，打开"非切削移动"对话框。设置开放区域"进刀"类型为"圆弧"，其他参数使用默认，如右图示	
7	设置"进给率和速度"	单击"进给率和速度"按钮，打开"进给率和速度"对话框。设置"进给率和速度"刀路，参数值如右图所示，按确定键返回主对话框	

序号	步骤	操作过程	效果图/参数设置图
8	生成刀路轨迹并仿真	在对话框中,单击"生成"按钮,生成刀路如图示。  生成　确认 单击"确认"按钮,进行动态仿真,结果如图示	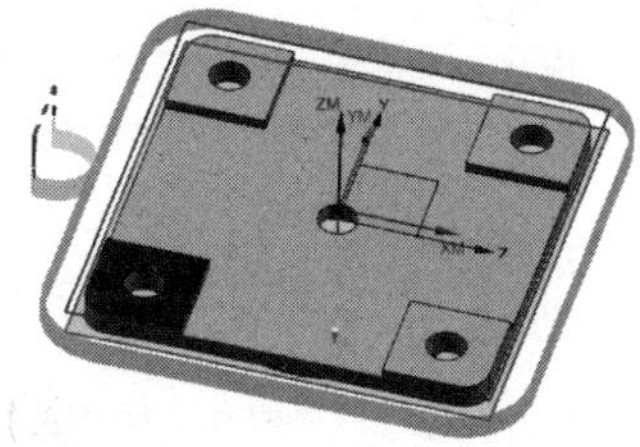 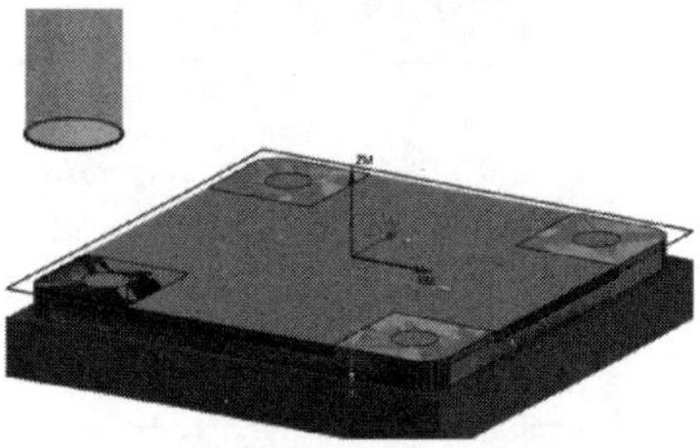

创建底壁铣

序号	步骤	操作过程	效果图/参数设置图
1	创建工序	在 copy 的父节点下,单击右键,选择"插入"—"工序",打开"创建工序"对话框,"类型"选择"mill_planar";选择"工序子类型"为"底壁铣";选择"D16"刀具;单击"确定",系统打开"底壁铣"对话框	
2	指定切削区底面	单击"指定切削区底面"按钮,打开"切削区域"对话框,在模型中选择如图所示底面为切削底面; 勾选"自动壁"复选框	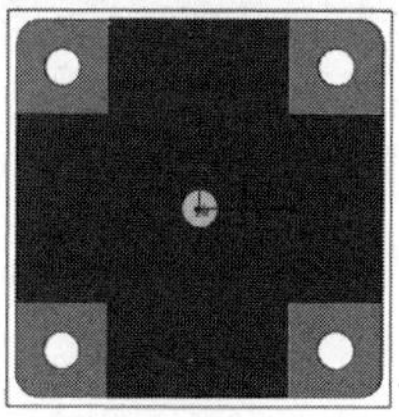
3	刀轨设置	切削模式:跟随周边 步距:恒定 最大距离:平面直径百分比"50%" 底面毛坯厚度:2mm 每刀切削深度:1mm	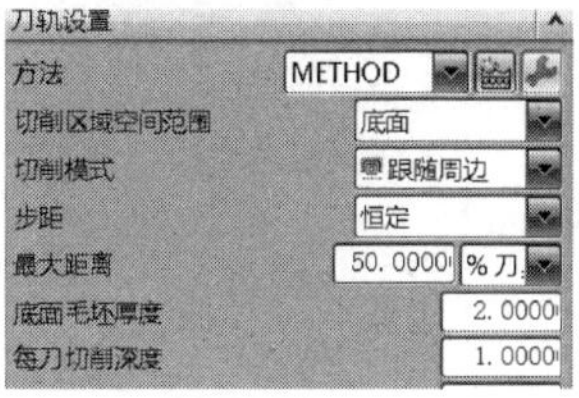

序号	步骤	操作过程	效果图/参数设置图
4	设置切削参数	单击"切削参数"按钮,打开"切削参数"对话框,按右图进行"策略"选项卡的设置	 策略 余量 拐角 切削 切削方向 顺铣 刀路方向 向内
5	设置"非切削移动参数"	单击"非切削移动"按钮,打开"非切削移动"对话框。 开放区域的进刀类型:线性。 其他参数使用默认	 开放区域 进刀类型 线性 长度 3.0000 mm
6	设置"进给率和速度"	单击"进给率和速度"按钮,打开"进给率和速度"对话框。设置"进给率和速度",参数值如右图所示,按确定键返回主对话框	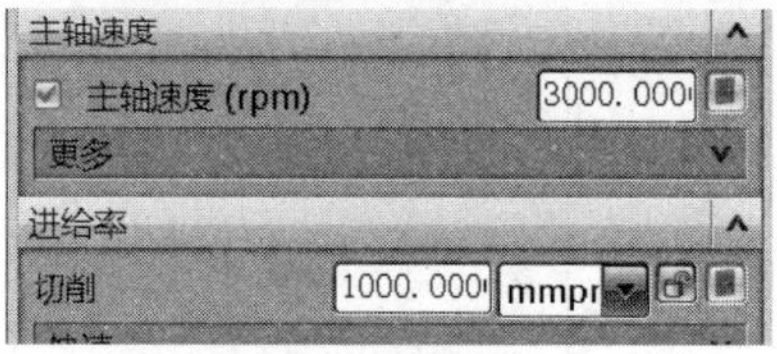 主轴速度 ☑ 主轴速度 (rpm) 3000.000 更多 进给率 切削 1000.000 mmpr
7	生成刀路轨迹并仿真	在对话框中,单击"生成"按钮,生成刀路如图示。  生成 确认 单击"确认"按钮,进行动态仿真,结果如图示	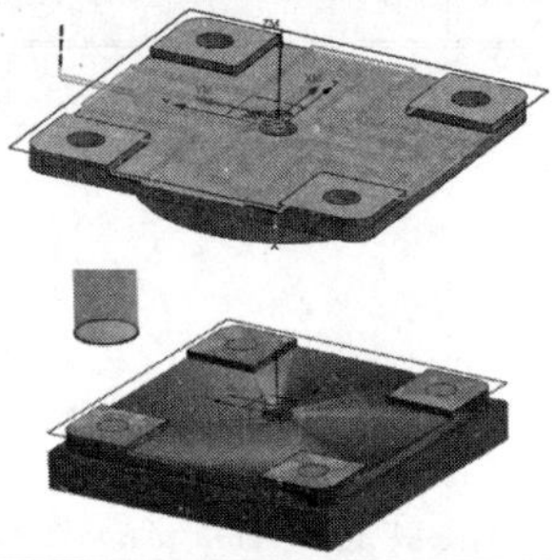
	钻孔加工		
1	创建工序	在 copy 的父节点下,单击右键,选择"插入"—"工序",打开"创建工序"对话框,"类型"选择"hole_making";选择"工序子类型"为"钻孔";选择"Z8"刀具;单击"确定",系统打开"钻孔"对话框。	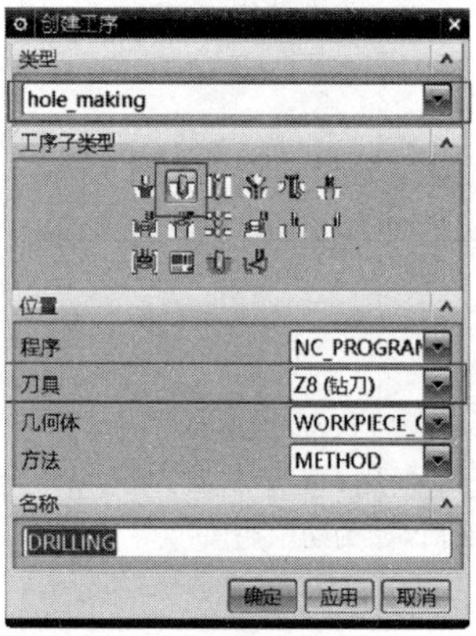 创建工序 类型 hole_making 工序子类型 位置 程序 NC_PROGRAM 刀具 Z8 (钻刀) 几何体 WORKPIECE 方法 METHOD 名称 DRILLING 确定 应用 取消
2	创建几何体	单击"指定特征几何体"按钮,打开"特征几何体"对话框,按加工顺序依次选择孔,如图所示。确定后返回主对话框	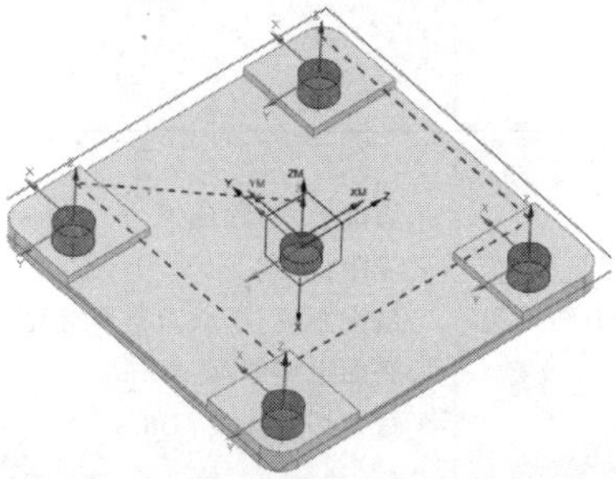

续表

序号	步骤	操作过程	效果图/参数设置图
3	设置"进给率和速度"	单击"进给率和速度"按钮,打开"进给率和速度"对话框。设置"进给率和速度",参数值如右图所示,按确定键返回主对话框	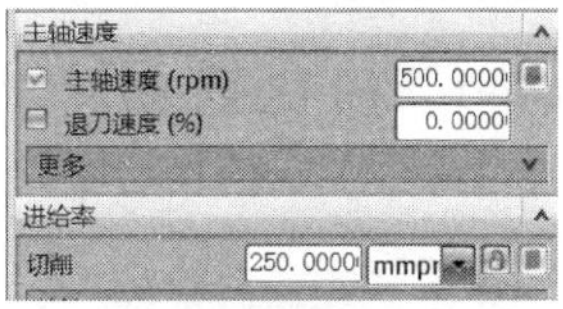 主轴速度 ☑ 主轴速度 (rpm) 500.0000 ☐ 退刀速度 (%) 0.0000 更多 进给率 切削 250.0000 mmpr
4	生成刀路轨迹并仿真	在对话框中,单击"生成"按钮,生成刀路如右图示。  生成 确认 单击"确认"按钮,进行动态仿真,结果如图示	

技能小结

1.平面铣"指定部件边界"边界类型为封闭,且刀具侧为"内侧"时,可以不指定毛坯边界,如图 7-1-64 所示。

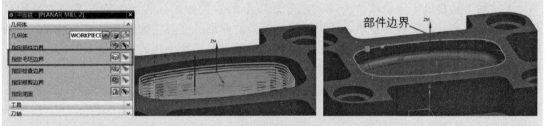

图 7-1-64 "指定部件边界"为封闭时

2.平面铣"创建边界"类型为"曲线"时,在选取曲线过程中,应该注意选取的先后顺序,保证材料侧在正确的一侧,否则得不到理想的刀路。

3.平面铣工序的毛坯可以是二维曲线,在 WORKPIECE 节点下创建的实心体毛坯对于平面铣工序的创建没有直接影响,仅仅是满足最后验证刀轨的需要。

4.平面铣工序中,"切削层"对话框中,"用户定义"的每刀切削深度的"公共"值与"最小值",可以在指定范围内进行分配,以使平面部分能最好地被切削,参数设置如图 7-1-65 所示。

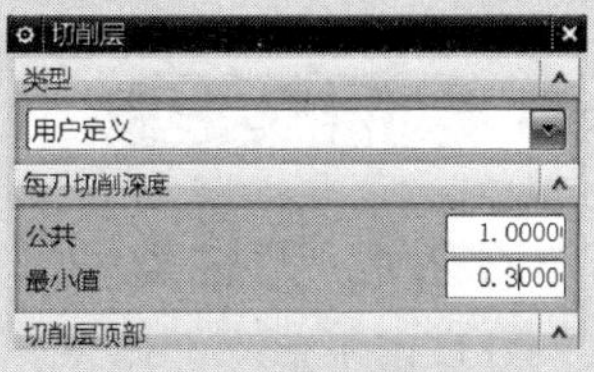

5.如果在加工的过程中,需要使用多把刀具,应一次性把所需要的刀具全部创建完毕,这样在后面的加工中直接选取创建好的刀具即可,有利于提高工作效率。

切削层
类型
用户定义
每刀切削深度
公共 1.0000
最小值 0.3000
切削层顶部

图 7-1-65 "切削层"每刀切削深度

6.对于在一个父节点下进行刀路复制时,在粘贴时应使用"内部粘贴"。

【7-1巩固习题
素材】

打开"7-1巩固习题"资源包素材，如图7-1-66所示，完成零件的数控加工。

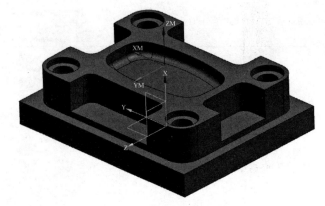

图7-1-66 巩固与提升习题

任务 7.2 凸轮轴数控加工

多轴加工是指机床运动轴数为4轴或5轴以上的数控加工，其加工特点是加工结构复杂，控制精度高，加工程序复杂，适用于加工复杂的曲面、变斜轮廓以及多面孔系等。多轴加工也称为可变轴加工，是指在切削加工中，加工轴矢量不断变化的一种加工方式，在加工过程中刀具与工件的位置可以灵活调整，刀具与工件能达到最佳切削状态。

在UG NX中，提供了多种多轴加工的子类型，如：可变轮廓铣、可变流线铣、外形轮廓铣、固定轮廓铣、深加工5轴铣等。

任务描述

凸轮轴数控加工是4轴中常见的加工任务。在此任务中，加工表面有外圆柱面、退刀槽、凹槽，如图7-2-1所示。

知识点学习

7.2.1 刀轴类型

刀具用于定义"固定"和"可变"刀轴方位。"固定刀轴"将保持与指定矢量平行，而"可变刀轴"在沿刀轨运动时将不断改变方向。如果将操作类型指定为"固定轮廓铣"，则只有"固定刀轴"选项可以使用。如果将操作类型指定为"可变轮廓铣"，则全部"刀轴"选项均可使用。通常"刀轴"定义为从刀尖方向指向刀具夹持器方向的矢量，如图7-2-2所示。

图 7-2-1　凸轮轴模型图　　　　图 7-2-2　刀轴定义示意图

刀轴控制方法很多，现简介常用的几种。

① 远离点　刀尖指向某个点产生刀具轨迹，如图 7-2-3 所示。

② 朝向点　刀背指向某个点产生刀具轨迹，如图 7-2-4 所示。

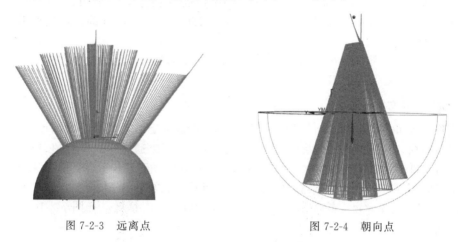

图 7-2-3　远离点　　　　　　　图 7-2-4　朝向点

③ 远离直线　刀尖指向某条直线产生刀具轨迹，常用于 4 轴加工，如图 7-2-5 所示。

④ 朝向直线　刀背指向某条直线产生刀具轨迹，常用于 4 轴加工，如图 7-2-6 所示。

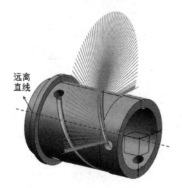
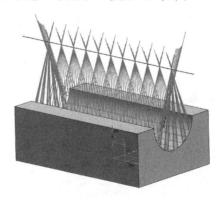

图 7-2-5　远离直线　　　　　　图 7-2-6　朝向直线

⑤ 相对于矢量　通过指定一个矢量来定义刀轴的方向，可以用前倾角和侧倾角来摆角度，使用时要注意矢量的指向，如图 7-2-7 所示。

⑥ 垂直于部件　可变刀轴矢量在每一个接触点处都是垂直于部件的几何表面，如图 7-2-8 所示。

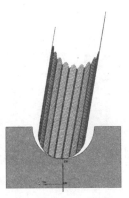

图 7-2-7　相对于矢量

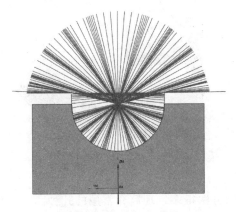

图 7-2-8　垂直于部件

⑦ 相对于部件　控制刀轴的方式在垂直于部件的基础上多了前倾角、侧倾角。

⑧ 4 轴，垂直于部件　刀轴始终垂直于部件，此方法，必须选部件，且投影矢量不可为刀轴。

⑨ 4 轴，相对于部件　在 4 轴垂直于部件的基础上增加了前倾角、侧倾角。此方法必须选部件，且投影矢量不可为刀轴。

7.2.2　可变轮廓铣

可变轮廓铣可以精确地控制刀轴和投影矢量，使刀具沿着非常复杂的曲面运动。其中，刀轴的方向是指刀具的中心指向夹持器的矢量方向，它可以通过输入坐标值、指定几何体、设置刀轴与零件表面的法向矢量的关系，或设置刀轴与驱动面法向矢量的关系来确定。

在工具栏选择"创建工序"，打开如图 7-2-9 所示对话框，类型选择"mill _ multi _ ax-is"，工序子类型选择"可变轮廓铣"，打开"可变轮廓铣"对话框，如图 7-2-10 所示，部分驱动方法使用说明如下。

图 7-2-9　"创建工序"对话框

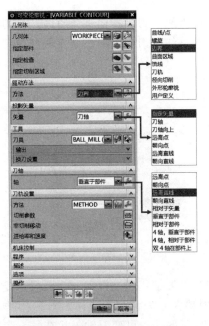

图 7-2-10　"可变轮廓铣"对话框

• 驱动方法是产生驱动点的方法，主要类型及说明如下。

① 螺旋式驱动。螺旋式驱动方法允许定义从指定的中心点向外螺旋产生驱动点，如图 7-2-11 所示。螺旋式驱动方法步距产生的效果光顺、稳定地向外过渡。中心点定义螺旋的中心，它是刀具开始切削的位置。

② 曲面区域驱动。使用曲面区域驱动方法对选定面定义的驱动几何体进行精加工的固定轴曲面轮廓铣工序，其示意图如图 7-2-12 所示。常用于精加工包含顺序整齐的驱动曲面矩形栅格的单个区域。

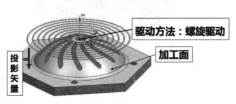

图 7-2-11　"螺旋式驱动"示意图

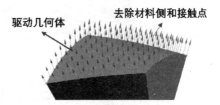

图 7-2-12　"曲面区域驱动"示意图

③ 流线驱动。流线驱动方法根据选中的几何体来构建隐式驱动曲面，可以灵活地创建刀轨，规则面栅格无须进行整齐排列，如图 7-2-13 所示，选择两条流曲线后，确定刀轴和矢量，效果图如图 7-2-13(c) 所示。

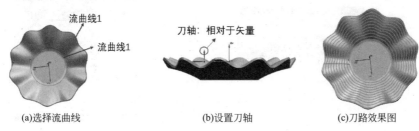

(a)选择流曲线　　　　　　　(b)设置刀轴　　　　　　　(c)刀路效果图

图 7-2-13　"流线曲动"示意图

🔄 **任务实施**

打开"任务 7.2 凸轮轴"模型文件，按 Ctrl＋Alt＋M 快捷键，打开加工环境配置，在"要创建的 CAM 加工组装"，选择"mill multi-axis"，进入加工环境。按表 7-2-1，进行加工操作。受篇幅限制，本任务只进行外圆柱粗面和凹槽的粗加工。

【任务7.2-任务　　【任务7.2 凸轮
实施】　　　　　轴素材】

表 7-2-1　凸轮轴多轴加工操作

序号	操作过程		效果图/参数图
创建几何体(将工序导航器调整到"几何视图")			
1	创建机床坐标系	双击导航器中 MCS MILL 节点；打开"MCS 铣削"对话框。设置机床坐标系及安全平面如右图所示	

序号	操作过程	效果图/参数图
2	创建部件几何体	双击  节点,打开"工件"对话框 单击"指定部件"按钮,打开"部件几何体"对话框,选择模型	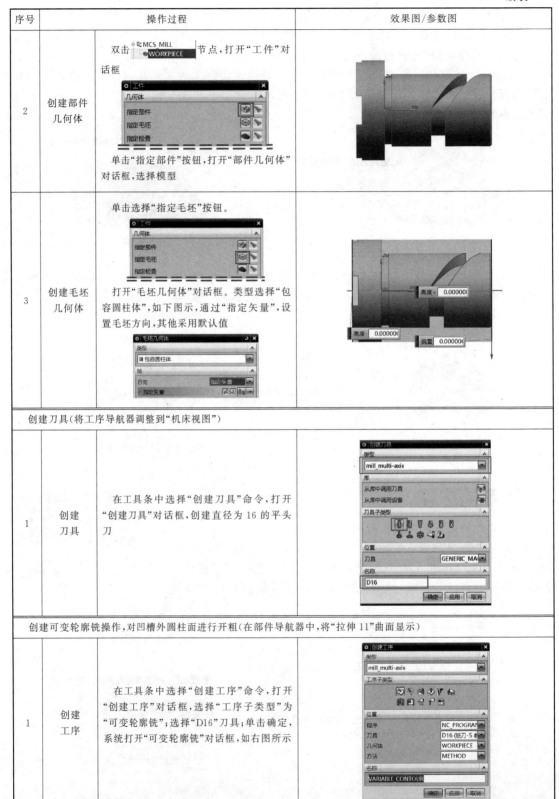
3	创建毛坯几何体	单击选择"指定毛坯"按钮。 打开"毛坯几何体"对话框。类型选择"包容圆柱体",如下图示,通过"指定矢量",设置毛坯方向,其他采用默认值	

创建刀具(将工序导航器调整到"机床视图")

| 1 | 创建刀具 | 在工具条中选择"创建刀具"命令,打开"创建刀具"对话框,创建直径为 16 的平头刀 | |

创建可变轮廓铣操作,对凹槽外圆柱面进行开粗(在部件导航器中,将"拉伸 11"曲面显示)

| 1 | 创建工序 | 在工具条中选择"创建工序"命令,打开"创建工序"对话框,选择"工序子类型"为"可变轮廓铣";选择"D16"刀具;单击确定,系统打开"可变轮廓铣"对话框,如右图所示 | |

续表

序号		操作过程	效果图/参数图
2	"可变轮廓铣"对话框驱动方法设置	驱动方法:曲面区域。 指定驱动几何体:选择右图所示曲面。 切削方向:选择如右图示	
3	投影矢量及刀轴设置	投影矢量:刀轴 刀轴:远离直线,具体操作如右图示	
4	设置"切削参数"	单击"切削参数"按钮,打开"切削参数"对话框,按右图进行"多刀路"选项卡的设置	
5	设置"非切削移动参数"	单击"非切削移动"按钮,打开"非切削移动"对话框。设置"转移/快速"刀路,如右图示	

序号		操作过程	效果图/参数图
6	设置"进给率和速度"	单击"进给率和速度"按钮,打开"进给率和速度"对话框。 转速:1000 切削进给:100	
7	生成刀路轨迹并仿真	在"型腔铣"对话框中,单击"生成"按钮,生成刀路如右图示。  生成　确认 单击"确认"按钮,进行动态仿真,结果如图示	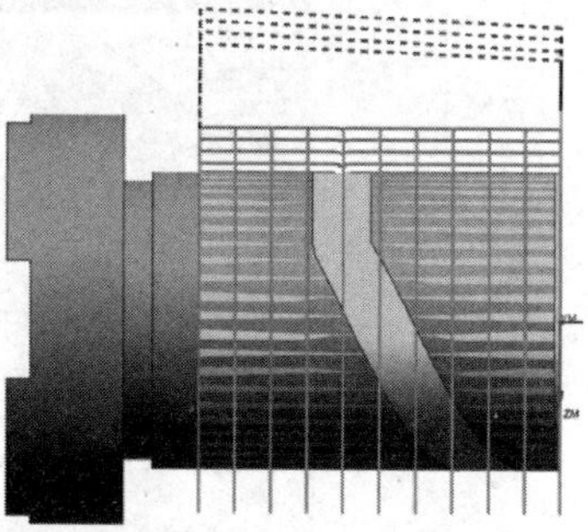
创建可变轮廓铣操作,对凹槽进行开粗(在部件导航器中,将"拉伸11"曲面隐藏)			
1	创建工序	打开"可变轮廓铣"对话框,几何体设置为:NONE;指定部件:选择槽底面,如右图示 	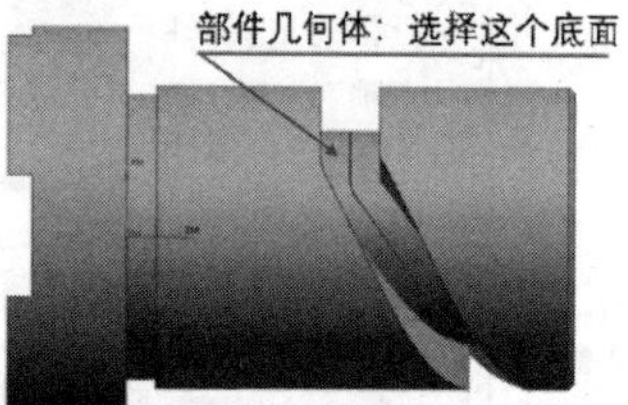 部件几何体:选择这个底面
2	驱动方法设置	驱动方法:曲线/点 选择右图所示曲线,为驱动几何体	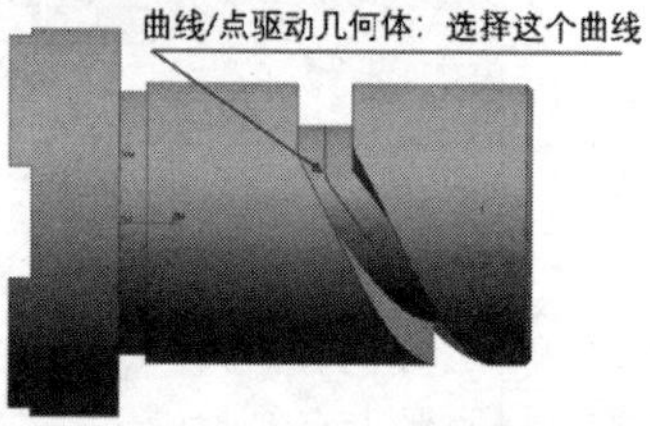 曲线/点驱动几何体:选择这个曲线
3	投影矢量及刀轴设置	投影矢量:刀轴 刀轴:远离直线,具体操作同上一步	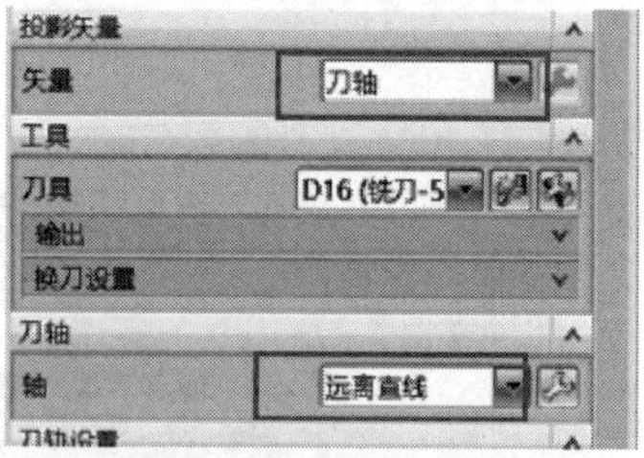
4	切削参数设置	单击"切削参数"按钮,打开"切削参数"对话框,按右图进行"多刀路"选项卡的设置	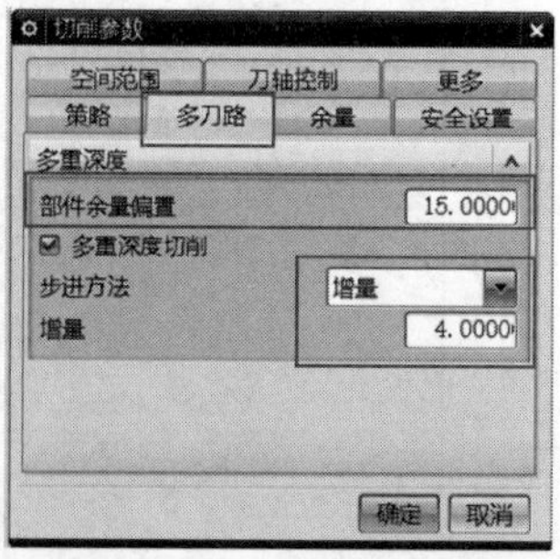

266

续表

序号	操作过程	效果图/参数图
5	设置"非切削移动参数"	单击"非切削移动"按钮,打开"非切削移动"对话框。设置"进刀""转移/快速"刀路,如下图示
6	生成刀路轨迹并仿真	在"型腔铣"对话框中,单击"生成"按钮,生成刀路如图示。 生成　确认 单击"确认"按钮,进行动态仿真,结果如右图示

📝 **技能小结**

1. 在多轴加工中,要正确设置刀具和投影方向,否则可能无法进行刀轨生成。

2. 使用"曲面驱动",直接在驱动曲面上创建刀轨时,刀具位置应该使用"相切",即在将刀轨沿指定的投影矢量投影到部件上之前,定位刀具使其在每个驱动点上相切于驱动曲面。

3. 使用"曲面驱动"时,选择驱动曲面后,"切削方向"对加工刀路的产生效果有很大影响。通过选择驱动面上的矢量方向来确定切削方向,如图 7-2-14 所示。

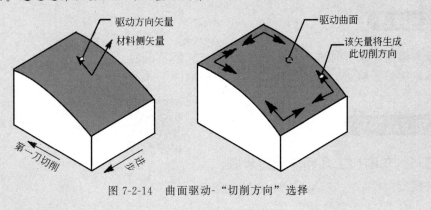

图 7-2-14　曲面驱动-"切削方向"选择

💡 **巩固提升**

打开"7-2 巩固习题"模型文件,如图 7-2-15 所示,完成该实例的多轴加工。

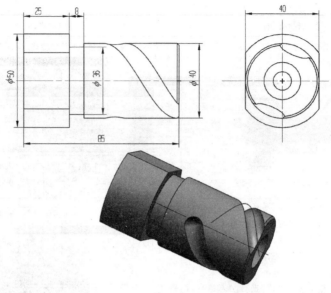

图 7-2-15　巩固与提升习题

任务 7.3　回转轴数控车削加工

数控车削加工主要用于加工回转体零件，主要加工对象包含外轮廓的加工、端面加工、退刀槽加工、螺纹加工等。UG NX 提供了强大的数控车削加工模块，可实现复杂回转零件的加工编程。

任务描述

本任务通过数控车削加工模块完成如图 7-3-1 所示的回转轴的外轮廓粗、精加工及宽度为 4mm 的切槽加工。

图 7-3-1　回转轴零件图

知识点学习

【创建车削加工几何体】

7.3.1　车削加工几何体创建步骤

打开模型文件后，按 Ctrl＋Alt＋M 键进入加工环境，打开"加工环境"对话框，如图 7-3-2 所示。配置 CAM 环境，选择使用"cam _ general""turning"，选择"确定"按钮，进入车削加工环境。

工序导航器选择"几何视图"，在导航器中显示如图 7-3-3 所示。这里对各节点的设置进行说明。

图 7-3-2　"加工环境"对话框　　　　图 7-3-3　导航器"几何视图"显示图

（1）机床坐标系

双击"MCS_SPINDLE"节点，打开"MCS 主轴"设置对话框，如图 7-3-4 所示。

图 7-3-4　"MCS 主轴"对话框　　　　图 7-3-5　"工件"对话框

指定平面：包括 *ZM-XM* 平面及 *XM-YM* 平面。在进行车削加工时，根据车床主轴的方位，需要合理设置工作平面。这里对 *ZM-XM* 平面进行说明。

MCS 的 *ZX* 平面平行于（重合于）工作坐标系 WCS 的 *XY* 平面。

① *ZM* 轴与主轴轴心线及 *XC* 轴重合。

② *XM* 与 *YC* 重合。

③ MCS 的原点及程序的原点相统一。

注意：大部分车削加工程序是以 *X*、*Z* 为尺寸字进行编写的，因此建议使用 *ZM-XM* 平面。

（2）部件几何体

双击"WORKPIECE"节点，打开"工件"对话框，如图 7-3-5 所示。

① 指定部件。确定加工对象。

② 指定毛坯。"毛坯几何体"对话框如图 7-3-6 所示，其中毛坯"类型"的设置有 7 种。通常选择"包容块"或"包容圆柱体"进行实体毛坯的定义，图 7-3-7 为毛坯类型使用"包容圆柱体"的效果图。

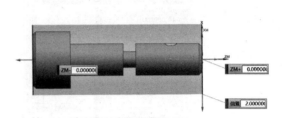

图 7-3-6 "毛坯几何体"对话框　　　　图 7-3-7 毛坯类型选择"包容圆柱体"

(3) 车削工件

双击"TURNING＿WORKPIECE"子节点，打开"车削工件"对话框，如图 7-3-8 所示。此项目是通过指定工件或毛坯的边界来完成工作或毛坯几何体定义的。这里对部分选项进行说明。

① 指定毛坯边界。选择"指定毛坯边界"按钮，打开"毛坯边界"对话框，如图 7-3-9 所示。

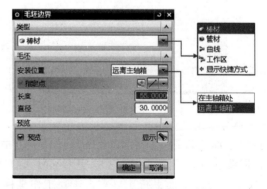

图 7-3-8 "车削工件"对话框　　　　图 7-3-9 "毛坯边界"对话框

② 类型。此处涵盖车削加工中常用的毛坯形状。

③ 安装位置。利用点构造器选择毛坯的安装位置。包括"在主轴箱处"和"远离主轴箱"。

☑在主轴箱处：毛坯沿坐标轴的正方向放置。

☑远离主轴箱：毛坯沿坐标轴的负方向放置。

④ 指定点：用于设置毛坯相对于工件的位置参考点，可以通过点构造器进行设置。

7.3.2　外径粗车

外径粗车用于对回转类零件去除大量材料，"外径粗车"对话框如图 7-3-10 所示。下面对对话框中的部分选项进行说明。

（1）切削区域

用于控制切削区域以防止加工过程中发生碰撞。选择"切削区域"设置按钮打开对话框如图7-3-11 所示。其中，通过修剪平面和修剪点对切削区域进行约束。这里重点讲解"区域选择"。

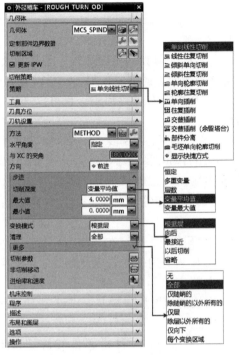

图 7-3-10　"外径粗车"对话框

图 7-3-11　"切削区域"选择对话框

"区域选择"是用户手工选择切削区域，在通常情况下系统根据用户的设置自动判断切削区域，只有在出现下列情况时，才需要用户手工选择切削区域：

① 工件上存在多个切削区域。

② 需要指定刀具在中心线的另一侧进行加工。

③ 系统没有检测出切削区域。

④ 系统计算出的切削区域不符合要求，例如在槽加工时常会出现此问题。

在"区域选择"选项的下拉列表框中选择"指定"后。利用"点构造器"按钮在图形区进行选择。系统用"区域选择点（RSP）"进行标记。如果工件存在多个切削区域，将选择距离 RSP 最近的区域作为此次加工的切削区域。

（2）切削策略

在"策略"下拉菜单中，包含了外径粗车加工的加工方式，部分选项说明如下。

① 单向线性切削。平直层切削，各层切削方向相同，都平行于前一个切削层的方向。

② 线性往复切削。与上一条运动相同，不同的是具有反向加工。这是一种有效的切削策略，可以迅速去除大量材料，并对材料进行不间断切削。

③ 单向轮廓切削。刀具运动路线与轮廓形成平行的仿形轨迹。刀具以切削运动进行零件加工，退刀返回时不进行切削。

④ 轮廓往复切削。往复轮廓粗加工刀路的切削方式与上一个加工方式类似，不同的是该方式在每次粗加工刀路之后还要反转切削方向。

⑤ 单向插削。在加工方向上进行插削。这是一种典型的与槽刀配合使用的粗加工策略。

⑥ 往复插削。在交替方向上重复插削指定的层。该策略并不直接插削槽底部，而是使刀具插削到指定的切削深度（层深度），然后进行一系列的插削以去除处于此深度层的所有材料，再次插削到下一切削深度，并去除处于该层的所有材料。以往复方式反复执行以上一系列切削，直至达到槽底部。

（3）刀轨设置

① 水平角度和与 X 轴的夹角。利用此选项定义加工刀具的走刀方向。切槽加工除外，在大多数情况下刀具都是从右至左，在平行于工件轴线的方向上进行加工，所以通常在"与 X 轴的夹角"输入框中的值为 $180°$，为 $0°$ 时，刀具从左至右进行加工。也可以选择下拉列表中"矢量"，在弹出的矢量构造器中进行设置。

② 切削深度。切削深度即被吃刀量，定义方法有：恒定、多重变量、层数、变量平均值、变量最大值，用户可以根据需要进行选用。通常，切削深度值可以按照经验定义固定的深度值。

☑恒定：选择该方法后，在"深度"文本框中输入给定的值就是刀具粗加工的最大切深，系统将尽可能地使用该值进行加工，且每一层的切深相等。当加工余量小于给定深度值时，一次走刀去除所有余量。

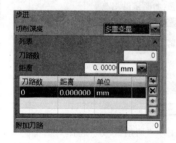

图 7-3-12 选择"多重变量"
后对话框内容

☑多重变量：选择该方法后，在"切削深度"选项的下面会出现如图 7-3-12 所示的列表，需要设置以下 3 个选项。

刀路数：走刀次数。

距离：刀具每次切削的增量，最多可以设定 10 个不同的切深增量。

附加刀路：加工完成后，刀具沿工件轮廓切削的走刀次数。

☑层数：选择该方法后，在"层数"文本框中输入的数值表示需要几次走刀切除所有的余量。

☑变量平均值：选择此方法后，会出现"最大值"和"最小值"文本框。系统根据总切削量和定义的最大值及最小值计算切削深度。按照"变量平均值"计算所得刀具轨迹，切削的层数是满足最大切深条件下所需的最小值。

☑变量最大值：选择此方法后，会出现"最大值"和"最小值"文本框。系统将以最大值进行加工。

③ 变换模式。"变换模式"选项用来改变工件表面具有凹形区域时的加工顺序，主要包括"根据层""向后""最接近""以后切削"和"省略"等 5 个选项。选择的"切削策略"不同，"变换模式"选项中的命令也会有所不同。

☑根据层。使用该模式时，刀具按给定的最大切深走刀到凹形区域，然后加工靠近切削起始点的凹形区域，最后加工在"水平角度"方向上邻近的凹形区域。

☑向后。此模式与"根据层"模式的切削效果相反。系统总是按最大的切深走刀到凹形区域，然后加工远离切削起始点的凹形区域，最后加工靠近起始点的凹形区域。

☑最接近。通常在往复切削中使用，因为系统总是选择距当前刀具位置最近的凹形区域先进行加工。

☑以后切削。该模式总是先加工最靠近切削起始点的凹形区域。该模式与"根据层"模式不同之处在于当使用可变切削深度时，系统会自动调整切削深度。常用于粗加工刀具后角较小，或者凹形区域有必要后加工时。

☑省略。只加工靠近切削起始点的凹形区域，其他的凹形区域均不加工。当凹形区域和其他区域使用不同的刀具时，如退刀槽等的加工，最好选用这种方法。

（4）切削参数

"切削参数"对话框中"轮廓加工"选项卡对话框如图 7-3-13 所示，这里讲解该选项卡中，刀轨设置"策略"的应用。

☑全部精加工：对工件上的所有轮廓进行切削，这也是最常用的加工方法。

☑仅向下：多应用于切槽加工中。

☑仅周面：仅加工工件的外圆。切削方向随加工方向的改变而改变。

☑仅面：仅加工工件的端面。即使加工方向改变，刀具还是自上而下进行加工并且"停止位置"不变。

图 7-3-13　"切削参数"对话框

☑首先周面，然后面：先加工外圆面后加工端面。改变加工方向会改变周面的切削方向，但"停止位置"不变。

☑首先面，然后周面：先加工端面后加工外圆面。改变加工方向不会改变端面的切削方向，"停止位置"也不改变。

☑指向拐角：使用该策略时，切削与凹形角相邻的端面和外圆，退刀时系统自动在角的位置退刀。此模式只加工与凹形拐角相邻的端面和外圆。

☑离开拐角：使用该策略时，系统自动用拐角的平分线作为进刀路线。此模式只加工与凹形拐角相邻的端面和外圆。

🔄 **任务实施**

根据回转轴图纸分析可知，在加工过程中需要经过外轮廓加工及切槽加工。下面介绍具体的加工方法。

打开 UG NX 软件，打开"任务 7.3 回转轴"模型文件，按"Ctrl＋Alt＋M"键进入 CAM 加工模块。配置加工环境"Cam_general"—"turning"。具体操作见表 7-3-1。

【任务7.3-任务实施】　【任务7.3 回转轴素材】

表 7-3-1　回转轴数控车削加工操作

序号	操作方法	效果图/参数图
创建几何体（将工序导航器调整到"几何视图"）		
1	创建机床坐标系	双击"MCS_SPINDLE"节点，打开"MCS 主轴"设置对话框，观察机床坐标系方位，若无须调整，单击"确定"按钮，完成坐标系确定

序号	操作方法		效果图/参数图
1	创建部件几何体	① 双击"WORKPIECE"节点,系统"工件"对话框。 ②单击"工件"对话框中的按钮,系统弹出"部件几何体"对话框,选取整个零件为部件几何体。 单击确定按钮,完成工件设置	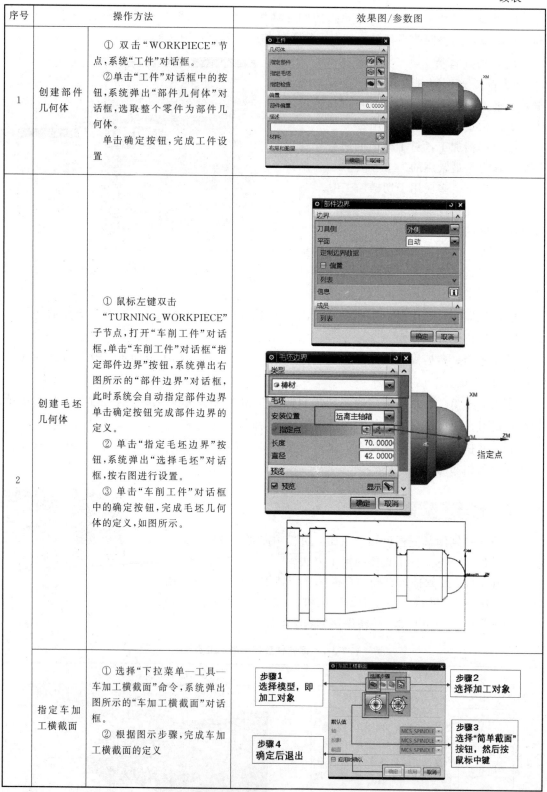
2	创建毛坯几何体	① 鼠标左键双击"TURNING_WORKPIECE"子节点,打开"车削工件"对话框,单击"车削工件"对话框"指定部件边界"按钮,系统弹出右图所示的"部件边界"对话框,此时系统会自动指定部件边界单击确定按钮完成部件边界的定义。 ② 单击"指定毛坯边界"钮,系统弹出"选择毛坯"对话框,按右图进行设置。 ③ 单击"车削工件"对话框中的确定按钮,完成毛坯几何体的定义,如图所示。	
	指定车加工横截面	① 选择"下拉菜单—工具—车加工横截面"命令,系统弹出图所示的"车加工横截面"对话框。 ② 根据图示步骤,完成车加工横截面的定义	

274

序号	操作方法	效果图/参数图
3	创建刀具	① 创建 1 号刀具：选择工具条"创建刀具"命令，在"创建刀具"对话框，设置"类型"为 turning，刀具名称为"OD_80_L"，单击确定按钮，系统弹出"车刀—标准"对话框，设置参数，如右图所示。 ② 创建 2 号刀具，方法同上，刀具名称为"OD_55_L"，参数如图所示。 ③ 创建 3 号刀具，方法同上，刀具名称为"OD_GROOVE_L"，参数如图所示
	创建外径粗加工工序	
1	创建工序	选择工具条"创建工序"命令，在"创建工序"对话框。选择"外径粗车"，刀具为"OD_80_L"，单击"确定"按钮，进入"外径粗车"对话框

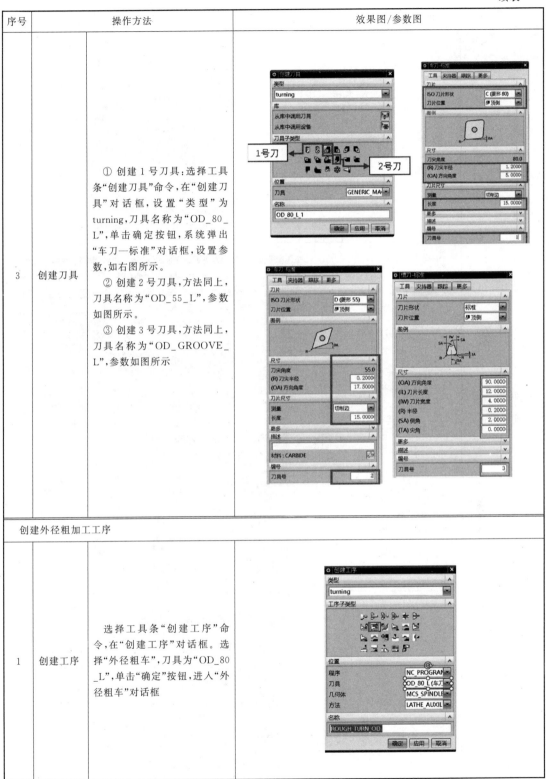

续表

<table>
<tr><th>序号</th><th colspan="2">操作方法</th><th>效果图/参数图</th></tr>
<tr><td rowspan="4">1</td><td rowspan="4">创建工序</td><td>“刀轨设置”如图所示</td><td>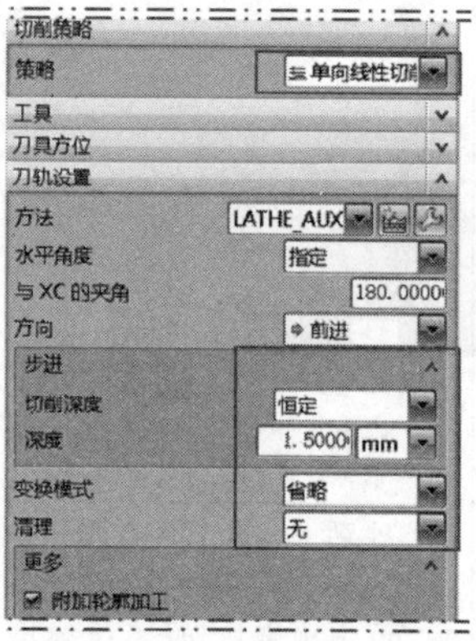
</td></tr>
<tr><td>“切削参数”设置如图所示</td><td>
</td></tr>
<tr><td>“非切削移动”设置。
①“逼近”选项设置</td><td>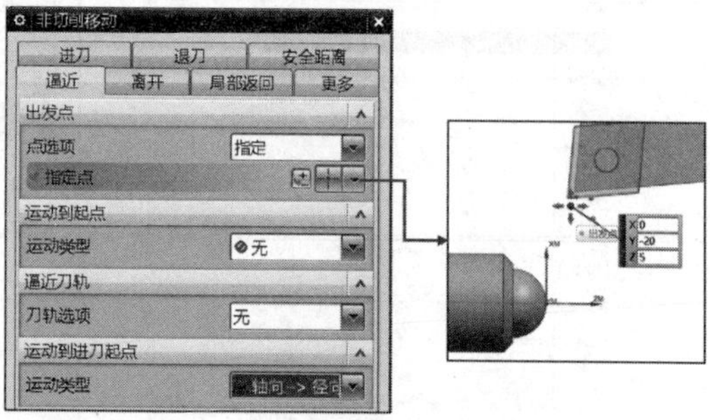
</td></tr>
<tr><td>②“离开”选项设置</td><td>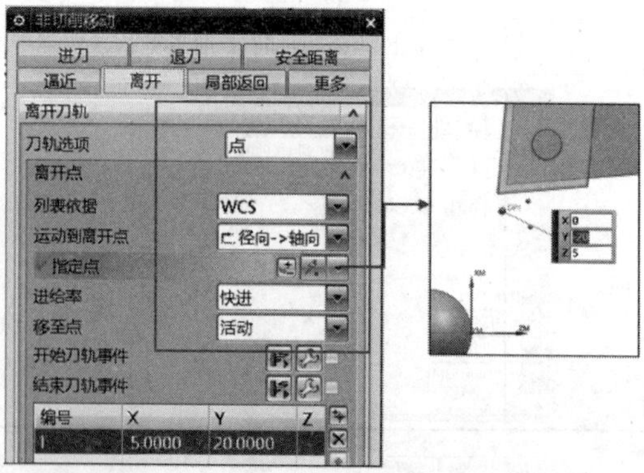
</td></tr>
</table>

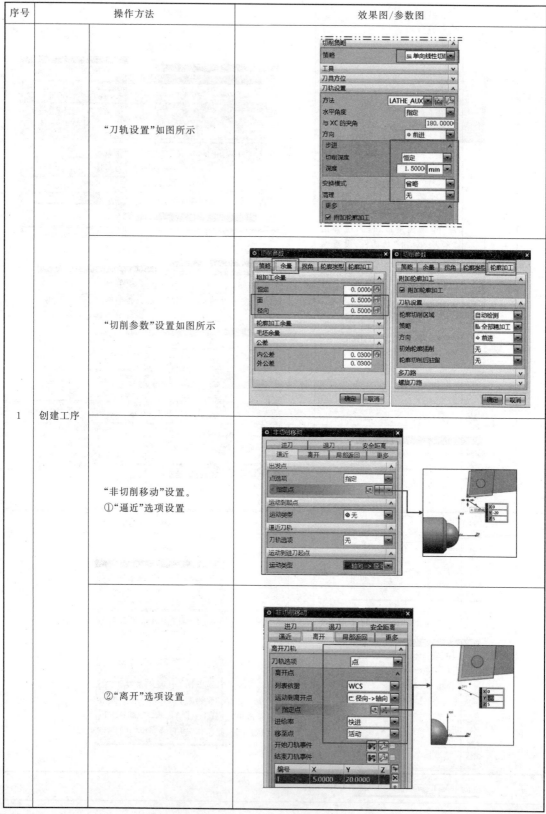

序号		操作方法	效果图/参数图
1	创建工序	③"安全距离"选项设置	
		④"进给率和速度"选项设置	
2	生成刀轨	单击"生成"按钮生成刀轨；单击"确认"进行刀轨仿真；单击"确定"按钮,退出外径粗车工序的设置	
创建外径精加工工序			
1	创建工序	选择工具条"创建工序"命令,在"创建工序"对话框,选择"外径精车",刀具为"OD_55_L",单击"确定"按钮,进入"外径粗车"对话框	
		"切削策略"及"刀轨设置"如图示	

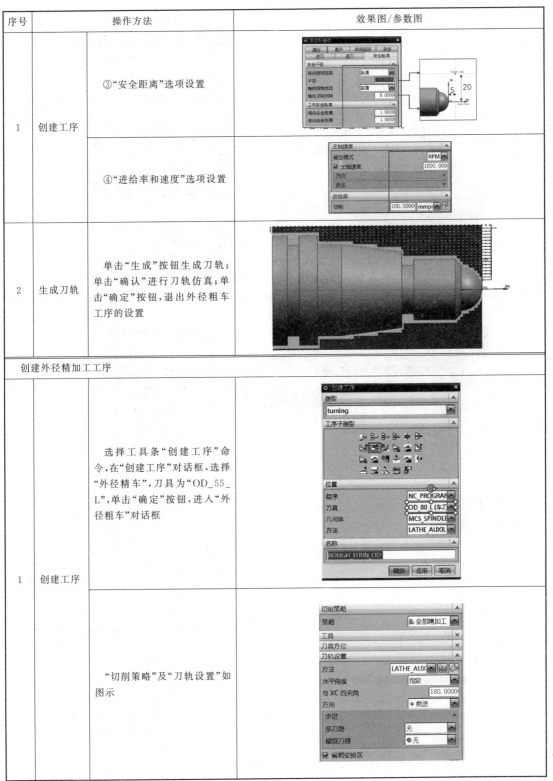

CAD/CAM应用技术

续表

序号		操作方法	效果图/参数图
1	创建工序	"切削参数"对话框中,将"余量"设置为0。"非切削移动"及"进给率和速度"项目设置方法请参看上一工序	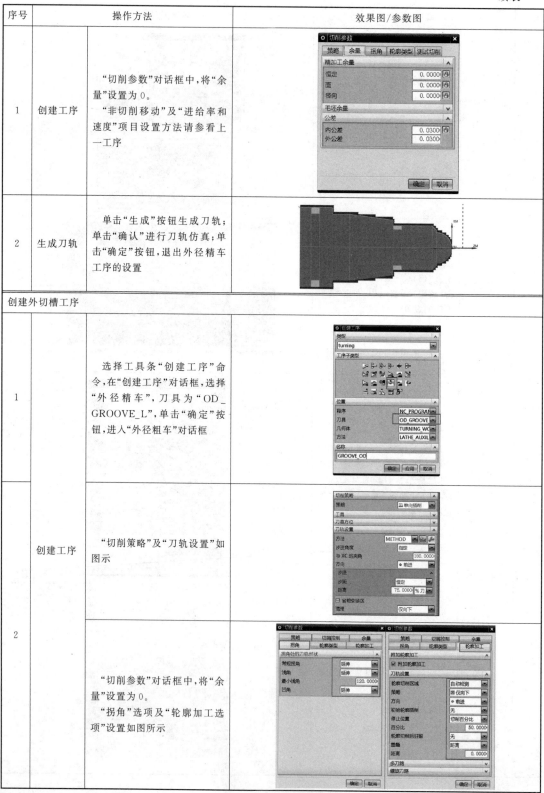
2	生成刀轨	单击"生成"按钮生成刀轨;单击"确认"进行刀轨仿真;单击"确定"按钮,退出外径精车工序的设置	

创建外切槽工序

| 1 | | 选择工具条"创建工序"命令,在"创建工序"对话框,选择"外径精车",刀具为"OD_GROOVE_L",单击"确定"按钮,进入"外径粗车"对话框 | |
| 2 | 创建工序 | "切削策略"及"刀轨设置"如图示
"切削参数"对话框中,将"余量"设置为0。"拐角"选项及"轮廓加工选项"设置如图所示 | |

278

续表

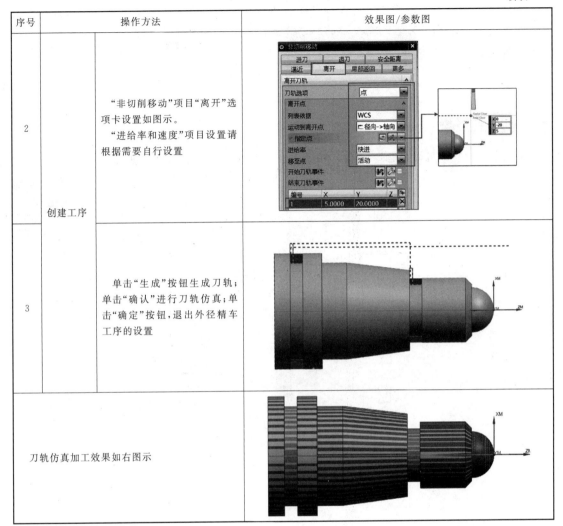

序号	操作方法	效果图/参数图
2	创建工序	"非切削移动"项目"离开"选项卡设置如图示。 "进给率和速度"项目设置请根据需要自行设置	
3		单击"生成"按钮生成刀轨;单击"确认"进行刀轨仿真;单击"确定"按钮,退出外径精车工序的设置	
		刀轨仿真加工效果如右图示	

技能小结

1.当工件和毛坯的造型改变时,利用实体法定义的几何体也随之更新,且不会丢失已定制的数据,尽量使用实体法进行几何体的创建。

2.每创建一个"工件(WORKPIECE)"几何体,系统将在"工件(WORK-PIECE)"几何体的下面同时创建一个"车削工件(TURNING_WORKPIECE)"几何体。

3.车加工横截面是通过定义截面,从实体模型创建 2D 横截面曲线。这些曲线可以用在所有车削中来创建边界。横截面曲线是关联曲线,如果实体模型的大小或形状发生变化,那么横截面曲线会同时发生改变。

4.在车刀类型中,常用的外圆车刀 OD_80_L 为左偏外圆车刀,用于从右至左切削;OD_80_R 为右偏外圆车刀,用于从左至右切削。

5.外切槽加工工序要注意设置"离开"的刀具路径，为避免发生碰撞，刀具离开工件时常使用先径向退刀再轴向退刀的移动方式。当此处不进行设置时，加工结束后，刀具会停留在槽位置。

💡 **巩固提升**

打开素材"7-3巩固习题"模型，如图7-3-14所示，完成数控车削加工。

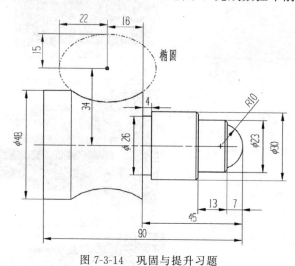

【7-3巩固习题素材】

图7-3-14　巩固与提升习题

参考文献

［1］ CAD/CAM/CAE 技术联盟.UG NX 12.0中文版从入门到精通 ［M］.北京：清华大学出版社，2019.

［2］ 史丰荣，孙岩志，徐宗刚.UG NX 12从入门到精通 ［M］.北京：机械工业出版社，2018.

［3］ 北京兆迪科技有限公司.UG NX 12.0快速入门教程 ［M］.北京：机械工业出版社，2018.

［4］ 北京兆迪科技有限公司.UG NX 12.0数控加工教程 ［M］.北京：机械工业出版社，2019.

［5］ 吴明友，宋长森.UG NX 8.0数控编程 ［M］.北京：化学工业出版社，2015.

［6］ 刘伟，李学志，郑国磊.工业产品类 CAD 技能等级考试试题集 ［M］.北京：清华大学出版社，2015.